冶金工业出版社

普通高等教育"十四五"规划教材

单片机原理与 Proteus 仿真

王 军　潘春荣　编著

（扫一扫，看本
书电子资源）

北　京

冶 金 工 业 出 版 社

2024

内 容 提 要

　　本书从单片机的教学和工程应用角度出发，详细介绍了 MCS-51 系列单片机的体系结构、工作原理、指令系统、汇编语言程序设计及 C 语言程序设计方法、单片机的接口与扩展技术。项目案例采用 Keil 编译软件进行开发，基于 Proteus 进行电路设计与仿真测试，规范了单片机应用系统的设计开发流程，突出项目化和应用性特点，注重学生工程实践能力的培养。

　　本书可作为高等院校电子信息工程、自动化、机械电子工程、测控技术与仪器、智能制造等专业的教学用书，也可作为单片机嵌入式系统技术开发人员的参考书。

图书在版编目（CIP）数据

　　单片机原理与 Proteus 仿真/王军，潘春荣编著 . —北京：冶金工业出版社，2023.7（2024.6 重印）

　　普通高等教育"十四五"规划教材

　　ISBN 978-7-5024-9531-2

　　Ⅰ.①单… Ⅱ.①王… ②潘… Ⅲ.①单片微型计算机—高等学校—教材 Ⅳ.①TP368.1

　　中国国家版本馆 CIP 数据核字（2023）第 104858 号

单片机原理与 Proteus 仿真

出版发行	冶金工业出版社	**电　　话**	（010）64027926
地　　址	北京市东城区嵩祝院北巷 39 号	**邮　　编**	100009
网　　址	www.mip1953.com	**电子信箱**	service@ mip1953.com

责任编辑　任咏玉　杨　敏　美术编辑　吕欣童　版式设计　郑小利
责任校对　石　静　责任印制　窦　唯
三河市双峰印刷装订有限公司印刷
2023 年 7 月第 1 版，2024 年 6 月第 2 次印刷
787mm×1092mm　1/16；20.5 印张；495 千字；314 页
定价 39.00 元

投稿电话　（010）64027932　投稿信箱　tougao@cnmip.com.cn
营销中心电话　（010）64044283
冶金工业出版社天猫旗舰店　yjgycbs.tmall.com
（本书如有印装质量问题，本社营销中心负责退换）

前　言

单片微型计算机（single chip microcomputer）简称单片机，又称微型控制器（micro controller unit），是微型计算机的一个重要分支。单片机是20世纪70年代中期发展起来的一种超大规模集成电路芯片，是集成 CPU、RAM、ROM、定时/计时器、串口、I/O 接口和中断系统于同一硅片上的器件。

Intel 公司于 1980 年推了 MCS-51 单片微型计算机，MCS-51 单片机以其通用性强、性价比高以及极好的兼容性，逐步发展出可满足大量嵌入式应用的单片机系列产品。本书基于 MCS-51 系列单片机，介绍了单片机硬件结构、指令系统、软件设计方法等。本书的主要特点是：

（1）全书结构层次分明，章节编排合理，内容选择具有系统性和实用性，引导学生逐步掌握单片机的硬件结构、程序设计方法、应用系统开发过程，为学生动手实践创造了条件。

（2）教材内容由浅入深，从计算机基本体系结构导入单片机硬件结构，翔实讲解了中断系统、定时计数器、串行通信、扩展技术，初学者在没有老师指导的情况下，按照实例操作，也能够快速掌握单片机体系结构。

（3）基于实际产品与工程需求设计实例，提供各实例的汇编语言程序设计与 C 语言对比程序，同时在 Proteus 平台进行了仿真验证。

（4）规范了系统设计开发流程，按照电路原理图设计—流程图设计—软件设计—仿真测试的顺序对各例程进行开发，使学生形成良好的单片机应用系统设计规范。

（5）以仿真设计为主，学生无需硬件实验平台，在课程教学实例的基础上，适当扩展，即可自主设计一系列综合性的课外案例，进一步提高学生单片机应用系统的设计能力。

本书编写分工如下：王军编写了第 1、4、6、7、8、9 章；潘春荣编写了第 2、3、5 章；硕士研究生伍毅、侯梦婕、柯婷、张芮冉、曾令浪、蒋帅完成了书中部分程序设计及仿真验证工作。全书由王军统稿。

　　本书内容涉及的研究得到了教育部产学合作协同育人项目（编号：220506528254540）、工业和信息化领域矿业工程教材重点研究基地（工业和信息化部"十四五"规划教材研究基地）、江西理工大学教材建设项目（编号：XZG-18-05-62）的支持，同时得到了广州市风标电子技术有限公司匡载华的帮助，本书在编写过程中，参考和引用了有关文献资料，在此向有关人员及文献作者一并表示感谢！

　　为配合教学，本书配有电子课件、Keil 源程序及 Proteus 电路原理图文件，可通过扫描书中二维码获得。

　　由于作者水平所限，书中不足之处，恳请读者提出宝贵建议，有关意见和建议请发电子邮箱：mkfriend@ 126. com。

王　军

于江西理工大学

2023 年 5 月

目　　录

1 概　　论

1.1　数字式计算机起源

世界上第一台电子数字式计算机 ENIAC（the electronic numerical intergrator and computer）于 1946 年 2 月 15 日在美国宾夕法尼亚大学正式投入运行，它使用了 17468 个真空电子管和 86000 个其他电子元件，耗资 100 万美元以上，耗电 174 千瓦，占地 170 平方米，有两个教室那么大，重达 30 吨，每秒钟可进行 5000 次加法运算。虽然它的功能还比不上今天最普通的一台微型计算机，但在当时它已是运算速度的绝对冠军，并且其运算的精确度和准确度也是史无前例的。ENIAC 奠定了电子计算机的发展基础，开辟了一个计算机科学技术的新纪元。

ENIAC 诞生后，1946 年 6 月，美籍匈牙利数学家冯·诺依曼提出了重大的改进理论，主要有两点：一是电子计算机应该以二进制为运算基础；二是电子计算机应采用"存储程序"方式工作。冯·诺依曼体系的主要思想包括：

（1）用二进制代码形式表示信息（数据、指令）；

（2）采用存储程序工作方式（冯·诺依曼思想最核心的概念）；

（3）计算机硬件系统由五大部件（运算器、控制器、存储器、输入设备和输出设备）组成。

这些思想奠定了现代计算机的基本结构，并且开创了程序设计的新时代。冯·诺依曼对计算机界的最大贡献在于"存储程序控制"概念的提出和实现，主要包含以下三个方面的思想：

（1）根据任务编制程序。计算机对任务的处理，首先必须设计相应的算法，而算法是通过程序来实现的，程序就是一条条的指令，告诉计算机按照一定的步骤不断地去执行。程序中还应提供需要处理的数据，或者规定计算机在什么时候、什么情况下从输入设备取得数据，或向输出设备输出数据。

（2）将编制好的程序存储在计算机内部。计算机只能识别二进制文件，也就是一串 0 和 1 的组合。不管使用哪种语言，如汇编语言、C 语言、JAVA 等，编写的程序最终都要编译成二进制代码，也就是机器语言，计算机才能够读懂和识别，才能按照一条条指令去执行。因此，编写好的程序最终将变为指令序列和原始数据，保存在存储器中，提供给计算机执行。

（3）计算机能够自动、连续地执行程序，并得到需要的结果。存储器就是一个个小房间，并且按照一定的地址进行编号，需要执行的指令和数据都以二进制代码的形式存放在存储器中。计算机开始执行程序，设置一个程序计数器 PC（program counter）指向需要执行的指令或者代码处，每执行一个字节的指令，PC 计数器自动加 1，如果程序需要转移，

PC 指向转移地址处，按照转移地址读取后续指令。计算机就是这样能够自动地、连续不断地从存储器中逐条读取指令，并且完成相应操作，直到整个程序执行完毕。

冯·诺依曼的这些理论的提出，解决了计算机运算自动化的问题和速度配合问题，对后来计算机的发展起到了决定性的作用。直至今天，绝大部分的计算机还是采用冯·诺依曼方式工作。

在所有计算机先驱中，冯·诺依曼和图灵拥有着最高的知名度，但其实冯·诺依曼的主要成就分布在其他领域。他首先是位伟大的数学家，在集合论、逻辑学、博弈论、代数学、几何学和拓扑学等各大分支都有卓越贡献，一生发表的 150 多篇论文中，120 多篇都是数学论文；而后是一位物理学家，在量子力学和流体动力学中颇有建树；同时还是化学家和经济学家，是位令多数同行都难以望其项背的博学者。如果说图灵描绘了计算机的灵魂，那么冯·诺依曼则框定了计算机的骨架，后人所做的只是不断丰富计算机的血肉罢了。鉴于冯·诺依曼对现代计算机技术的突出贡献，他又被称为"现代计算机之父"。

1.2 计算机两种基本体系结构

1.2.1 冯·诺依曼体系结构

冯·诺依曼结构也称普林斯顿结构，是一种将程序指令存储器和数据存储器合并在一起的存储器结构。程序指令存储地址和数据存储地址指向同一个存储器的不同物理位置，因此程序指令和数据的宽度相同，如英特尔公司的 8086 中央处理器的程序指令和数据都是 16 位宽。按照冯·诺依曼的计算机结构，整个计算机硬件系统是由存储器、运算器、控制器、输入设备和输出设备五大部件组成的，计算机硬件结构如图 1-1 所示。

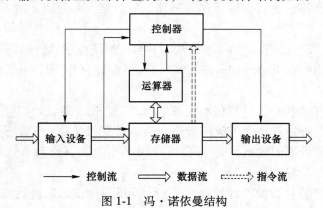

图 1-1 冯·诺依曼结构

（1）运算器。运算器又称算术逻辑单元（arithmetic logic unit，简称 ALU）。它是计算机对数据进行加工处理的部件，包括算术运算（加、减、乘、除等）、逻辑运算（与、或、非、异或、比较等）、移位以及传送等操作。

（2）控制器。控制器是计算机的指挥中心，负责决定执行程序的顺序，给出执行指令时机器各部件需要的操作控制命令。控制器负责从存储器中取出指令，并对指令进行译码。根据指令的要求，按时间的先后顺序，负责向其他各部件发出控制信号，保证各部件协调一致地工作，一步一步地完成各种操作。控制器主要由指令寄存器、译码器、程序计数器、操作控制器等组成。

（3）存储器。存储器是计算机记忆或暂存数据的部件。存储器分为内存储器（内存）和外存储器（外存）两种。计算机中的全部信息，包括原始的输入数据，经过初步加工的中间数据以及最后处理完成的有用信息都存放在存储器中。对输入数据进行加工处理，控制计算机运行的各种程序、指令也都存放在存储器中。

（4）输入设备。输入设备是给计算机输入信息的设备，它是重要的人机接口，负责将输入的信息（包括数据和指令）转换成计算机能识别的二进制代码，送入存储器保存，例如键盘、鼠标、麦克风、摄像头。

（5）输出设备。输出设备是输出计算机处理结果的设备，它把各种计算结果数据或信息以数字、字符、图像、声音等形式表示出来。常见的有显示器、打印机、绘图仪等。

在计算机的发展过程中，运算器和控制器集成在一起构成了中央处理器（CPU，central processing unit），现在大家使用的笔记本、台式机、一体机等个人计算机（PC，personal computer）的一个主要部件就是 CPU。通过计算机内部总线（BUS），将 CPU 与存储器（RAM/ROM）、输入/输出设备等连接起来，构成了现代微型计算机的系统模型，如图 1-2 所示。通用计算机是由主板（提供各种标准总线）、CPU、内存、硬盘、显卡（接显示器）、鼠标/键盘等硬件组成，依然延续了微型计算机的系统模型。

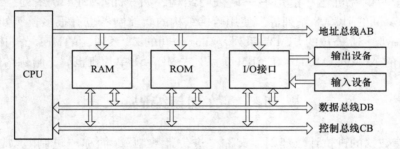

图 1-2　微型计算机系统结构

总线是计算机各部件之间传递信息的基本通道。依据传递的内容不同，总线又分为数据总线 DB（data bus）、地址总线 AB（address bus）和控制总线 CB（control bus），微机的这种连接方式通常称为三总线结构。

数据总线用于传送数据信息。数据总线是双向三态形式的总线，既可以把 CPU 的数据传送到存储器或 I/O 接口等其他部件，也可以将其他部件的数据传送到 CPU。

地址总线是为进行数据交换时提供地址信息。CPU 通过地址总线将地址输出到存储器或 I/O 接口，以选择要操作的单元或 I/O 接口，由于地址通常由 CPU 提供，所以地址总线是单向传输的。

控制总线用来传送控制信号和时序信号。控制信号中，有的是 CPU 送往存储器和 I/O 接口电路的，如读/写信号，片选信号等；也有其他部件反馈给 CPU 的，如反馈信号线、应答线等。

1.2.2　哈佛结构

哈佛结构是一种将程序指令存储和数据存储分开的存储器结构。哈佛结构是一种并行体系结构，它的主要特点是将程序和数据存储在不同的存储空间中，即程序存储器和数据存储器是两个独立的存储器，每个存储器独立编址、独立访问。与两个存储器相对应的是系统的4 条总线：程序存储器、数据存储器的数据总线、地址总线，哈佛结构框图如图 1-3 所示。这种分离的程序总线和数据总线可允许在一个机器周期内同时获得指令字（来自程序存储器）和操作数（来自数据存储器），从而提高了执行速度，提高了数据的吞吐率。又由于程序和数据存储在两个

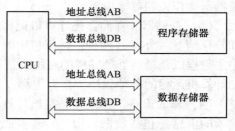

图 1-3　哈佛结构

分开的物理空间中，因此取指和执行能完全重叠。中央处理器首先到程序指令存储器中读取程序指令内容，解码后得到数据地址，再到相应的数据存储器中读取数据，并进行下一步的操作（通常是执行）。程序指令存储和数据存储分开，可以使指令和数据有不同的数据宽度。如 Microchip 公司的 PIC16 芯片的程序指令是 14 位宽度，而数据是 8 位宽度。

　　哈佛结构的计算机由 CPU、程序存储器和数据存储器组成，程序存储器和数据存储器采用不同的总线，从而提供了较大的存储器带宽，使数据的移动和交换更加方便，尤其提供了较高的数字信号处理性能。

　　现在大量的单片机还在沿用冯·诺依曼结构，如 TI 的 MSP430 系列、ARM 公司的ARM7、Freescale 的 HCS08 系列等。使用哈佛结构的微控制器也有很多，例如摩托罗拉公司的 MC68 系列，ST 公司的 STM32 系列，Zilog 公司的 Z8 系列，ATMEL 公司的 AVR 系列和 ARM 公司的 ARM9、ARM10 和 ARM11 系列，MCS-51 单片机也属于哈佛结构。

1.3　数制与编码

　　数制是指数据的进位计数规则，又称"进位计数制"，简称"进制"。常见的进位计数法有十进制数、二进制数、十六进制数、八进制数等。十进制数是人们在日常生活中最常使用的，而在计算机中通常使用二进制数。这是因为计算机是由逻辑电路组成，逻辑电路通常只有两个状态：开关的接通与断开，这两种状态正好可以用"1"和"0"表示。因此，采用二进制数的"0"和"1"可以很方便地表示计算机内的数据运算与存储。在编程时，为了方便阅读和书写，人们还经常用八进制数或十六进制来表示二进制数。

1.3.1　数制的基与权

　　在进位计数法中，每个数位所用到的不同数码的个数称为基数（Radix），常用 R 表示，数制每一位所具有的值称为位权（Weight），简称权，常用 W 表示。

　　十进制的基数为 10(0~9)，每个数位计满 10 就向高位进位，即"逢十进一"。十进制整数中第 0 位（最低位，也就是整数最右边的那位）的位权是 10 的 0 次方，第 1 位的位权是 10 的 1 次方；同理二进制整数中第 0 位的权值是 2 的 0 次方，第 1 位的位权是 2 的1 次方，以此类推；显然十进制数 101，其个位的 1 与百位的 1 所表示的数值是不一样的。每个数码所表示的数值等于该数码本身乘以它所在数位的位权。一个进位数的数值大小就是它的各位数码按权相加。

　　（1）二进制数（Binary）。二进制只有 0 和 1 两种数字符号，汇编语言中后缀用"B"

表示，计数"逢二进一"。它的任意数位的权为 2^i，i 为所在位数。

（2）八进制数（Octal）。八进制作为二进制的一种书写形式，其基数为 8，有 0~7 共 8 个不同的数字符号，基数"逢八进一"，由于字母"O"与数字"0"易混淆，所以后缀也可用"Q"表示，在 Keil A51 汇编语言中，既支持"O"后缀，也支持"Q"后缀。在 Keil C51 语言中，八进制用数字 0 开头。因为 $R=8=2^3$，所以只要把二进制中的 3 位数码编为一组就是八进制数，两者之间的转换极为方便。

（3）十进制数（Decimal）。十进制计数中用到 0~9 十个数码，汇编语言后缀用"D"表示，后缀"D"在使用时可以省略，此时数字默认为十进制数，规律为"逢十进一"。

（4）十六进制数（Hexadecimal）。十六进制也是二进制的一种书写形式，其基数为 16，"逢十六进一"。每个数位可取 0~9、A、B、C、D、E、F 中的任意一个，其中 A、B、C、D、E、F 分别表示 10~15。十六机制在汇编语言中加后缀 H 表示，在 C 语言中数字前加前缀 0X 表示。因为 $R=16=2^4$，所以 4 位二进制数码与 1 位十六进制数码相对应。

例 1.1　二进制数 1010.01 的基数 R 为：2。

对应各位的位权 W 分别为：2^3、2^2、2^1、2^0、2^{-1}、2^{-2}。

例 1.2　十进制数 456.78 的基数 R 为：10。

对应各位的位权 W 分别为：10^2、10^1、10^0、10^{-1}、10^{-2}。

1.3.2　各种进制数的转换

（1）各种进制数转换为十进制数的原则：按位和权展开相加。

例 1.3　将数 FFFFH、735.4Q 及 10111100.101B 分别转换为十进制数。

$FFFFH=15\times16^3+15\times16^2+15\times16^1+15\times16^0=65535$

$345.4Q=3\times8^2+4\times8^1+5\times8^0+4\times8^{-1}=229.5$

$10011100.11B=2^7+2^4+2^3+2^2+2^{-1}+2^{-2}=156.75$

（2）十进制数转换为二、八、十六进制数：分为整数部分和小数部分，整数部分采用"除基取余反序法"，小数部分采用"乘基取整正序法"。

例 1.4　将数 29.375、155.5 分别转换为二进制数和十六进制数。

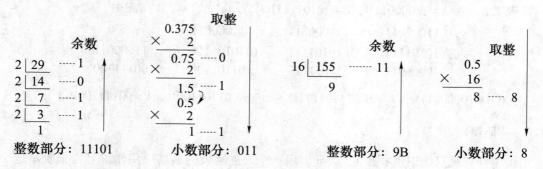

最后的计算结果：29.375=11101.011B；155.5=9B.8H。

（3）二进制数转换为八进制数：以小数点为起始点，整数部分向左每三位分为一组，小数部分向右每三位分为一组，不足三位加 0 补足三位。

例 1.5　11010101. 0111B＝011'010'101. 011'100B＝325. 34Q

（4）二进制数转换为十六进制数：以小数点为起始点，整数部分向左每四位分为一组，小数部分向右每四位分为一组，不足四位加 0 补足四位。

例 1.6　11010101. 0111B＝1101'0101. 0111B＝D5. 7H

（5）八进制数或十六进制数转换为二进制数转换：八进制数每一位用三位二进制数表示，十六进制数每一位用四位二进制数表示。

例 1.7　345. 67Q＝011'100'101. 110'111B＝11100101. 110111B

5E9. 78H＝0101'1110'1001. 0111'1000B＝10111101001. 01111B

1.3.3　二进制数的逻辑运算

（1）二进制数"与"运算（AND）。"与"运算又称逻辑乘，运算符为"·"或"∧"，"与"运算的规则为：

$$0 \wedge 0 = 0; 0 \wedge 1 = 0; 1 \wedge 0 = 0; 1 \wedge 1 = 1$$

可见，两个相"与"的逻辑变量中，只要有一个为 0，"与"运算的结果就为 0。仅当两个变量都为 1 时，"与"运算的结果才为 1。

（2）二进制数"或"运算（OR）。"或"运算又称逻辑加，运算符为"＋"或"∨"，"或"运算的规则为：

$$0 \vee 0 = 0; 0 \vee 1 = 1; 1 \vee 0 = 1; 1 \vee 1 = 1$$

可见，两个相"或"的逻辑变量中，只要有一个为 1，"或"运算的结果就为 1，仅当两个变量都为 0 时，或运算的结果才为 0。

（3）二进制数"非"运算（NOT）。"非"运算又称逻辑非，变量 X 的"非"运算记作 $\overline{X}$，实现对变量 X 取反的逻辑运算，即"非"运算的规则为：

$$\overline{0} = 1; \overline{1} = 0$$

（4）二进制数"异或"运算（XOR）。"异或"运算符为"⊕"，参加运算的两个逻辑变量，相异则结果为 1，相同则结果为 0。"异或"运算的规则为：

$$0 \oplus 0 = 0; 0 \oplus 1 = 1; 1 \oplus 0 = 1; 1 \oplus 1 = 0$$

例 1.8　若 A＝11000011B，B＝10101111B，求 A∧B、A∨B、A⊕B、$\overline{A}$。

```
    11000011        11000011        11000011
  ∧ 10101111      ∨ 10101111      ⊕ 10101111        11000011
  ──────────      ──────────      ──────────      ──────────
    10000011        11101111        01101100        00111100
```

A∧B＝10000011B，A∨B＝11101111B，A⊕B＝01101100B，$\overline{A}$＝00111100B。

1.3.4　码制

由于计算机只能识别 0 和 1，因此，用一个二进制数的最高位用作符号位来表示这个数的正负。规定符号位用"0"表示正，用"1"表示负。例如，X＝－110100B，Y＝＋110100B，则在计算机中 X、Y 用八位二进制数可分别表示为：

一个数在计算机中的二进制表示形式，叫做这个数的机器数。机器数有 2 个特点：一是符号数值化，二是其数的大小受机器字长的限制。机器数是带符号的，通常这个符号放在二进制数的最高位，称符号位，以 0 代表符号"+"，以 1 代表符号"-"。因为有符号占据一位，数的形式值就不等于真正的数值，带符号位的机器数对应的数值称为机器数的真值。如机器数 10110100B 的真值是-110100B。

计算机内部设备一次能表示的二进制位数叫计算机的字长，一台计算机的字长是固定的。字长 8 位叫一个字节（byte），计算机字长一般都是字节的整数倍，如字长 8 位、16位、32 位、64 位。

计算机中机器数的表示方法有三种，即原码、反码和补码。

（1）原码。正数的符号位用 0 表示，负数的符号位用 1 表示，符号位之后的数值部分用真值的绝对值来表示的二进制机器数称为数的原码，用 $[X]_原$ 表示，正数的原码与其真值相同。

原码表示法比较直观，它的数值部分就是该数的绝对值，而且与真值、十进制数的转换十分方便。但是它的加减法运算较复杂。当两数相加时，机器要首先判断两数的符号是否相同，如果相同则两数相加，若符号不同，则两数相减。在做减法前，还要判断两数绝对值的大小，然后用大数减去小数，最后再确定差的符号，换言之，用这样一种直接的形式进行加运算时，负数的符号位不能与其数值部分一道参加运算，而必须利用单独的线路确定和的符号位。要实现这些操作，电路就很复杂，这显然是不经济实用的。为了减少设备，解决机器内负数的符号位参加运算的问题，总是将减法运算变成加法运算，也就引进了反码和补码这两种机器数。

（2）反码。一个正数的反码与该数的原码相同；一个负数的反码，等于该负数的符号位不变（即为 1），数值位按位求反（即 0 变 1、1 变 0），反码用 $[X]_反$ 表示。

（3）补码。正数的补码和反码相同，负数的补码为反码加 1。补码用 $[X]_补$ 表示。

例 1.9　若 X = - 110100B，Y = + 110100B，则：

$$[X]_原 = 10110100，[X]_反 = 11001011，[X]_补 = 11001100$$

$$[Y]_原 = [Y]_反 = [Y]_补 = 00110100$$

综上所述可归纳为：

1）正数的原码、反码、补码就是该数本身；

2）负数的原码其符号位为 1、数值位不变；

3）负数的反码其符号位为 1、数值位逐位求反；

4）负数的补码其符号位为 1、数值位逐位求反并在末位加 1。

注意：

1）计算机中所有的符号数都是默认用补码表示的；

2）计算机中所能表示的符号数的范围为：$-2^{n-1} \sim +2^{n-1}-1$，n 为数据的位数；

已知一个数的补码时，［正数］_{真值} = ［正数］_{补}，［负数］_{真值} = ［负数］_{补} 取反（符号位除外）+ 1。

（4）补码的算术运算。补码运算要注意的问题：

1）补码运算时，其符号位与数值部分一起参加运算。

2）补码的符号位相加后，如果有进位出现，要把这个进位舍去（自然丢失）。

3）用补码运算，其运算结果亦为补码。在转换为真值时，若符号位为 0，数位不变；若符号位为 1，应将结果求补才是其真值。

例 1.10　已知 X = +1101，Y = +0110，用补码计算 Z = X–Y。

解：［X］_{补} = 01101，［ – Y］_{补} = 11010，

则 ［Z］_{补} = ［X］_{补} + ［ – Y］_{补} = 01101 + 11010 = 100111，其真值为 Z = + 0111。

例 1.11　已知 X = +0110，Y = +1101，用补码计算 Z = X–Y。

解：［X］_{补} = 00110，［ – Y］_{补} = 10011，

则 ［Z］_{补} = ［X］_{补} + ［ – Y］_{补} = 00110 + 10011 = 11001，其真值为 Z = – 0111。

1.3.5　编码

（1）BCD 码（binary coded decimal）。BCD 码也称 8421 码，用 4 位二进制数来表示 1 位十进制数中的 0~9 这 10 个数字，是一种二进制的数字编码形式，用二进制编码的十进制代码。如表 1-1 所示，BCD 码这种编码形式利用了四个位元来储存一个十进制的数码，使二进制和十进制之间的转换得以快捷地进行。

例如 123.45 =（0001 0010 0011. 0100 0101）_{BCD}。

表 1-1　8421 BCD 编码表

十进制数	8421 BCD 码	十进制数	8421 BCD 码
0	0000	5	0101
1	0001	6	0110
2	0010	7	0111
3	0011	8	1000
4	0100	9	1001

（2）ASCII 码。计算机除了能对二进制数运算外，还需要对各种各样的字符进行识别和处理，这就要求计算机首先能够表示这些字符。目前国际上比较通用的是 1963 年美国国家标准学会 ANSI（American National Standard Institute）制定的美国信息交换标准代码（American Standard Code for Information Interchange），简称 ASCII 码。标准 ASCII 码是一种标准的单字节字符编码方案，采用七位二进制数对字符进行编码，共有 128 个元素，其中包括 32 个通用控制字符，10 个十进制制数码，52 个大小写英文和 34 个专用符号，详见表 1-2。在计算机中传输 ASCII 码，通常采用 8 位二进制数码，因此，最高有效位用作奇偶校验位，用于检查代码在传输过程中是否发生差错。

表 1-2　ASCII 码表

高位 低位	000	001	010	011	100	101	110	111
0000	NULL	DLE	SP	0	@	P	`	p
0001	SOH	DC1	!	1	A	Q	a	q
0010	STX	DC2	"	2	B	R	b	r
0011	ETX	DC3	#	3	C	S	c	s
0100	EOT	DC4	$	4	D	T	d	t
0101	ENQ	NAK	%	5	E	U	e	u
0110	ACK	SYN	&	6	F	V	f	v
0111	BEL	ETB	'	7	G	W	g	w
1000	BS	CAN	(	8	H	X	h	x
1001	HT	EM	)	9	I	Y	i	y
1010	LF	SUB	*	:	J	Z	j	z
1011	VT	ESC	+	;	K	[	k	{
1100	FF	FS	,	<	L	\	l		
1101	CR	GS	−	=	M	]	m	}
1110	SO	RS	.	>	N	^	n	~
1111	SI	US	/	?	O	_	o	DEL

1.4　思　考　题

1. 什么是冯·诺伊曼结构，什么是哈佛结构，各有何特点？
2. 将下列各进制数转换成十进制数：

   10100110.11B，135.25Q，6FA.AEH
3. 将 127.54 分别转换成二进制数、八进制数和十六进制数（保留两位小数）。
4. 已知 X = 11011101B，Y = 10110101B，用逻辑运算规则求：

   $X \wedge Y$，$X \vee Y$，$X \oplus Y$，$\overline{X}$，$\overline{Y}$
5. 设计算机字长为 8 位，求下列数值的二进制及十六进制的原码、反码和补码。

   +0，+1，+100，+127，−0，−1，−127
6. 简述计算机三总线结构。

2 MCS-51 单片机的结构

单片机是将计算机的 CPU、RAM、ROM、定时器/计数器和各种 I/O 口（如并行口、串行口等）集成在一片芯片上而制成的超大规模集成电路。就其组成而言，一块单片机就是一台计算机。因此单片机早期的含义称为单片微型计算机，简称为单片机（single chip microcomputer）。由于单片机特别适合用于控制领域，故又把单片机称为微控制器 MCU（micro control unit）。

2.1 单片机的应用领域

单片机具有体积小、功能全、价格低廉的突出优点，同时其软件也非常丰富，并可将这些软件嵌入其他产品中，使其他产品具有丰富的智能。单片机在民用和工业测控领域得到广泛的应用。

（1）智能仪器仪表领域。单片机具有体积小、集成度高、控制能力强、稳定性好等优点，广泛应用于仪器仪表中，提高了仪器仪表的精度，促进了其智能化、数字化，而且功能比采用模拟电路和数字电路更加强大。例如，智能数字钟、多功能数字测量仪、数字存储示波器等。

（2）工业自动化控制领域。工业自动化是最早采用单片机控制的领域之一。如各种测控系统、过程控制、机电一体化、机器人控制等。在化工、建筑、冶金等工业领域都要用到单片机控制技术。例如自动生产线控制、电机转速控制、电梯智能化控制等。

（3）智能家用电器领域。各种智能化家用电器，如洗衣机、空调、电视机、录像机、微波炉、电冰箱、电饭煲以及各种视听设备，玩具、游戏机等。单片机控制器的引入，不仅使产品的功能大大增强，功能得到提高，而且获得了良好的使用效果。

（4）办公自动化设备。现在办公室中使用的大量通信和办公设备多数嵌入了单片机。如打印机、复印机、传真机、绘图机、电话以及通用计算机中的键盘译码、磁盘驱动等。

（5）医疗设备领域。单片机在医疗设备领域的应用相当广泛，例如医用呼吸机、各种医用分析仪、监护仪、超声波诊断设备以及病床呼叫系统等。

（6）汽车与节能。在汽车上如点火控制、排放控制、喷油控制、变速控制、防滑控制、空调控制、安全气囊控制、座椅控制、门锁控制、刮水器控制、防盗报警器控制、汽车灯光控制等。

（7）商业营销设备。在商业营销系统中已广泛使用的电子秤、收款机、条形码阅读器、IC 卡刷卡机、出租车计价器、仓储安全监测系统、商场保安系统、空气调节系统、冷冻保险系统等都采用了单片机控制。

2.2 MCS-51 系列单片机

自单片机诞生以来，单片机衍生出多个机种，这些产品各具特色，同时也在市场上相互竞争，竞争促进产品性能的提升，也加速了产品的更新换代，而有些公司在竞争中慢慢地消失了，例如 Analog Devices 并购了 Maxim 公司，Microchip 收购了 Atmel 公司。现在国际上比较有影响的公司和产品有：Intel 公司的 MCS-51 系列，Microchip 公司的 PIC 系列，ST 公司的 STM8 系列，Atmel 公司的 AT89 系列、AVR 系列，TI 公司的 MSP430 系列、CC 系列，STC 公司的 STC89 系列，NXP 公司的 80C51 系列、P89 系列，Analog Devices 公司的 ADUC 系列，Cypress 公司的 CY8C 系列、EZ-USB 系列，Dallas Semiconductor 公司的 DS 系列，Hynix Semiconductor 公司的 GMS9 系列，Infineon 公司的 C500 系列，Nordic Semiconductor 公司的 nRF 系列，Silicon Labs 公司的 C8051F 系列等。

上述单片机产品的种类是很多的，最具代表性的当数 Intel 公司的 MCS-51 单片机系列。MCS-51 以其典型的结构、完善的总线、SFR 的集中管理模式、位操作系统和面向控制功能的指令系统，为单片机的发展奠定了良好的基础。MCS-51 系列的典型芯片是 80C51，众多厂商都引入了 80C51 兼容内核，在此基础上推出新产品，例如在功能上集成了 USB、SPI、IIC、PWM、ADC、蓝牙控制器、无线传输功能等特色功能。

典型的 80C51 系列单片机产品资源配置如表 2-1 所示，在功能上分为基本型和增强型两大类，末尾数字为 "1" 的为基本型，末尾数字为 "2" 的为增强型。它们的内部结构基本相同，但不同型号产品的资源配置有差别。80C31 片内没有程序存储器；80C51 片内含有 4KB 的掩膜 ROM 程序存储器；87C51 片内含有 4KB 的 EPROM 程序存储器；89C51 片内含有 4KB 的 Flash ROM 程序存储器，增强型的程序存储器容量是基本型的 2 倍。

表 2-1 MCS-51 系列单片机资源

分 类	芯片型号	存储器类型及数量		I/O 口		定时器	中断源
		ROM	RAM	并行口	串行口		
基本型	80C31	无	128B	4 个	1 个	2 个	5 个
	80C51	4KB 掩膜 ROM	128B	4 个	1 个	2 个	5 个
	87C51	4KB EPROM	128B	4 个	1 个	2 个	5 个
	89C51	4KB Flash ROM	128B	4 个	1 个	2 个	5 个
增强型	80C32	无	256B	4 个	1 个	3 个	6 个
	80C52	8KB 掩膜 ROM	256B	4 个	1 个	3 个	6 个
	87C52	8KB EPROM	256B	4 个	1 个	3 个	6 个
	89C52	8KB FlashROM	256B	4 个	1 个	3 个	6 个

鉴于 80C51 系列在硬件方面的广泛性、代表性以及指令系统的兼容性，初学者可以选择 51 系列单片机作为学习单片机的首选类型。

2.3 MCS-51 单片机结构

图 2-1 是 8051 单片机的功能框图，可见，80C51 在一块单片机芯片上集成了一个微型计算机的主要部件，主要包括以下几部分：时钟电路、8 位中央处理器（CPU）、128B 数据存储器（RAM）、4KB 程序存储器（ROM）、64KB 扩展总线控制电路、2 个 16 位定时/计数器、4 个并行 I/O 口、1 个全双工串行口、中断系统（包括 5 个中断源，2 个优先级别）。

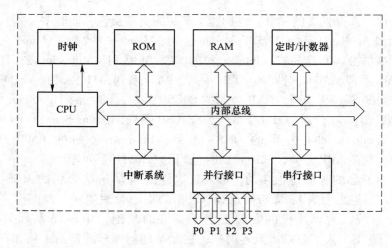

图 2-1   8051 单片机功能框图

以上各部分功能部件挂接在内部总线上，通过内部总线传送地址信息、数据信息和控制信息，各功能部件分时使用总线。

图 2-2 是 8051 单片机系统结构框图。

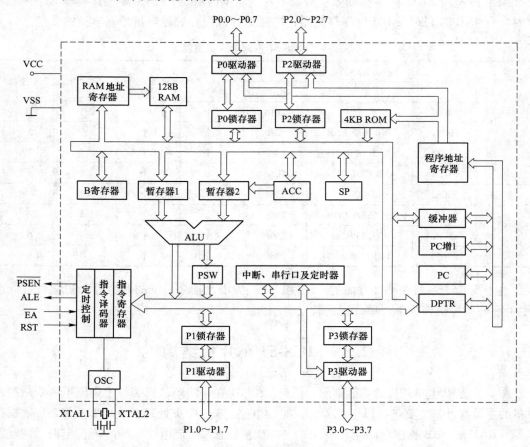

图 2-2   8051 单片机系统结构框图

2.4 中央处理器 CPU

CPU 即中央处理器，是单片机的核心部件，它的作用是读入和分析每条指令，根据每条指令的功能，控制每个部件执行相应的操作。51 系列单片机内部有一个 8 位 CPU，它由运算器和控制器两部分组成。

2.4.1 控制器

控制器是统一指挥和控制计算机工作的部件。它的功能是从程序存储器中取出指令，送到指令寄存器，再由指令译码器进行译码，并通过定时控制电路，在规定的时刻向其他部件发出各种操作控制信号，协调单片机各部件正常工作，完成指令规定的各种操作。控制器包括程序计数器 PC、PC 增 1 寄存器、指令寄存器 IR、指令译码器 ID、数据指针 DPTR、堆栈指针 SP、缓冲器及定时控制电路等。

（1）程序计数器 PC。程序计数器 PC 为 16 位特殊功能寄存器，它总是存放 CPU 要执行的下一条指令的地址。CPU 总是把 PC 的内容作为地址，从存储器中取出指令码。每取完一个字节后，PC 内容自动加 1，为取下一个字节做好准备。所以 PC 是维持微机有序执行程序的关键部件。计算机执行程序是顺序地把存在存储器内的指令依次取到 CPU 里进行识别，然后去执行规定的操作，要取的指令的地址码就是由 PC 提供的，因此每执行一条指令，CPU 就把程序计数器中存放的指令地址送到地址总线上，从存储器取出指令后，PC 的内容自动加 1，指向下一条指令，保证程序顺序执行。只有在执行转移、子程序调用指令及中断响应时例外，PC 内容不再加 1，而是被自动置入新的地址。当单片机复位时，PC 自动装入地址 0000H，使程序从 0000H 地址开始执行。

（2）指令译码器。当指令送入指令译码器后，由译码器对该指令进行译码，把指令转变成执行此指令所需要的电信号。根据译码器输出的信号，CPU 的定时控制电路定时地产生执行该指令所需的各种控制信号，使计算机正确执行程序所要求的各种操作。

（3）数据指针寄存器 DPTR。由于 8051 单片机可以外接 64KB 的数据存储器和 I/O 接口电路，因此在控制器中设置了一个 16 位的专用地址指针。数据指针 DPTR 由 2 个独立的 8 位寄存器 DPH 和 DPL 组成，用来存放 16 位地址。它可作为间接寻址寄存器，对 64KB 的外部数据存储器和 I/O 口进行寻址。

（4）堆栈指针 SP。SP 为 8 位寄存器，它总是指向堆栈顶部。51 系列单片机的堆栈常设在内部 RAM 的 30H~7FH 地址空间，用于响应中断或调用子程序时保护断点地址，也可通过栈操作指令（PUSH 和 POP）保护现场和恢复现场。堆栈操作遵循"先进后出、后进先出"的原则。入栈操作时，SP 先加 1，数据再压入 SP 指向单元；出栈操作时，先将 SP 指向单元的数据弹出，SP 再减 1。当单片机复位后，SP 指向 07H 单元。用户可通过指令设置 SP。

2.4.2 运算器

运算器的主要任务是完成算术运算、逻辑运算、位运算和数据传送等操作。运算器主要包括算术逻辑单元 ALU、累加器 ACC、寄存器 B、暂存器、程序状态字寄存器 PSW。

（1）算术逻辑单元 ALU。ALU 由加法器和其他逻辑电路组成。ALU 主要用于对数据进行算术和各种逻辑运算，运算的结果一般送回累加器 ACC，而运算的状态信息送给程序状态字 PSW。

（2）累加器 ACC。ACC 是一个 8 位寄存器，是 CPU 中工作最繁忙的寄存器，专门存放操作数或运算结果。CPU 的大多数指令，都要通过累加器 A 与其他部件交换信息。累加器写成 A 或 ACC 在 51 汇编语言指令中是有区别的。ACC 在汇编后的机器码必有一个字节的操作数，是累加器的字节地址 E0H，A 在汇编后则隐含在指令操作码中。在寄存器寻址时指令助记符可简写为 A，对 A 的特殊功能寄存器直接寻址和累加器某一位的寻址要用 ACC，而不能写成 A。一般的说法：A 表示了累加器中的内容【寄存器寻址】；ACC 表示了累加器的地址【直接寻址】。

（3）程序状态字寄存器 PSW。PSW 是 8 位寄存器，用作指令执行后运行状态的标志，一般作为程序查询或判别的条件。各标志位定义如表 2-2 所示。其中，PSW.1 是保留位，未使用。

表 2-2　PSW 各标志位定义

PSW 位地址	PSW.7	PSW.6	PSW.5	PSW.4	PSW.3	PSW.2	PSW.1	PSW.0
位标志	CY	AC	F0	RS1	RS0	OV	—	P

1）CY：进位、借位标志位。在进行加法、减法运算时，若操作结果最高位有进位、借位，则 CY=1，否则 CY=0。在进行位操作时，CY 作为位累加器 C 使用。

2）AC：辅助进位、借位标志位。在进行加法、减法运算时，若低半字节向高半字节有进位、借位，则 AC=1，否则 AC=0。AC 位常用于调整 BCD 码运算结果。

3）F0：用户标志位，用户可自己定义。

4）RS1、RS0：当前工作寄存器组选择位。当 RS1、RS0 为 00、01、10、11 时，则选择第 0、1、2、3 组寄存器为当前工作寄存器。

5）OV：溢出标志位。当有溢出时，OV=1，否则 OV=0。

6）P：奇偶标志位。当累加器 ACC 中 1 的个数为奇数时，P=1，否则 P=0。在 MCS-51 的指令系统中，凡是改变累加器 A 中内容的指令均影响 P 标志位。

2.5　引　　脚

MCS-51 系列单片机有两种封装形式，一种是双列直插式（DIP）封装，另一种是方形封装。由于受到引脚数目的限制，部分引脚具有第二功能。8051 单片机的引脚图和逻辑符号图如图 2-3 和图 2-4 所示。8051 的 40 个引脚可分为：电源引脚 2 个、时钟引脚 2 个、控制引脚 4 个和 I/O 引脚 32 个。

（1）电源引脚。

1）VCC（40 脚）：主电源引脚，接+5V。

2）VSS（20 脚）：接地引脚。

（2）时钟引脚。

1）XTAL2（18 脚）：接外部晶振和微调电容的一端。在片内它是一个振荡电路反相

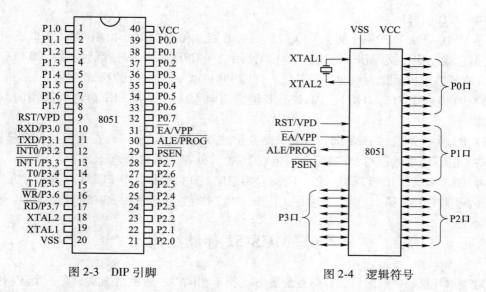

图 2-3　DIP 引脚　　　　　　　　图 2-4　逻辑符号

放大器的输出端。若采用外部时钟电路时，对于 HMOS 单片机，该引脚输入外部时钟脉冲；对 CHMOS 型单片机，此引脚悬空。

2）XTAL1（19 脚）：接外部晶振和微调电容的另一端。在片内它是振荡电路反相放大器的输入端。在采用外部时钟时，对于 HMOS 单片机，该引脚必须接地；对 CHMOS 型单片机，此引脚应作为驱动端。

（3）控制引脚。

1）RST/VPD（9 脚）：复位信号/备用电源输入引脚。当 RST 引脚保持两个机器周期的高电平后，就可以使单片机复位。该引脚的第二功能是 VPD，即备用电源的输入端，具有掉电保护功能。若在该引脚接+5V 备用电源，在使用中若主电源 VCC 掉电，可保护片内 RAM 中的信息不丢失。

2）ALE/PROG（30 脚）：地址锁存允许信号输出/编程脉冲输入引脚。当单片机上电正常工作后，ALE 端不断输出正脉冲信号，此信号频率为振荡器频率的 1/6。当 CPU 访问片外存储器时，ALE 输出控制信号锁存 P0 口输出的低 8 位地址，从而实现 P0 口数据与低位地址的分时复用。该引脚的第二功能是 ALE/PROG，当对 87C51 内部 4KB EPROM 编程写入时，该引脚为编程脉冲输入端。

3）EA/VPP（31 脚）：内外 ROM 选择/编程电压输入引脚。当EA/VPP 接高电平时，CPU 执行片内 ROM 程序，但当 PC 值超过 0FFFH 时，将自动转去执行片外 ROM 程序；当EA接低电平时，CPU 只执行片外 ROM 程序。对于 80C31，由于其无片内 ROM，故其EA必须接低电平。该引脚的第二功能是 VPP，当对 87C51 片内 EPROM、89C51 片内 Flash ROM 编程写入时，该引脚为编程电压的输入引脚。

4）PSEN（29 脚）：片外 ROM 读选通信号输出引脚。在访问片外 ROM 时，该引脚输出负脉冲作为存储器读选通信号。CPU 在向片外存储器取指令期间，PSEN信号在 12 个时钟周期中 2 次有效。

（4）I/O 引脚。

1）P0.0~P0.7（39~32 脚）：P0 口是漏极开路 8 位双向 I/O 口引脚。P0 口既可作地址/数据总线使用，又可作为通用的 I/O 口使用。当 CPU 访问片外存储器时，P0 口先作为低 8 位地址总线，后作为双向数据总线，此时 P0 口就不能再作 I/O 口使用。

2）P1.0~P1.7（1~8 脚）：P1 口是 8 位准双向 I/O 口引脚。P1 口作为通用的 I/O 口使用。

3）P2.0~P2.7（21~28 脚）：P2 口是 8 位准双向 I/O 口引脚。在访问片外存储器时，输出高 8 位地址总线，与 P0 口配合，组成 16 位片外存储器单元地址。

4）P3.0~P3.7（10~17 脚）：P3 口是 8 位准双向 I/O 口引脚。P3 口除了作为通用的 I/O 口外，每个引脚还具有第二功能，在实际工作中，大多数情况下都使用 P3 口的第二功能。

2.6　MCS-51 存储结构

8051 单片机与一般微机的存储器配置方式很不相同。一般微机通常只有一个逻辑空间，可以随意安排 RAM 或 ROM，访问存储器时，同一地址对应唯一的存储器单元。而 8051 单片机在物理结构上分为 4 个存储空间，如图 2-5 所示，包括片内程序存储器、片内数据存储器、片外程序存储器和片外数据存储器。但在逻辑上，即从用户角度上，8051 单片机有三个存储空间：片内外统一编址的 64KB 的程序存储器空间、256 字节的片内数据存储器空间（其中 128 字节的特殊功能寄存器地址空间仅有 21 个字节有实际意义），以及 64K 字节片外数据存储器地址空间。访问这三个不同的逻辑空间时，应采用不同形式的指令。

（1）MOV 指令用于访问内部数据存储器；

（2）MOVC 用于访问片内外程序存储器；

（3）MOVX 指令用于访问外部数据存储器。

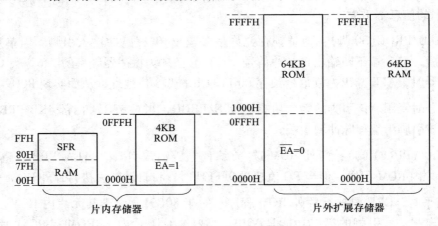

图 2-5　8051 存储器结构图

2.6.1　程序存储器

程序存储器 ROM 用来存放程序、常数或表格等，掉电后，ROM 内容不会丢失。在

8051 单片机内部有 4KB ROM，片外最多可扩展至 64KB ROM，片内外 ROM 统一编址。8051 单片机利用 $\overline{EA}$ 引脚来区分内部 ROM 和外部 ROM 的公共低 4KB 地址区 0000H ~ 0FFFH：当 $\overline{EA}$ 接高电平时，单片机从片内 4KB ROM 中取指令，当指令地址超过 0FFFH 后，自动转向片外 ROM 取指令；当 $\overline{EA}$ 接低电平时，片内 ROM 不起作用，单片机只从片外 ROM 中取指令，片外 ROM 的地址为 0000H ~ FFFFH。

在程序存储器中，有 6 个单元具有特殊功能。

（1）0000H：程序入口地址，单片机复位后 PC = 0000H，程序从 0000H 开始执行；

（2）0003H：外部中断 0 的中断服务程序入口地址；

（3）000BH：定时器 0 的中断服务程序入口地址；

（4）0013H：外部中断 1 的中断服务程序入口地址；

（5）001BH：定时器 1 的中断服务程序入口地址；

（6）0023H：串行口的中断服务程序入口地址。

使用时，通常在这些入口地址处存放一条无条件转移指令，使程序跳转到用户安排的中断程序起始地址，或者从 0000H 起始地址跳转到用户设计的初始程序上。

2.6.2 数据存储器

数据存储器主要用来存放运算的中间结果、数据、状态标志位等。8051 单片机片内有 256 字节 RAM，片外最多扩展 64KB RAM，构成了两个地址空间。访问片内 RAM 用 "MOV" 指令，访问片外 RAM 用 "MOVX" 指令。

对片内数据存储器通常采用间接寻址方式，R0、R1、DPTR 都可以作为间址寄存器，R0、R1 是 8 位地址指针，寻址范围为 256B，而 DPTR 是 16 位地址指针，寻址范围可达 64KB。片内低 128 字节（即 00H ~ 8FH）的地址区域为片内 RAM，对其可采用直接寻址和间接寻址方式；高 128 字节（即 80H ~ FFH）为特殊功能寄存器区 SFR（special function register），只能采用直接寻址方式。

（1）片内 RAM。片内 RAM 共 128B，分成工作寄存器区、位寻址区、通用 RAM 区三个部分，如图 2-6 所示。

1）工作寄存器区。片内 RAM 低 32 个单元（00H ~ 1FH），分作 4 个工作寄存器组，每组由 8 个通用寄存器（R0 ~ R7）组成，组号依次为 0、1、2 和 3。通过对 PSW 中 RS1、RS0 的设置，可以决定选用哪一组为当前工作寄存器，没有选中的工作寄存器可作为一般 RAM 使用。系统复位后，默认选中第 0 组寄存器为当前工作寄存器。工作寄存器地址如表 2-3 所示。

表 2-3 工作寄存器地址表

组号	RS1	RS0	R0	R1	R2	R3	R4	R5	R6	R7
0	0	0	00H	01H	02H	03H	04H	05H	06H	07H
1	0	1	08H	09H	0AH	0BH	0CH	0DH	0EH	0FH
2	1	0	10H	11H	12H	13H	14H	15H	16H	17H
3	1	1	18H	19H	1AH	1BH	1CH	1DH	1EH	1FH

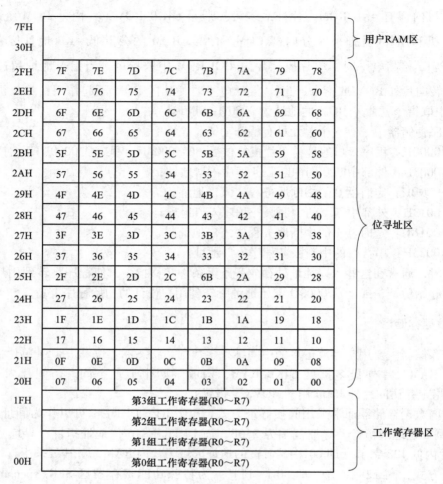

图 2-6　片内 RAM 地址空间

2）位寻址区。片内 RAM 20H~2FH 的 16 个单元具有双重功能，它们既可以作为一般的 RAM 单元按字节存取，也可对每个单元中任意一位按位操作，因此又称作位寻址区，位地址为 00H~7FH。该区域的位地址可以有两种表示方法：位地址和字节地址。例如位地址 20H，该位地址单元是字节地址 24H 的第 0 位，故位地址又可以表示为 24H.0。

对于某个地址，既可以表示为字节地址，又可以表示为位地址，如何区分呢？可以通过指令中操作数的类型确定。如果指令中的另一个操作数是字节数据，则该地址必为字节地址；如果指令中另一个操作数为一位数据，则该地址必为位地址。例如：

```
MOV   A,30H    ;A 为字节单元,30H 为字节地址
MOV   C,30H    ;C 为位单元,30H 为位地址,即 26H.0
```

3）通用 RAM 区。内部 RAM 30H~7FH 共 80 个字节为通用 RAM 区，这是真正给用户使用的一般 RAM 区，用于存放用户数据或作堆栈使用。

4）特殊功能寄存器区（SFR）。在片内数据存储器的 80H~FFH（高 128B）中，有 21 个特殊功能寄存器，例如累加器 A、堆栈指针 SP、P0~P3 口等，离散地分布在 80H~FFH

单元，每个寄存器都有一个确定的地址，并定义了寄存器符号名称，如表 2-4 所示。

表 2-4 80C51 单片机特殊功能寄存器表

符　号	名　　称	字节地址
*ACC	累加器	E0H
*B	B 寄存器	F0H
*PSW	程序状态字	D0H
SP	堆栈指针	81H
DPTR	数据指针（包括高 8 位 DPH 和低 8 位 DPL）	83H，82H
*P0	P0 口锁存寄存器	80H
*P1	P1 口锁存寄存器	90H
*P2	P2 口锁存寄存器	A0H
*P3	P3 口锁存寄存器	B0H
*IP	中断优先级控制寄存器	B8H
*IE	中断允许控制寄存器	A8H
TMOD	定时/计数器方式寄存器	89H
*TCON	定时/计数器控制寄存器	88H
TH0	定时/计数器 0（高字节）	8CH
TL0	定时/计数器 0（低字节）	8AH
TH1	定时/计数器 1（高字节）	8DH
TL1	定时/计数器 1（低字节）	8BH
*SCON	串行口控制寄存器	98H
SBUF	串行数据缓冲寄存器	99H
PCON	电源控制寄存器	87H

由于 SFR 并未占满 128 个单元，因此对空闲地址的操作是没有意义的。

对特殊功能寄存器进行访问只能采用直接寻址方式。这 21 个 SFR 中，带"*"号的 11 个 SFR 还具有位寻址能力，它们的字节地址正好能被 8 整除（即十六进制的地址码尾数为 0 或 8），各位地址的含义如表 2-5 所示。

表 2-5 SFR 中位地址分布表

SFR	MSB		位地址/位定义					LSB	字节地址
B	F7	F6	F5	F4	F3	F2	F1	F0	F0H
ACC	E7	E6	E5	E4	E3	E2	E1	E0	E0H
PSW	D7	D6	D5	D4	D3	D2	D1	D0	D0H
	CY	AC	F0	RS1	RS0	OV	—	P	
IP	BF	BE	BD	BC	BB	BA	B9	B8	B8H
	—	—	—	PS	PT1	PX1	PT0	PX0	

SFR	MSB			位地址/位定义				LSB	字节地址
P3	B7	B6	B5	B4	B3	B2	B1	B0	B0H
	P3.7	P3.6	P3.5	P3.4	P3.3	P3.2	P3.1	P3.0	
IE	AF	AE	AD	AC	AB	AA	A9	A8	A8H
	EA	—	—	ES	ET1	EX1	ET0	EX0	
P2	A7	A6	A5	A4	A3	A2	A1	A0	A0H
	P2.7	P2.6	P2.5	P2.4	P2.3	P2.2	P2.1	P2.0	
SCON	9F	9E	9D	9C	9B	9A	99	98	98H
	SM0	SM1	SM2	REN	TB8	RB8	TI	RI	
P1	97	96	95	94	93	92	91	90	90H
	P1.7	P1.6	P1.5	P1.4	P1.3	P1.2	P1.1	P1.0	
TCON	8F	8E	8D	8C	8B	8A	89	88	88H
	TF1	TR1	TF0	TR0	IE1	IT1	IE0	IT0	
P0	87	86	85	84	83	82	81	80	80H
	P0.7	P0.6	P0.5	P0.4	P0.3	P0.2	P0.1	P0.0	

（2）片外 RAM。由于片外 RAM 和片内 RAM 的低地址空间（0000H~00FFH）是重叠的，所以需要采用不同的寻址方式加以区分。访问片外 RAM 时，使用指令 MOVX 实现；访问片内 RAM 时，使用指令 MOV 实现。

2.7　MCS-51 的并行 I/O 口

I/O 端口又称为 I/O 接口，是单片机对外部实现控制和信息交换的桥梁。8051 单片机有 4 个 8 位并行 I/O 口，即 P0、P1、P2 和 P3，每个口都各有 8 条 I/O 口线，每条 I/O 口线都能独立地用作输入或输出。在无片外扩展储存器的系统中，这 4 个 I/O 口都可以作为通用 I/O 口使用。在具有片外扩展存储器的系统中，P2 口送出高 8 位地址，P0 口分时送出低 8 位地址和 8 位数据。

P0 口为三态双向口，能驱动 8 个 LS 型的 TTL 负载。P0 口作通用 I/O 口时，由于输出级是漏极开路，故用它驱动 NMOS 电路时需外加上拉电阻。

P1、P2、P3 为准双向口（作为输入时，口线需要被拉成高电平，无高阻态，故称准双向口），负载能力为 4 个 LS 型的 TTL 负载电路。准双向口的输入操作和输出操作的本质不同，输入操作是读引脚状态，输出操作是对口锁存器的写入操作。由于它们的输出级内部有上拉电阻，因此组成系统时无需外加上拉电阻。

四个并行 I/O 端口作为通用 I/O 口使用时，都有写端口、读端口和读引脚三种操作方式。写端口实际上就是输出数据，是将累加器 A 或其他寄存器中数据传送到端口锁存器中，然后由端口自动从端口引脚线上输出。读端口不是真正地从外部输入数据，而是将端口锁存器中的输出数据读到 CPU 的累加器。读引脚从端口引脚线上读入外部的输入数据，是真正对外部输入数据的操作，端口的上述三种操作实际上是通过指令或程序来实现的。

2.7.1　P0 口

P0 端口字节地址为 80H，位地址为 80H~87H。P0 口包括一个输出锁存器、两个三态缓冲器、一个输出驱动电路和一个输出控制电路。输出驱动电路由一对 FET（场效应管 T1、T2）组成，其工作状态受输出控制电路的控制。控制电路包括：一个与门、一个反相器和一个模拟转换开关（MUX）。P0 口位结构如图 2-7 所示。

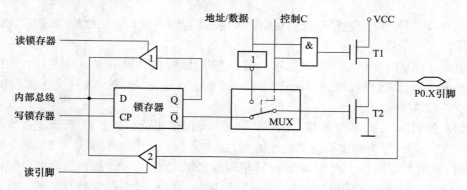

图 2-7　P0 口位结构图

内部控制信号 C 决定了转换开关 MUX 的位置：当 C＝0 时，MUX 拨向下方，P0 口为通用 I/O 口；当控制信号 C＝1 时，MUX 拨向上方，P0 口分时作为地址/数据总线使用。

（1）P0 口用作通用 I/O 口（C＝0）。MUX 与锁存器的 $\overline{Q}$ 端接通，与门输出为 0，T1 截止，输出级 T2 属漏极开路，输出驱动级工作在需外接上拉电阻的漏极开路方式。

1）输出操作（写操作）。当 P0 口用作输出口使用时，输出数据写入各口线电路的锁存器。CPU 内部的写脉冲加在 D 触发器的 CP 端，内部总线数据写入锁存器，取反后出现在 $\overline{Q}$ 端，再经过 T2 反向，则 P0.X 引脚数据就是内部总线的数据。

2）输入操作（读操作）。当 P0 口作为输入口使用时，应区分读引脚和读锁存器（端口）两种情况。

读引脚：读芯片引脚的数据，由"读引脚"信号把缓冲器 2 打开，把 P0.X 引脚上的数据经缓冲器送到内部总线。

读锁存器：读取锁存器的状态，由"读锁存"信号打开缓冲器 1 读锁存器 Q 端的状态。

在输入状态下，从锁存器和从引脚上读来的信号一般是一致的，但也有例外。例如，当从内部总线输出低电平后，锁存器 Q＝0，$\overline{Q}$＝1，场效应管 T2 开通，端口线呈低电平状态。此时无论端口线上外接的信号是低电乎还是高电平，从引脚读入单片机的信号都是低电平，因而不能正确地读入端口引脚上的信号。又如，当从内部总线输出高电平后，锁存器 Q＝1，$\overline{Q}$＝0，场效应管 T2 截止。如外接引脚信号为低电平，从引脚上读入的信号就与从锁存器读入的信号不同。为此，8051 单片机在对端口 P0~P3 的输入操作上，有如下约定：凡属于"读—修改—写"方式的指令，从锁存器读入信号，其他指令则从端口引脚线上读入信号。这样安排的原因在于读—修改—写指令需要先得到端口原输出的状态，修改后再输出，读锁存器而不是读引脚，可以避免因外部电路的原因而使原端口的状态被读错。

"读—修改—写"指令的特点是，从端口输入（读）信号，在单片机内加以运算（修改）后，再输出（写）到该端口上。下面是几条读—修改—写指令的例子：

ANL　P0,#0FH;先读取 P0 口数据，与立即数 0FH 做与运算的结果再送到 P0 口

INC　P1;P1+1→P1；

（2）P0 口用作地址/数据总线。在访问外部存储器时 P0 口作为地址/数据总线分时复用端口。

输出地址信息时多路开关控制信号 C=1，多路开关与反相器的输出端相连，与门输出信号电平由"地址/数据"线信号决定。地址信号经"地址/数据"线→反相器→T2 场效应管栅极→T2 漏极输出。

例如，控制信号为 1，地址信号为"0"时，与门输出低电平，T1 管截止；反相器输出高电平，T2 管导通，输出引脚的地址信号为低电平。反之，控制信号为 1、地址信号为"1"，与门输出为高电平，T1 管导通；反相器输出低电平，T2 管截止，输出引脚的地址信号为高电平。可见，在输出"地址/数据"信息时，T1、T2 管是交替导通的，负载能力很强，可以直接与外设存储器相连，无须增加总线驱动器。

在访问外部程序存储器时，P0 口输出低 8 位地址信息后，将变为数据总线，以便读取指令码（输入）。

在取指令期间，控制信号 C=0，T1 管截止，多路开关也跟着转向锁存器反相输出 $\overline{Q}$ 端，CPU 自动将 0FFH（11111111B）写入 P0 口锁存器（即向 D 锁存器写入一个高电平"1"），使 T2 管截止，接着在读引脚信号控制下，通过三态门 2 将指令码读到内部总线。

如果该指令是输出数据，如 MOVX @ DPTR,A（将累加器的内容通过 P0 口数据总线传送到外部 RAM 中），则多路开关控制信号 C=1，与门解锁，与输出地址信号的工作流程类似，数据由"地址/数据"线→反相器→T2 场效应管栅极→T2 漏极输出。

如果该指令是输入数据（读外部数据存储器或程序存储器），如 MOVX A,@ DPTR（将外部 RAM 某一存储单元内容通过 P0 口数据总线输入到累加器 A 中），则输入的数据仍通过读引脚三态缓冲器到内部总线，其过程类似于上图中的读取指令码流程。

通过以上的分析可以看出，当 P0 作为地址/数据总线使用时，在读指令码或输入数据前，CPU 自动向 P0 口锁存器写入 0FFH，破坏了 P0 口原来的状态。因此，不能再作为通用的 I/O 端口。

2.7.2　P1 口

P1 口字节地址为 90H，位地址为 90H~97H，用作通用 I/O 口。它由一个输出锁存器、两个三态输入缓冲器和一个输出驱动电路组成。P1 口内部有上拉电阻，与场效应管共同组成输出驱动电路，电路的输出不是三态的，所以 P1 口是准双向口，P1 口用作输出口使用时，能向外提供推拉电流负载，无须再外接上拉电阻。P1 当作输入口时，必须先向锁存器写"1"，使场效应管 T 截止。CPU 对于 P1 口不仅可以作为一个 8 位口（字节）来操作，也可以按位来操作。P1 口位结构如图 2-8 所示。

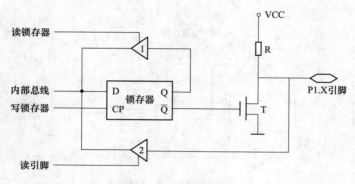

图 2-8　P1 口位结构图

2.7.3　P2 口

P2 口字节地址为 A0H，位地址为 A0H ~ A7H。它由一个输出锁存器、两个三态输入缓冲器、一个转换开关 MUX、一个输出驱动电路和一个非门组成。P2 口是一个 8 位准双向 I/O 口，具有两种功能。一是作通用 I/O 口用，控制信号 C＝0，与 P1 口相同。二是作系统扩展外部存储器的高 8 位地址总线，输出高 8 位地址，与 P0 口一起组成 16 位地址总线。P2 口位结构如图 2-9 所示。

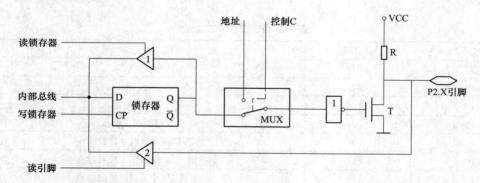

图 2-9　P2 口位结构图

（1）P2 口用作通用 I/O 口（C＝0）。当没有在单片机芯片外部扩展 ROM 和 RAM，或者扩展片外 RAM 只有 256B 时，访问片外 RAM 就可以利用 "MOVX @ Ri" 类指令来实现。这时，只用到地址线的低 8 位，P2 口不输出地址信号，仍可用作通用 I/O 口。

（2）P2 口用作地址总线（C＝1）。当在单片机芯片外部扩展 ROM 或者 RAM 容量超过 256B 时，读片外 ROM 采用 MOVC 指令（此时 $\overline{EA}$＝0），读/写片外 RAM 采用 "MOVX @ DPTR" 类指令。在这种情况下，单片机内硬件自动使 C＝1，MUX 接地址总线，P2. X 引脚的状态就输出到地址总线。

2.7.4　P3 口

P3 口字节地址为 B0H，位地址为 B0H ~ B7H。P3 口由一个输出锁存器、三个输入缓冲器、一个输出驱动电路和一个与门组成，也是一个 8 位准双向 I/O 口。P3 口位结构如图 2-10 所示。

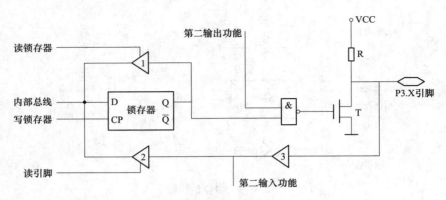

图 2-10   P3 口位结构图

(1) P3 口用作通用 I/O 口。此时，第二输出功能为 1，使与非门开锁，内部总线数据进入锁存器，通过输出端 Q 可以控制 P3.X 引脚上的输出电平；当 P3 口用作输入时，应先通过内部总线向锁存器写入 1，Q=1，场效应管 T 截止，P3 端口输入信号可以通过缓冲器 3、三态门 2 送到内部总线。

(2) P3 口用作第二功能。在实际应用电路中，P3 口常用于第二功能，P3 口各引脚定义如表 2-6 所示。

表 2-6   P3 口的第二功能

引　脚	第二功能	功　能　说　明
P3.0	RXD	串行口输入
P3.1	TXD	串行口输出
P3.2	$\overline{INT0}$	外部中断 0 输入
P3.3	$\overline{INT1}$	外部中断 1 输入
P3.4	T0	定时器/计数器 0 计数输入
P3.5	T1	定时器/计数器 1 计数输入
P3.6	$\overline{WR}$	片外 RAM 写选通输出信号
P3.7	$\overline{RD}$	片外 RAM 读选通输出信号

当 P3 端口使用第二输出功能时，P3 端口对应位的数据锁存器应先置 1，使与非门开锁，此时"第二输出功能"输出的信号可控制 P3.x 引脚上的输出电平。

当 P3 端口作为输入端口时，无论输入的是第一功能还是第二功能的信号，相应位的输出锁存器和"第二输出功能"信号都应保持为 1，使下拉驱动器截止。输入部分有两个缓冲器，第二功能专用信息的输入取自和 P3.x 引脚直接相连的缓冲器 3，而通用 I/O 端口的输入信息则由"读引脚"信号控制的三态缓冲器 2 的输入，经内部总线送至 CPU。

2.8   MCS-51 单片机的时序

计算机工作时，是在统一的时钟脉冲控制下一拍一拍地进行的。这个脉冲是由单片机的时序电路发出的。单片机的时序就是 CPU 在执行指令时所需控制信号的时间顺序，为了保证各部件间的同步工作，单片机内部电路应在唯一的时钟信号下严格地按时序进行工作。

2.8.1 时钟电路

51 单片机的时钟信号通常由两种方式产生：一种是内部时钟，另一种是外部时钟。

（1）内部时钟方式。内部时钟方式如图 2-11 所示。单片机的 XTAL1 和 XTAL2 内部有一个振荡器电路，但仍需要在 XTAL1 和 XTAL2 两端连接一个晶振和两个电容才能构成稳定的自激振荡电路，这种使用晶振配合产生信号的方法就是内部时钟方式。电容 C1 和 C2 可稳定频率，并对振荡频率有微调作用，通常取 20～30pF，典型值为 30pF。晶振的振荡频率越高，则系统的时钟频率越高，单片机的运行速度就越快，典型值为 6MHz、12MHz 或 11.0592MHz，其中 11.0592MHz 晶振常用于需要串口通信应用电路中。

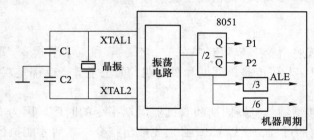

图 2-11 内部时钟方式

（2）外部时钟方式。外部时钟方式是把外部已有的时钟信号引入到单片机内，对于 8051 单片机，应将 XTAL2 引脚接外部时钟信号，XTAL1 接地；对于 80C51 单片机，XTAL1 引脚输入时钟信号，而 XTAL2 管脚悬空，如图 2-12 所示。此方式常用于多片 80C51 同时工作，便于同步。

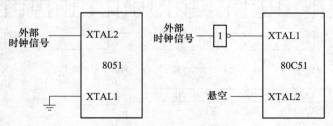

图 2-12 外部时钟方式

2.8.2 时钟周期和机器周期

单片机工作时，是一条一条地从 ROM 中取指令，经过译码在时序控制电路下一步一步地执行。由于指令的字节数不同，取这些指令所需要的时间也就不同，即使是字节数相同的指令，由于执行操作有较大的差别，不同的指令执行时间也不一定相同。

（1）时钟周期。时钟周期也称为振荡周期，指晶体振荡周期或外部输入时钟信号周期，是计算机中最基本的时间单位。

（2）状态周期。状态周期（或状态 S）是振荡周期的两倍，它分为 P1 拍和 P2 拍，CPU 就以 P1 和 P2 为基本节拍，指挥单片机各个部件协调工作。通常在 P1 拍完成算术逻辑操作，在 P2 拍完成内部寄存器之间的传送操作。

（3）机器周期。在计算机中，为了便于管理，常把一条指令的执行过程划分为若干个阶段，每一阶段完成一项工作。例如，取指令、存储器读、存储器写等，这每一项工作称为一个基本操作，完成一个基本操作所需要的时间称为机器周期。一个机器周期由 6 个状态周期（12 个振荡周期）组成，即 S1~S6，每个状态又分为 P1 拍和 P2 拍。因此，一个机器周期的 12 个振荡周期表示为：S1P1、S1P2、S2P1、S2P2、…、S6P2。机器周期不仅对于指令执行有着重要的意义，而且机器周期也是单片机定时器和计数器的时间基准。

（4）指令周期。CPU 执行一条指令所需的时间称为指令周期，由若干个机器周期组成。一个指令周期通常包含 1~4 个机器周期。

时钟周期、状态周期、机器周期和指令周期均是单片机的时序单位。如果晶振频率为 12MHz，则时钟周期为 $1/12\mu s$，机器周期 $1\mu s$，指令周期为 $1~4\mu s$。

2.8.3　时序分析

51 单片机指令按照指令字节数有单字节、双字节和三字节指令。从机器执行指令的速度看，单字节和双字节可能是单周期和双周期，而三字节指令都是双周期，只有乘除法指令占四个周期。

图 2-13 是几种典型的单机器周期和双机器周期指令的时序。因为 CPU 工作的过程就是取指令与执行指令的过程，所以 CPU 必须先取出指令，然后才能执行指令。由图可知，在每个机器周期内，地址锁存信号 ALE 两次有效，一次在 S1P2 与 S2P1 期间，另一次在 S4P2 和 S5P1 期间。

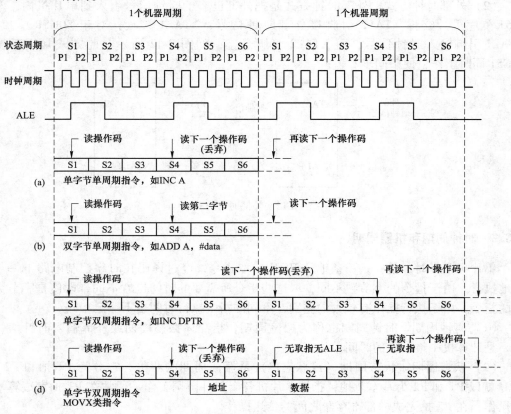

图 2-13　典型指令的取指/执行时序

（1）单字节单周期指令。对单字节单周期指令，由于操作码只有一个字节，因此第一次读操作码有效，而第二次读的操作码将被丢弃，即：读 1 丢 1，且程序计数器 PC 不加 1。

（2）双字节单周期指令。由于双字节单周期指令必须在一个周期内取机器码二次，所以必须在一个机器周期内安排二次读操作码的操作，分别发生在 S1P2 与 S4P2。第一次读指令操作码，第二次读指令的第二个字节。在指令的执行过程中，P0 口要分时传送地址与数据，因此当操作码的地址从 P0 口输出后，必须发地址锁存信号 ALE 给 74LS373 锁存器，将地址锁存在 74LS373 内，腾出 P0 口读入机器码。在取数据时同样要发 ALE 信号。因此，在一个机器周期内地址锁存信号二次有效。

（3）单字节双周期指令。对单字节双周期指令，由于操作码只有一个字节，而执行时间长达 2 个机器周期，因此除第 1 次读操作码有效外，其余三次读的操作码均被放弃，即：读 1 丢 3。

（4）访问外部存储器指令 MOVX。执行访问外部存储器指令 MOVX 时，首先从程序存储器中取出指令，然后从外部数据存储器中取出数据，因此该指令执行时序图与前三类指令不同。由于 MOVX 是单字节双周期指令，所以在取指令阶段（即第一个机器周期的 S1P1 到 S4P2）是读 1 丢 1，而在执行指令读数据阶段（即第一个机器周期的 S5 到第二个机器周期的 S3）所完成的操作如下：

1）先将外部数据存储单元的地址 ADDR 由 DPTR 从 P0 与 P2 口输出，即时序图中的 S5P1 到 S6P2 阶段。并在 S4P2 到 S5P2 阶段，发 ALE 信号将地址锁存。

2）在第二个机器周期 S1P2 到 S2P2 内取消 ALE 与程序选通信号 PSEN（即取消取指操作），使 P0 口专门用于传送数据。同时发读信号，通过 P0 口将外部数据存储单元中的数据传送到累加器 A 中。即：时序图的 S6P2 到 S4P1 阶段。

3）由于锁存的地址为外部数据存储单元的地址，所以在第二个机器周期 S4 取消取指令的操作，即：不再发程序选通信号 PSEN。

注：由于执行 MOVX 指令时，在第二个机器周期中要少发一次 ALE 信号，所以 ALE 的频率是不稳定的。

2.9　MCS-51 复位电路

单片机在启动运行时，都需要复位，使 CPU 和系统中其他部件都处于一个确定的初始状态，并从这个状态开始工作。除了进入系统的正常初始化之外，当由于程序运行出错或操作错误使系统处于死机状态时，也需复位，使单片机重新启动。

MCS-51 单片机的复位信号是高电平有效，RST 是复位信号的输入端，当其有效时间持续 2 个机器周期（即 24 个振荡脉冲周期）以上，则单片机复位。复位信号变低电平时，单片机开始执行程序。

常见的复位操作有上电自动复位和按键手动复位两种方式，电路如图 2-14 所示。上电自动复位是通过外部复位电路的电容充电来实现的。单片机上电瞬间，由于电容的通交流隔直流特性，R1 上是高电平，随着电容 C1 充电饱和，R1 电流逐渐减小为 0，RST 引脚的电位也逐渐减小。RST 引脚的高电平只要能够保持 2 个机器周期的时间，单片机就可以复位。按键手动复位是通过使复位端经电阻 R2 与 VCC 电源接通而实现的，它兼具上电复位功能。

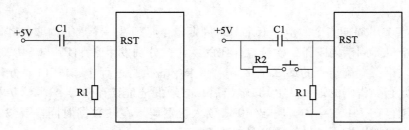

图 2-14 复位电路

若单片机的晶振为 12MHz，则机器周期 T = 12 * 1/12 * 10^{-6}s = 1μs，复位信号要求的 RST 信号高电平持续时间 t = 2 * T = 2μs。查找 MCS-51 单片机资料 RST 上的电压超过 Min = 0.7VCC 时就会认为是高电平，由于 VCC = 5V，如果 RST 引脚超过 3.5V 的电平持续时间超过 2μs，那么系统就会复位。由于输入端使用 MOS 管，输入阻抗很大，复位电路是一阶 RC 电路，电容两端暂态电流与电压的关系式如下：

$$uc(t) = uc(\infty) + [uc(0+) - uc(\infty)]e^{-\frac{t}{RC}}$$

因为 uc(∞) = 5V，uc(0+) = 0V，所以：uc(t) = 5 - 5$e^{-\frac{t}{RC}}$，RST 引脚电压 uR(t) = VCC - uc(t)，所以：uR(t) = 5$e^{-\frac{t}{RC}}$，当 uR(t) = 3.5V 时，t = 0.357RC，只要 t ≥ 2μs，则单片机可以复位。

简单计算得到 RC ≥ 5.6 * 10^{-6}，也就是电容和电阻乘积满足这个关系式即可。常用的电容 C1 取值 10μF、22μF，R1 取 1kΩ，R2 取值 200。

复位后 PC 为 00H，堆栈指针 SP 为 07H，各端口都为 1(P0~P3 口的内容均为 0FFH)，其他特殊功能寄存器都复位为 0，但不影响 RAM 的状态。复位后各特殊功能寄存器的状态如表 2-7 所示。

表 2-7 部分特殊功能寄存器的复位状态

寄存器	复位状态	寄存器	复位状态
PC	0000H	ACC	00H
B	00H	PSW	00H
SP	07H	DPTR	0000H
P0~P3	0FFH	IP	×××00000B
IE	0××00000B	TMOD	00H
TCON	00H	TL0，TL1	00H
TH0，TH1	00H	SCON	00H
SBUF	不定	PCON	0×××0000B

（1）PC 为 0000H，表明复位后，程序从 0000H 地址单元开始执行。

（2）ACC 为 00H，表明累加器被清零。

（3）PSW 为 00H，默认工作寄存器为第 0 组。

（4）SP 为 07H，表明堆栈指针指向片内 RAM 07H 单元。

（5）P0~P3 为 FFH，表明各口锁存器已写入 1，各端口既可用于输出又可用于输入。

（6）IP、IE 和 PCON 的有效位为 0，各中断源设为低优先级且被关闭中断、串行通信波特率不加倍。

2.10 思 考 题

1. MCS-51 系列单片机由哪几部分组成？

2. CPU 由哪几部分构成？

3. 说明 PSW 各个位的含义。

4. MCS-51 系列单片机存储器的地址空间是如何划分的？画出 8051 单片机存储结构图。

5. MCS-51 访问不同储存器指令分别用哪几条指令？

6. MCS-51 片内 RAM 如何划分？

7. 试说明 MCS-51 系列单片机的 P0-P3 口的功能。

8. 单片机的晶振频率为 6MHz，其时钟周期、状态周期、机器周期、指令周期分别为多少？

9. MCS-51 单片机如何复位，复位后 PC、SP、ACC、B、P0~P3 的状态如何？

3 MCS-51 单片机指令系统与汇编语言

3.1 指令系统

指令，是 CPU 硬件设计时确定的、能够完成特定操作的二进制格式的代码。指令系统是指计算机所能执行的全部指令的集合，它决定了计算机的功能。指令系统是单片机生产厂家定义的、用户必须遵守的标准，不同计算机的指令系统包含的指令种类和数目也不同。

3.1.1 编程语言

计算机语言有高级语言和低级语言之分，高级语言是相对于汇编语言而言的。

（1）机器语言。机器语言是一种指令集的体系，它是用二进制代码表示的语言，是计算机唯一可以直接识别和执行的语言，具有计算机可以直接执行、简洁、运算速度快等优点，但它的直观性差，非常容易出错，程序的检查和调试都比较困难，不同计算机结构的机器指令不同。

（2）汇编语言。汇编语言是面向机器的程序设计语言，它是为了解决机器语言难以理解和记忆的缺点，用易于理解和记忆的助记符与机器语言中的指令进行一一对应。用助记符代替机器语言的二进制码，就把机器语言变成了汇编语言，汇编语言也称为符号语言。

汇编语言是一种以汇编指令和伪指令为主题的程序设计语言。使用汇编语言编写的程序，机器不能直接识别，要用一种程序将汇编语言翻译成机器语言，这种起翻译作用的程序叫汇编程序，汇编程序把汇编语言翻译成机器语言的过程称为汇编。

（3）高级语言。高级语言为用户提供了一种既接近于自然语言，又可以使用数学表达式，还相对独立于机器的工作方式。高级语言包括很多编程语言，如目前流行的 Java、C、C++、Python 等。

高级语言有更强的表达能力，可方便地表示数据的运算和程序的控制结构，能更好地描述各种算法，而且容易学习掌握。但它编译生成的程序代码一般比用汇编程序语言设计的程序代码要长，执行的速度也更慢。

3.1.2 汇编语言指令格式

MCS-51 系列单片机指令格式为：

［标号：］ ＜操作码＞ ［操作数 1］,［操作数 2］［;注释］

一条指令通常由两部分组成，即操作码和操作数，操作码和操作数之间用空格分隔。

（1）标号：是用户定义的符号，代表当前语句在程序存储器中的存放地址。标号以字母开始，后跟 1~8 个英文字母或数字，并以冒号结尾。程序中调用或跳转时直接利用标号即可。

（2）操作码：是指令的助记符。它规定了指令所能完成的操作功能。操作码是指令语句中的关键字，不可缺省。

（3）操作数：指出了指令的操作对象。操作数可以是一个具体的数据，也可以是存放数据的单元地址，还可以是符号常量或符号地址等。多个操作数之间用逗号","分隔。

（4）注释：为了方便阅读而添加的解释说明性的文字，用";"开头，汇编程序不对它做任何处理。

MCS-51 单片机指令操作码（助记符）共 44 个，如表 3-1 所示。通过与不同操作数组合共有 111 种指令，对应的十六进制指令机器码共 256 个。按指令字节数分类，其中单字节指令 49 条，双字节指令 45 条，三字节指令 17 条；如按指令执行的运算速度分类，单周期指令 64 条，双周期指令 45 条，四周期指令 2 条。

表 3-1　MCS-51 单片机汇编指令助记符

助记符	英文全称	中文说明
MOV	Move	内部 RAM 数据传送指令
MOVC	Move Code	代码传送
MOVX	Move External RAM	外部 RAM 数据传送
PUSH	Push onto Stack	压栈
POP	Pop from Stack	出栈
XCH	Exchange	整字节交换指令
XCHD	Exchange low-order Digit	低位半字节交换指令
SWAP	Swap	累加器高低半字节交换指令
ADD	Addition	加法
ADDC	ADD with Carry	带进位加法
SUBB	Subtract with Borrow	带进位减法
INC	Increment	加 1 指令
DEC	Decrement	减 1 指令
MUL	Multiplication	乘法
DIV	Division	除法
DA	Decimal Adjust	十进制调整
ANL	Logical And	逻辑与
ORL	Logical Or	逻辑或
XRL	Logical exclusive Or	逻辑异或
CPL	Complement	按位取反
CLR	Clear	清零
SETB	Set Bit	置位
RL	Rotate Left	循环左移
RR	Rotate Right	循环右移

助记符	英文全称	中文说明
RLC	Rotate Left through the Carry flag	带进位循环左移
RRC	Rotate Right through the Carry flag	带进位循环右移
LJMP	Long Jump	长跳转
AJMP	Absolute Jump	绝对跳转
SJMP	Short Jump	短跳转
JMP	Jump Indirect	无条件间接转移
JZ	Jump if Zero	累加器为零转移
JNZ	Jump if not Zero	累加器不为零转移
JC	Jump if Carry（if Cy=1）	进位位为 1 转移
JNC	Jump if Not Carry（if Cy=0）	进位位为零转移
JB	Jump if Bit is Set（if Bit=1）	指定位为 1 转移
JNB	Jump if Bit is Not Set（if Bit=0）	指定位为零转移
JBC	Jump if Bit is Set and Clear Bit	指定位=1 转移且该位清零
CJNE	Compare and Jump if Not Equal	比较不相等转移
DJNZ	Decrement and Jump if Not Zero	减 1 不为零转移
ACALL	Absolute Subroutine CALL	短调用
LCALL	Long Subroutine CALL	长调用
RET	Return from subroutine	子程序返回
RETI	Return from Interruption	中断返回
NOP	No Operation	空操作

3.1.3 常用符号

在描述 MCS-51 指令系统功能时，通常利用表 3-2 中的符号进行描述。

表 3-2 常用符号定义

符号	说 明
Rn	Register R7-R0 of the currently selected Register Bank 当前工作寄存器组中的寄存器 R0~R7，n=0~7
Ri	8-bit internal data RAM location（0~255）addressed indirectly through register R1 or R0 间接寻址寄存器 R0、R1，i=0、1
#data	8-bit constant included in instruction 8 位立即数
#data16	16-bit constant included in instruction 16 位立即数
direct	8-bit internal data location's address. This could be an Internal Data RAM location(0-127)or a SFR[i.e., I/O port, control register, status register, etc.(128-255)] 直接地址。既可以是内部 RAM 的低 128 个单元地址，也可以是特殊功能寄存器的单元地址或符号

1

续表 3-2

符号	说　明
Addr11	11-bit destination address. Used by ACALL and AJMP. The branch will be within the same 2K byte page of program memory as the first byte of the following instruction 11 位目的地址，只限于在 ACALL 和 AJMP 指令中使用
Addr16	16-bit destination address. Used by LCALL and LJMP. A branch can be anywhere within the 64K byte Program Memory address space. 16 位目的地址，只限于在 LCALL 和 LJMP 指令中使用
rel	Signed(two's complement)8-bit offset byte. Used by SJMP and all conditional jumps. Range is −128 to+127 bytes relative to first byte of the following instruction 二进制补码形式表示的 8 位有符号地址偏移量，在相对转移指令中使用，偏移范围为−128~+127
bit	Direct Addressed bit in Internal Data RAM or Special Function Register 片内 RAM 位寻址区或可位寻址的特殊功能寄存器的位地址
DST	目的操作数
SRC	源操作数
@	间接寻址方式中间址寄存器的前缀标志
C/CY	进位标志位或位累加器
/	加在位地址的前面，表示对该位先求反再参与操作
(X)	由 X 指定的寄存器或地址单元中的内容
((X))	由 X 所指寄存器的内容作为地址的存储单元的内容
$	表示本条指令的起始地址
←	表示指令操作流程，将箭头右边的内容送到箭头左边的单元中
→	表示指令操作流程，将箭头左边的内容送到箭头右边的单元中

3.2　寻 址 方 式

　　指令的一个重要组成部分是操作数，寻址就是寻找操作数的地址，寻址方式就是寻找操作数地址的方式方法。通常根据指令的源操作数来决定指令的寻址方式。MCS-51 系列单片机提供了七种寻址方式。

　　（1）立即寻址。所谓立即寻址就是在指令中直接给出操作数。通常把出现在指令中的操作数称为立即数。为了与直接寻址指令中的直接地址相区别，在立即数前面加"#"标志。例如：

　　MOV　A,　#50H　　;将立即数 50H 送入累加器 A
　　MOV　DPTR,#2000H　;将 16 位立即数 2000H 送入数据指针 DPTR

　　特点：第一条指令代码为 74H、50H，是双字节指令，可见第一个字节是操作码，第二个字节是操作数。该指令经编译后立即数 50H 作为操作数是放在程序存储器中的一个常数。

　　（2）直接寻址。直接寻址方式在指令中直接给出操作数的地址。例如：

　　MOV　A,60H　　;A←RAM 区 60H 单元的内容

特点：指令操作码后面的一个字节就是实际操作数的 8 位地址。

在 MCS-51 单片机指令系统中，直接寻址方式中可以访问以下三种存储器空间：

1）内部数据存储器 00H~7FH 地址空间共 128 个字节；

2）特殊功能寄存器，即 SFR 区域（直接寻址是访问 SFR 的唯一寻址方式）。

3）位地址空间的访问，指令中以位名称或者位地址的形式给出。例如：

MOV C,00H   ;将 00H 单元的内容→进位位 C

（3）寄存器寻址。寄存器寻址方式操作数存放在工作寄存器 R0~R7 中，或存放在寄存器 A、B、DPTR 中。状态标志寄存器 PSW 中 RS1、RS0 组合的值（0~3）决定了当前工作寄存器组。例如：

MOV A,Rn   ;A←(Rn),n=0-7

特点：Rn 的内容就是操作数本身。

注意：累加器 A 可以写成 ACC，若指令中写成 ACC，表示特殊功能寄存器中的 E0H 单元，寻址方式为直接寻址。例如：

MOV R0,A   ;(R0)←A,A 为寄存器寻址
MOV R1,ACC ;(R1)←ACC,ACC 为直接寻址

（4）寄存器间接寻址。在这种寻址方式中，指令中寄存器的内容作为操作数存放的地址，在指令中间接寻址寄存器前用"@"表示前缀。可用作间址寻址方式的寄存器有工作寄存器 R0、R1 和数据指针寄存器 DPTR。例如：

MOV A,@ R0   ;A←((R0)),R0 所指向存储单元的内容送给 A

特点：寄存器中的内容不是操作数本身，而是操作数的地址，即 R0 指示了操作数所在存储单元的地址值。寄存器间接寻址是一种二次寻址方式，程序执行分两步完成：首先根据指令查出寄存器的内容，即操作数的地址；然后根据地址找到所需要的操作数，并完成相应的操作。

1）访问内部数据 RAM。采用寄存器 R0、R1 作间址寄存器，使用 MOV 指令对片内低 128 个单元进行寻址。例如：

MOV A,@ R0

其功能是将 R0 的内容为地址的内部 RAM 存储单元内容送到累加寄存器 A 中。

2）外部数据 RAM 的寄存器间接寻址。有两种形式：一种是采用 R0、R1 作为间址寄存器。这时 R0 或 R1 提供低 8 位地址，访问外部 RAM 的低 256 字节；另一种是采用 16 位的 DPTR 作为间址寄存器，可以访问整个外部 64 KB RAM。访问片外 RAM 必须使用 MOVX 指令，例如：

MOVX A,@ R0
MOVX A,@ DPTR

（5）变址寻址。这种寻址方式以 DPTR 或 PC 作为基址寄存器，累加器 A 作为变址寄存器，两者的内容之和为操作数的地址。这种寻址方式常用于查表操作。即：操作数地

址=变地址+基地址，其中基地址寄存器使用 DPTR 或 PC，变址寄存器使用 A。变址寻址只有以下三种形式：

```
MOVC   A,@ A+PC      ;A←(A+PC),A←(A+PC)所在存储单元的内容
MOVC   A,@ A+DPTR    ;A←(A+DPTR),A←(A+DPTR)所在存储单元的内容
JMP    A,@ A+DPTR    ;无条件转移指令
```

特点：1）这是 MCS-51 单片机特有的一种寻址方式，它以地址指针 DPTR 或程序计数器 PC（当前值）为基地址寄存器，以累加器 A 作为变址寄存器，这二者内容之和才是实际操作数地址；2）A 中是个无符号 8 位数；3）寻址的范围是片内、外共 68K 字节的程序存储器。

该寻址方式常用于访问程序存储器和查表。前两条指令的区别为：前者查表的范围是相对 PC 当前值以后的 255 字节地址空间，而后者查表范围可达所有程序存储器的地址空间。注意：没有 MOVX A,@ A+DPTR 指令。

（6）相对寻址。相对寻址是将程序计数器 PC 中的当前内容与指令第二字节所给出的数相加，其和为跳转指令的转移地址。转移地址也称为转移目的地址。PC 中的当前值称为基地址，指令第二字节的数据称为偏移量。偏移量为带符号的数，其值为$-128 \sim +127$，故指令的跳转范围相对 PC 的当前值在$-128 \sim +127$之间跳转。此种寻址方式一般用于相对跳转指令。

例如：JC rel；若 PSW 中 CY=1，则程序转移的目的地为 PC=PC 当前值+rel，若 PSW 中 CY=0，则 PC 不变，程序不转移。

（7）位寻址。位寻址是指对片内 RAM 的位寻址区（20H~2FH）和可以位寻址的专用寄存器进行位操作的寻址方式（内部 RAM 中有 20H~2FH 中有 128 个位，SFR 中有 85 位）。在进行位操作时，只能借助于进位 CY 作为操作累加器，指令中以 C 表示。

操作数直接给出该位的地址值，然后根据操作码的性质对其进行位操作。因为直接给出了操作数的位地址，所以位寻址算是一种特殊的直接寻址。位寻址的位地址与直接寻址的字节地址形式完全一样，主要由操作码来区分，使用时需予以注意。

位地址的表示方法有以下几种：

1）直接用位地址表示，范围为 00H~7FH 之间。

2）字节地址+. 位，例如：20H. 5，2FH. 7，范围为 20H. 0~2FH. 7 之间。

3）专用寄存器+. 位，例如：PSW. 4（RS1），PSW. 3（RS0），P1.0。

4）直接使用位名称，例如：CY，P，RS1。

```
MOV   20H,C      ;20H 是位寻址的位地址
MOV   C,20H. 5   ;20H 单元的第 5 位送到 CY
MOV   A,20H      ;20H 是直接寻址的字节地址
```

3.3 MCS-51 单片机指令

MCS-51 单片机指令系统共 111 条指令，按功能可以分为 5 类：

（1）数据传送类指令（29 条）；

（2）算术运算类指令（24 条）；

（3）逻辑运算类指令（24 条）；

（4）控制转移类指令（17 条）；

（5）位操作类指令（17 条）。

3.3.1　数据传送类指令

数据传送类指令有 29 条，是指令系统中数量最多、使用也最多的指令。它可分为：以累加器 A 为目的操作数（DST）的传送类指令（4 条），以工作寄存器 Rn 为目的操作数（DST）的传送类指令（3 条），以直接地址 direct 为目的操作数（DST）的传送类指令（5 条），以间址寻址方式为目的操作数（DST）的传送类指令（3 条），片外数据传送类指令（5 条），ROM 类传送指令（2 条），交换指令（5 条），堆栈指令（2 条）。

数据传送指令见表 3-3。数据类指令一般是把源操数传送到目的操作数，指令执行后，源操作数不变，目的操作数内容修改为源操作数。这类指令，一般不影响标志位，只有堆栈操作可以改接修改程序状态寄存器 PSW，另外，以 A 为目的操作数的指令将影响奇偶标志 P 位。

表 3-3　MCS-51 数据传送类指令表

类型	目的操作数	助记符	功　能	字节数	振荡周期
片内 RAM 传送指令	A	MOV　A,Rn	A←Rn	1	12
		MOV　A,@ Ri	A←(Ri)	1	12
		MOV　A,#data	A←data	2	12
		MOV　A,direct	A←(direct)	2	12
	Rn	MOV　Rn,A	Rn←A	1	12
		MOV　Rn,direct	Rn←(direct)	2	24
		MOV　Rn,#data	Rn←data	2	12
	Direct	MOV　direct,A	(direct)←A	2	12
		MOV　direct,Rn	(direct)←Rn	2	24
		MOV　direct,direct	(direct)←(direct)	3	24
		MOV　direct,@ Ri	(direct)←(Ri)	2	24
		MOV　direct,#data	(direct)←data	3	24
	@ Ri	MOV　@ Ri,A	@ Ri←A	1	12
		MOV　@ Ri,direct	@ Ri←(direct)	2	24
		MOV　@ Ri,#data	@ Ri←data	2	12
	DPTR	MOV DPTR,#data16	DPTR←data16	3	24
片外 RAM 传送指令	A	MOVX　A,@ Ri	A←(Ri)	1	12
		MOVX　A,@ DPTR	A←(DPTR)	1	24
	@ Ri	MOVX　@ Ri, A	(Ri)←A	1	24
	@ DPTR	MOVX @ DPTR, A	(DPTR)←A	1	24
ROM 传送指令	A	MOVC　A,@ A+PC	A←((A)+PC)	1	24
		MOVC　A,@ A+DPTR	A←((A)+ DPTR)	1	24

类型	目的操作数	助记符	功　能	字节数	振荡周期
交换指令		XCH　A,Rn	A←→Rn	1	12
		XCH　A,@ Ri	A←→(Ri)	1	12
		XCH　A,direct	A←→(direct)	2	12
		XCHD　A,@ Ri	A_{0-3}←→$(Ri)_{0-3}$	1	12
		SWAP　A	A_{7-4}←→A_{0-3}	1	12
堆栈指令		PUSH direct	SP←SP+1 (SP)←(direct)	2	24
		POP direct	(direct)←(SP) SP←SP−1	2	24

（1）以累加器 A 为目的操作数的指令（4 条）。

例 3.1　将 R5 的内容传送至 A。

MOV　A,R5

例 3.2　将 R0 指示的内存单元 30H 的内容传送至 A。

MOV　R0,#30H
MOV　A,@ R0

例 3.3　将 52H 单元的内容传送至 A。

MOV　A,52H

例 3.4　将立即数 90H 传送至 A。

MOV　A,#90H

（2）以工作寄存器 Rn 为目的操作数的指令（3 条）。

例 3.5　将 A 的内容传送至 R5；40H 单元的内容传送至 R2；立即数 20H 传送至 R3，用如下指令完成。

MOV　R5,A　　　;R5←A
MOV　R2,40H　　;R2←(40H)
MOV　R3,#20H　;R3←20H

（3）以直接地址为目的操作数的指令（5 条）。

例 3.6　将 A 的内容传送至 40H 单元；R4 的内容传送至 50H 单元；立即数 0FH 传送至 60H 单元；10H 单元内容传送至 70H 单元，用以下指令完成：

MOV　40H,A　　　;(40H)←A
MOV　50H,R4　　;(50H)←R4
MOV　60H,#0FH　;(60H)←0FH
MOV　70H,10H　;(70H)←(10H)

（4）以间接地址为目的操作数的指令（3 条）。这组指令的功能是把源操作数所指定的内容传送至以 R0 或 R1 为地址指针的片内 RAM 单元中。源操作数有寄存器寻址、直接寻址和立即寻址 3 种方式；目的操作数为寄存器间接寻址。

例 3.7　将 40H 开始的 15 个单元全部清零。

```
MOV   A,#00H        ;A←00H
MOV   R1,#40H       ;R1←40H,以 R1 作地址指针
MOV   R5,#0FH       ;R5 计数
LL:MOV  @R1,A       ;将 R1 指向的单元清零
INC   R1
DJNZ  R5,LL         ;R5 不为 0 则复重
```

（5）16 位数据传送指令（1 条）。

```
MOV   DPTR,#data16
```

这是唯一的 16 位立即数传送指令，其功能是把 16 位立即数传送至 16 位数据指针寄存器 DPTR，当要访问片外 RAM 或 I/O 端口时，一般用于给 DPTR 赋初值。

例 3.8　读入外部 RAM 08F1H 单元的内容至 A 中。

```
MOV    DPTR, #08F1H   ;DPTR←08F1H
MOVX   A,    @DPTR    ;A←(08F1H)
```

（6）用于片外数据存储器传送指令及举例（4 条）。

```
MOVX   A,@Ri
MOVX   A,@DPTR
MOVX   @Ri,A
MOVX   @DPTR,A
```

累加器 A 与片外数据存储器数据传送是通过 P0 口和 P2 口进行的。P2 口作为地址总线输出片外数据存储器的高 8 位地址信号，P0 口首先作为地址总线输出低 8 位地址信号，然后作为数据总线传送数据信号。

MCS-51 单片机 CPU 对片外 RAM 的访问只能用寄存器间接寻址的方式，只能和累加器 A 之间进行传送，且仅有上述 4 条指令。采用 DPTR 作为间址寄存器时，寻址的范围可达 64KB；采用 Ri 作为间址寄存器时，仅能寻址 256B 的范围。

MCS-51 指令系统中没有设置访问外设的专用 I/O 指令，且片外扩展的 I/O 端口与片外 RAM 是统一编址的，因此对片外 I/O 端口的访问也使用此 4 条指令。

例 3.9　现有一输入设备地址为 07F0H，该设备采样数据 20H，欲将此值存入片内 40H 单元中，则可用以下指令完成：

```
MOV    DPTR,#07F0H    ;DPTR←07F0H
MOVX   A, @DPTR       ;A←(07F0H)
MOV    40H,A          ;(40H)←A
```

指令执行后 40H 单元的内容为 20H。

例 3.10　把片外 RAM 1000H 单元中的数据传送到 8000H 单元中去，用如下指令

完成：

```
MOV     DPTR,#1000H    ;DPTR←1000H
MOVX    A,@ DPTR       ;A←(1000H)
MOV     DPTR,#8000H    ;DPTR←8000H
MOVX    @ DPTR,A       ;(8000H)←A
```

例 3.11　试编写程序段，实现将内 RAM 60H 单元中的内容传送到外 RAM 04FFH 单元中。

```
MOV     R0,#60H        ;R0←60H
MOV     A,@ R0         ;A←(60H)
MOV     DPTR,#04FFH    ;DPTR←04FFH
MOVX    @ DPTR,A       ;(04FFH)←(60H)
```

（7）用于程序存储器数据传送的指令（2 条）：

```
MOVC    A,@ A+PC ;A←(A+PC),A← 将(A+PC)所在存储单元的内容。
MOVC    A,@ A+DPTR;A←(A+DPTR),A←将(A+DPTR)所在存储单元的内容。
```

这两条是极有用途的查表指令，数据表格放在程序存储器。这两条指令的具体使用方法见后面程序应用章节。

（8）交换指令（5 条）：

```
XCH     A,Rn
XCH     A,@ Ri
XCH     A,direct
XCHD    A,@ Ri
SWAP    A
```

这组指令的前三条为全字节交换指令，其功能是将 A 的内容与源操作数所指出的数据互换。后两条指令为半字节交换指令，其中 XCHD A，@ Ri 是将 A 内容的低 4 位与 Ri 所指片内 RAM 单元中的低 4 位数据互相交换，各自的高 4 位不变。SWAP A 指令是将 A 中内容的高、低 4 位数据互相交换。

例 3.12　将 40H 单元的内容与 A 中的内容互换，然后将 A 的高 4 位存入 R0 指示的 RAM 单元中的低 4 位，A 的低 4 位存入该单元的高 4 位。

```
XCH     A,40H      ;A←→(40H)
SWAP    A          ;A7-4←→A3-0
MOV     @ R0,A     ;(R0)← A
```

（9）堆栈指令（2 条）。

```
PUSH    direct
POP     direct
```

PUSH 指令是入栈（或称压栈或进栈）指令，其功能是先将栈指针 SP 的内容加 1，然后将直接寻址单元中的数据压入到 SP 所指示的单元中。POP 是出栈（或称弹出）指令，其功能是先将栈指针 SP 所指示的单元内容弹出送到直接寻址单元中，然后将 SP 的内容减 1。

使用堆栈时，一般需重新设定 SP 的初始值。系统复位或上电时 SP 的值为 07H，程序中需使用堆栈时，先应给 SP 设置初值，但应注意不超出堆栈的深度。一般 SP 的值设置在用户 30H 以上。

例 3.13　将片外 8000H 单元中的内容压入堆栈，设定 SP 的值为 30H。

```
MOV     DPTR,#8000H
MOVX    A,@DPTR          ;A←(8000H)
MOV     SP,#30H          ;SP←30H
PUSH    ACC              ;31H←A,SP=31H
```

3.3.2　算术运算类指令

算术运算类指令有 24 条，可进一步细分为加法指令、减法指令、加 1 指令、减 1 指令与其他算术操作（含乘、除）指令等 6 个小类，它们一般对 PSW 的 CY、AC、OV 和 P 各位均有影响，但 INC 与 DEC 指令不影响 PSW 的内容。具体指令如表 3-4 所示。

表 3-4　算术运算指令

类　型	助记符	功　能	字节数	振荡周期
不带进位加	ADD　A,Rn	A←A+Rn	1	12
	ADD　A,@Ri	A←A+(Ri)	1	12
	ADD　A,direct	A←A+(direct)	2	12
	ADD　A,#data	A←A+data	2	12
带进位加	ADDC　A,Rn	A←A+Rn+CY	1	12
	ADDC　A,@Ri	A←A+(Ri)+CY	1	12
	ADDC　A,direct	A←A+(direct)+CY	2	12
	ADDC　A,#data	A←A+data+CY	2	12
带借位减	SUBB　A,Rn	A←A-Rn-CY	1	12
	SUBB　A,@Ri	A←A-(Ri)-CY	1	12
	SUBB　A,direct	A←A-(direct)-CY	2	12
	SUBB　A,#data	A←A-data-CY	2	12
加 1	INC　A	A←A+1	1	12
	INC　Rn	Rn←Rn+1	1	12
	INC　@Ri	(Ri)←(Ri)+1	1	12
	INC　direct	(direct)←(direct)+1	2	12
	INC　DPTR	DPTR←DPTR+1	1	24
减 1	DEC　A	A←A-1	1	12
	DEC　Rn	Rn←Rn-1	1	12
	DEC　@Ri	(Ri)←(Ri)-1	1	12
	DEC　direct	(direct)←(direct)-1	2	12

类 型	助记符	功 能	字节数	振荡周期
乘法	MUL AB	BA←A×B	1	48
除法	DIV AB	A←A/B(商),B←余数	1	48
调整	DA A		1	12

（1）加法指令（8条）。这组指令的作用是把立即数、直接地址、工作寄存器及间接地址内容与累加器 A 的内容相加，运算结果存在 A 中。加法指令均以累加器 A 作为被加数。不带进位加法指令只是两个操作数相加，带进位加法指令是两个操作数带进位位相加，遇多字节数的加法、除最低字节外，应采用带进位位相加的加法指令。

本组指令的执行将影响标志位 AC、CY、OV、P。当运算结果的第 3、7 位有进位时，分别将 AC、CY 标志位置位，否则复位。对于无符号数，进位标志位 CY＝1，表示溢出；CY＝0 表示无溢出。带符号数运算的溢出取决于第 6、7 位，若这 2 位中有一位产生进位，而另一位不产生进位，则溢出标志位 OV 置位，否则被复位。

例 3.14 分析以下程序执行结果及对程序状态字 PSW 的影响。

```
MOV  30H,#43H  ;(30H)=43H
MOV  A,#7AH    ;(A)=7AH
MOV  R0,#30H   ;(R0)=30H
ADD  A,@R0     ;(A)=(30H)+7AH=0BDH
  01111010  (7AH)
+ 01000011  (43H)
  10111101  (BDH)
```

执行程序以后，根据以上结果知 PSW 中：

$$CY=D7_{CY}=0, AC=D3_{CY}=0, P=0, OV=D7_{CY}\oplus D6_{CY}=0\oplus 1=1$$

上述结果对于无符号数而言正确，但对有符号数而言不正确。因为 2 个正数相加得到一个负数，所以一定是发生了溢出，结果不正确，不能直接使用，需要校正。

（2）带借位减法指令（4条）。带借位减法指令以累加器 A 内容作为被减数，把立即数、直接地址、间接地址及工作寄存器与累加器 A 连同借位位 C 内容相减，结果送回累加器 A 中。可用于多字节数的减法。

本指令执行将影响标志位 AC、CY、OV、P。若第 7 位有借位，则将 CY 置位，否则 CY 复位。若第 3 位有错位，则置位辅助进位标志 AC，否则 AC 复位。若第 7 和第 6 位中有一位需借位，而另一位不借位，则置位溢出标志 OV。

例 3.15 设进位位 C＝1，分析执行以下程序片段后 A 寄存器的结果及对 PSW 的影响。

```
MOV   A,#0C4H   ;(A)=0C4H
SUBB  A,#55H    ;A←(A)-55H-(CY)
   11000100  (C4H)
   01010101  (55H)
 - 00000001  (C)=1
   01101110  (6EH)
```

减法指令的执行过程中：

$$A = 6EH, CY = D7_{CY} = 0, AC = D3_{CY} = 1, P = 1, OV = D7_{CY} \oplus D6_{CY} = 0 \oplus 1 = 1$$

以上结果对于无符号数而言正确，OV = 1 无意义，对于符号数则 OV = 1 表示结果有溢出，负数减正数结果应为负数，而 6EH 为正数。

（3）加 1 指令（5 条）。这一组指令的功能都是先将操作数所指定的单元或寄存器的内容加 1，然后再将结果还送回原操作数单元中。这组指令共有直接、寄存器、寄存器间接寻址等寻址方式。加 1 指令执行后不影响标志位，但 INC A 指令会影响 P 标志。如果原寄存器的内容为 FFH，执行加 1 后，结果就会是 00H。

（4）减 1 指令（4 条）。这一组指令的功能都是先将操作数所指定的单元或寄存器的内容减 1，然后再将结果还送回原操作数单元中。减 1 指令执行后同样不影响标志位，但 DEC A 指令会影响 P 标志。若原来寄存器内容为 00H，减 1 后将为 FFH。注意减 1 指令没有对数据指针寄存器 DPTR 减 1 的功能。

例 3.16　分析执行以下程序段的结果。

```
MOV   R0, #7EH      ;(R0) = 7EH
MOV   7EH,#0FFH     ;(7EH) = 0FFH
MOV   7FH,#38H      ;(7FH) = 38H
MOV   DPL,#0FEH     ;(DPL) = ·0FEH
MOV   DPH,#10H      ;(DPH) = 10H
INC   @R0          ;(7EH)+1 = 0FFH+1 = 00H→(7EH)
INC   R0           ;(R0) = 7FH
INC   @R0          ;(7FH)+1 = 38H+1 = 39H→(7FH)
INC   DPTR         ;(DPTR) 10FEH+1 = 10FFH
INC   DPTR         ;(DPTR) 10FFH+1 = 1100H
```

（5）乘法指令：

MUL AB

这条指令的作用是把累加器 A 和寄存器 B 中的 8 位无符号数相乘，所得到的是 16 位乘积，这个结果低 8 位存在累加器 A 中，而高 8 位存在寄存器 B 中。如果乘积大于 255（0FFH），即 B 的内容不为 0 时，则置位溢出标志位 OV，否则 OV 复位。进位标志位 CY 总是复位为 0。

乘法指令需要 4 个机器周期。

（6）除法指令：

DIV AB

这条指令的作用是把累加器 A 的 8 位无符号整数除以寄存器 B 中的 8 位无符号整数，所得到的商存在累加器 A 中，而余数存在寄存器 B 中。

本指令总是将 CY 和 OV 标志位复位。当除数（B 中内容）为 00H 时，那么执行结果将为不定值，则置位溢出标志位 OV。

除法指令需要 4 个机器周期。

（7）十进制调整指令：

DA A

在进行 BCD 码运算时，这条指令总是跟在 ADD 或 ADDC 指令之后，其功能是将执行加法运算后存于累加器 A 中的结果进行调整和修正。

修正的原理为：若 PSW 中的 AC＝1 或 A 寄存器中低 4 位值大于 9，则对 A 寄存器中低 4 位内容进行加 6 处理；若 PSW 中的 CY＝1 或 A 寄存器中高 4 位值大于 9，则对 A 寄存器中高 4 位内容进行加 6 处理。这样处理后的数据就变成了 BCD 码的加法运算的正确结果。

例 3.17 设累加器 A 中内容为 89 的 BCD 码，即 10001001，R0 中的内容为 28 的 BCD 码，即 00101000，执行下面程序后，A 中结果及正确的 BCD 码值。

```
ADD   A,R0    ;(A)+(R0)→A,(A)＝B1H,计算后既非十进制正确结果,也非十六进制正确结果
DA    A       ;(A)＝17H ,(C)＝1,十进制调整后正确答案为 117
```

在执行 DA A 指令时，首先由于（AC）＝ $D3_{CY}$ ＝1，所以对 A 中低 4 位内容加 6 调节，使 A 的低 4 位变为 0111，然后又由于 A 中高 4 位内容大于 9，所以对 A 中高 4 位内容再加 6 进行调整，使其变为 0001，同时使进位位（CY）＝1，则最终得到结果为 117。

3.3.3 逻辑运算类指令

逻辑操作类指令共 24 条，包括与、或、异或、清除、求反及移位指令。此类指令除 RLC 和 RRC 指令外，均不影响 PSW 中除 P 以外的其他位，而 RLC 和 RRC 也只影响 P 与 CY 位。具体指令如表 3-5 所示。

表 3-5 逻辑运算类指令

类型	助记符	功　能	字节数	振荡周期
与	ANL　A,Rn	A←A∧Rn	1	12
	ANL　A,@ Ri	A←A∧(Ri)	1	12
	ANL　A,#data	A←A∧data	2	12
	ANL　A,direct	A←A∧(direct)	2	12
	ANL　direct ,A	(direct)←(direct)∧A	2	12
	ANL　direct ,#data	(direct)←(direct)∧data	3	24
或	ORL　A,Rn	A←A∨Rn	1	12
	ORL　A,@ Ri	A←A∨(Ri)	1	12
	ORL　A,#data	A←A∨data	2	12
	ORL　A,direct	A←A∨(direct)	2	12
	ORL　direct ,A	(direct)←(direct)∨A	2	12
	ORL　direct ,#data	(direct)←(direct)∨data	3	24

类型	助记符	功　能	字节数	振荡周期
异或	XRL　A,Rn	A←A⊕Rn	1	12
	XRL　A,@ Ri	A←A⊕(Ri)	1	12
	XRL　A,#data	A←A⊕data	2	12
	XRL　A,direct	A←A⊕(direct)	2	12
	XRL　direct ,A	(direct)←(direct)⊕A	2	12
	XRL　direct ,#dat	(direct)←(direct)⊕data	3	24
取反	CPL　A	A←$\overline{A}$	1	12
清零	CLR　A	A←0	1	12
循环移位	RL　A	A 左循环移一位	1	12
	RLC　A	A 带进位左循环移一位	1	12
	RR　A	A 右循环移一位	1	12
	RRC　A	A 带进位右循环移一位	1	12

逻辑运算"与""或""异或"前四条指令将累加器 A 与操作数所指出的内容进行按位"与""或""异或"逻辑操作,结果送 A 寄存器,指令执行后影响奇偶标志位 P。

逻辑运算"与""或""异或"后两条指令是将直接地址单元中的内容和源操作数所指出的内容按位进行逻辑运算,结果送入直接地址单元中。直接地址可以是内部 RAM、特殊功能寄存器。

逻辑循环左移指令(RL)的特点是:在操作数最高位为 0 的条件下,操作数每被左循环移位一次,其内容相当于被乘上 2。

逻辑循环右移指令(RR)的特点是:在操作数最高低为 0 的条件下,操作数每被左循环移位一次,其内容相当于被除以 2。

例 3.18 请观察下列两段程序执行的结果。

```
MOV  A,#0F0H      ;(A)=0F0H
ANL  P1,#00H      ;P1=00H
ORL  P1,#55H      ;P1=55H
XRL  P1,A         ;P1=0A5H
CPL  A            ;(A)=0FH=00001111B
RL   A            ;(A)=1EH=00011110B
CLR  A            ;(A)=00H
```

例 3.19 要求编程把累加器中的低 3 位传送到 P1 口,传送时不影响 P1 口的高 5 位。

```
ANL  A,#07H       ;提取 A 中低 3 位数据
ANL  P1,#0F8H     ;将 P1 中的低 3 位清零,高 5 位不变
ORL  P1,A         ;P1₂₋₀←A₂₋₀
```

3.3.4　程序控制类指令

控制程序转移类指令共有 17 条,主要功能是控制程序转移到新的 PC 地址上。其中有

64KB 存储空间的间接转移指令、长转移和长调用指令，有 2KB 范围的绝对转移和绝对调用指令，有短转移指令和条件转移指令。这类指令中除 CJNE 指令外，其余指令对 PSW 中各值均无影响。具体指令见表 3-6。

表 3-6　控制程序转移类指令

类型	助记符	功　能	字节	振荡周期
无条件转移	LJMP　addr16	PC←add16	3	24
	ALMP　addr11	PC←add11	2	24
	SJMP　rel	PC←PC+2+rel	2	24
	JMP　@A+DPTR	PC←A+DPTR	1	24
无条件调用及返回	LCALL　addr16	断点入栈 PC←addr16	3	24
	ACALL　addr11	断点入栈 PC←addr11	2	24
	RET	子程序返回	1	24
	RETI	中断返回	1	24
条件转移	JZ　rel	A=0,转移,PC←PC+2+rel,否则 PC←PC+2（顺序执行）	2	24
	JNZ　rel	A≠0,转移,PC←PC+2+rel,否则 PC←PC+2（顺序执行）	2	24
	CJNE　A,#data,rel	A≠data,转移,PC←PC+3+rel;A<data,C=1;A>data,C=0;否则,PC←PC+3（顺序执行）	3	24
	CJNE　A,direct,rel	A≠(direct),转移,PC←PC+3+rel;A<(direct),C=1;A>(direct),C=0;否则,PC←PC+3（顺序执行）	3	24
	CJNE　Rn,#data,rel	Rn≠data,转移,PC←PC+3+rel;Rn<data,C=1;Rn>data,C=0;否则,PC←PC+3（顺序执行）	3	24
	CJNE　@Ri,#data,rel	(Ri)≠data,转移,PC←PC+3+rel;(Ri)<data,C=1;(Ri)>data,C=0;否则,PC←PC+3（顺序执行）	3	24
	DJNZ　Rn,rel	Rn-1→Rn,若 Rn≠0,PC+2+rel→PC;否则 PC+2→PC（顺序执行）	2	24
	DJNZ　direct,rel	(direct)-1→(direct),若(direct)≠0,PC+3+rel→PC;否则 PC+3→PC（顺序执行）	3	24
空操作	NOP	PC←PC+1	1	12

（1）无条件转移指令（4 条）：

LJMP　addr16

AJMP　addr11

SJMP　rel

JMP　@A+DPTR

　　这类指令是当程序执行到该指令时，无条件转移到指令所提供的地址上去，指令执行后均不影响标志位。

　　第一条指令称为长转移指令，执行该条指令时，将 16 位目标地址 addr16 装入 PC，程序无条件转向目标地址，转移的目标地址可在 64KB 程序存储器地址空间。

第二条指令称为绝对转移指令，执行该条指令时，转移的目标地址是在下一条指令开始的 2KB 程序存储器的地址空间内，它把 PC 的高 5 位值与指令第一字节中的 7~5 位和指令的第二字节中的 8 位合并在一起构成 16 位的转移地址。目标地址与 AJMP 后面第一条指令的第一个字节必须在同一个 2KB 区域的程序存储器空间内。

第三条指令称为短跳转指令或无条件相对转移指令，指令中的相对地址 rel 是一个带符号的 8 位偏移量，其范围为−128~+127，负数表示向后转移，正数表示向前转移。执行该条指令后程序转移到当前 PC 与 rel 之和所指示的单元。

第四条称为间接转移指令，又称散转指令，转移地址由数据指针寄存器 DPTR 和累加器 A 的内容之和形成。相加之后不修改 A 的内容，也不修改 DPTR 的内容，而是把二者相加的结果直接送 PC 寄存器。

例 3.20   如果累加器 A 中存放待处理命令编号（0~7），程序存储器中存放着标号为 PMTB 的转移表首址，则执行下面的程序，将根据 A 中命令编号转向相应的命令处理程序。

```
PM:     MOV    R1,A          ;(A)＊3→(A)
        RL     A
        ADD    A,R1
        MOV    DPTR,#PMTB    ;转移表首址→DPTR
        JMP    @A+DPTR       ;据 A 值跳转到不同入口
PMTB:   LJMP   PM0           ;转向命令 0 处理入口
        LJMP   PM1           ;转向命令 1 处理入口
        LJMP   PM2           ;转向命令 2 处理入口
        LJMP   PM3           ;转向命令 3 处理入口
        LJMP   PM4           ;转向命令 4 处理入口
        LJMP   PM5           ;转向命令 5 处理入口
        LJMP   PM6           ;转向命令 6 处理入口
        LJMP   PM7           ;转向命令 7 处理入口
```

（2）子程序调用即返回指令（4 条）：

```
LCALL   addr16
ACALL   addr11
RET
RETI
```

该类指令的执行均不影响标志位。

第一条指令是长调用指令，允许用户子程序放在 64KB 空间的任何地方。此时（PC）+ 3→(PC)，(SP)+1→(SP)，(PC$_{7-0}$)→(SP)，(SP)+1→(SP)，(PC$_{15-8}$)→(SP)，addr16→(PC)，即分别从堆栈中弹出调用子程序时压入的返回地址。

第二条指令是绝对调用指令，子程序的允许调用范围为 2KB 的空间范围。11 位调用地址的形成与 AJMP 指令相同。此时（PC）+2→(PC)，(SP)+1→(SP)，(PC$_{7-0}$)→

（SP），（SP）+1→（SP），（PC$_{15-8}$）→（SP），addr11→（PC10−0）。

第三条指令是子程序返回指令，此时（SP）→（PC$_{15-8}$），（SP）−1→（SP），（SP）→（PC$_{7-0}$），（SP）−1→（SP）。RET 指令通常安排在子程序的末尾，使程序能从子程序返回到主程序。若（SP）= 62H，（62H）= 07H，（61H）= 30H，执行指令 RET 后，（SP）= 60H，（PC）= 0730H，CPU 从 0730H 开始执行程序。

第四条指令是中断返回指令。中断返回指令，除具有 RET 功能外，RETI 指令同时释放中断逻辑使之能接受同级的另一个中断请求。

（3）条件转移指令（8 条）。条件转移指令是依某种特定条件转移的指令。条件满足时转移（相当于一条相对转移指令），条件不满足时则顺序执行下面的指令。目的地址在下一条指令的起始地址为中心的 256 个字节范围中（−128 ~ +127）。当条件满足时，先把 PC 加到指向下一条指令的第一个字节地址，再把有符号的相对偏移量加到 PC 上，计算出转向地址。

```
JZ     rel     ;A = 0 转 PC←PC+2+rel
JNZ    rel     ;A≠0 转 PC←PC+2+rel
```

这两条指令是依据累加器 A 的内容是否为 0 的条件转移指令。条件满足时转移（相当于一条相对转移指令），条件不满足时则顺序执行下面一条指令。

```
CJNE   A,#data,rel
CJNE   A,direct,rel
CJNE   Rn,#data,rel
CJNE   @Ri,#data,rel
```

这组指令的功能是比较前面两个操作数的大小，如果它们的值不相等则转移。转移地址的计算方法（PC）+ 3+ rel→（PC）。如果第一个操作数（无符号整数）小于第二个操作数，则进位标志 Cy 置 "1"，否则清 "0"，但不影响任何操作数的内容。

```
DJNZ   Rn,rel
DJNZ   direct,rel
```

减 1 不为 0 转移指令是把源操作数减 1，结果回送到源操作数中去，如果结果不为 0 则转移（转移地址的计算方法同前），该指令通常用于实现循环计数。

3.3.5 位操作指令

位操作又称为布尔变量操作，它是以位（bit）作为单位来进行运算和操作的。MCS-51 系列单片机内设置了一个位处理器（布尔处理机），它有自己的累加器（借用进位标志（CY）），自己的存储器（即位寻址区中的各位），也有完成位操作的运算器等。与之对应，软件上也有一个专门进行位处理的位操作指令集，共 17 条，具体指令见表 3-7。它们可以完成以位为对象的传送、运算、转移控制等操作。这一组指令的操作对象是内部 RAM 中的位寻址区，即 20H~2FH 中连续的 128 位（位地址 00H-7FH），以及特殊功能寄存器 SFR 中可进行位寻址的各位。

表 3-7　位操作类指令表

类型	助记符	功　　能	字节	振荡周期
位传送	MOV　C,bit	C←bit	2	12
	MOV　bit,C	bit←C	2	12
位修改	CLR　C	C←0	1	12
	CLR　bit	bit←0	2	12
	CPL　C	C←$\overline{A}$	1	12
	CPL　bit	bit←bit	2	12
	SETB　C	C←1	1	12
	SETB　bit	bit←1	2	12
位逻辑	ANL　C,bit	C←C∧bit	2	24
	ANL　C,/bit	C←C∧$\overline{bit}$	2	24
	ORL　C,bit	C←C∨bit	2	24
	ORL　C,/bit	C←C∨$\overline{bit}$	2	24
判位转移	JC　rel	C=1 转	2	24
	JNC　rel	C=0 转	2	24
	JB　bit,rel	bit=1 转	3	24
	JNB　bit,rel	bit=0 转	3	24
	JBC　bit,rel	bit=1 转,同时 bit←0		

（1）位数据传送指令（2 条）：

MOV　C,bit
MOV　bit,C

这两条指令主要用于直接寻址位与位累加器之间的数据传送。直接寻址位为片内 20H~2FH 单元的 128 个位及 80H~FFH 中的可进行位寻址的特殊功能寄存器中的各位。假如直接寻址位为 P0-P3 端口中的某一位，则指令执行时，先读入端口的全部内容（8 位），然后把 CY 的内容传送到指定位，再把 8 位内容传送到端口的锁存器。所以它也是一种"读—修改—写"指令。

（2）位变量修改指令（6 条）：

CLR　C
CLR　bit
CPL　C
CPL　bit
SETB　C
SETB　bit

该类指令的功能是清零、取反、置进位标志位和直接寻址位，指令执行后不影响其他标志当直接寻址位为 Y0~Y3 端口的某一位时，具有"读—修改—写"操作功能。

（3）位变量逻辑指令（4 条）：

```
ANL   C,bit
ANL   C,/bit
ORL   C,bit
ORL   C,/bit
```

　　这类指令的功能是把进位 C 的内容与直接寻址位进行逻辑与、逻辑或的操作，操作的结果送至 C 中，式中的斜杠"/"表示对该位取反后再参与运算，但不改变原来的内容。

　　（4）位变量条件转移指令（5 条）：

```
JC    rel
JNC   rel
JB    bit,rel
JNB   bit,rel
JBC   bit,rel
```

　　第 1、2 条指令是判断进位位 CY，当条件满足时转移，否则继续执行程序；第 3~5 条指令是判断直接寻址位，条件满足时转移，否则继续执行程序；最后一条指令当条件满足时转移，指令执行后同时还应将该寻址位清零。这类指令也具有"读—修改—写"的功能。

　　例 3.21　编程比较内部 RAM 中 20H 和 30H 中的两个无符号数的大小，将大数存入 50H，小数存入 51H 单元中，若两数相等使片内 RAM 的位 7FH 位置"1"。

```
BJ：   MOV   A,20H
       CJNE  A,30H,ST1
       SETB  7FH          ;(20H)=(30H)
       RET
ST1：  JC    ST2
       MOV   50H,A         ;(20H)>(30H)
       MOV   51H,30H
       RET
ST2：  MOV   50H,30H        ;(20H)<(30H)
       MOV   51H,A
       RET
```

　　例 3.22　P1 口中 P1.6 与 P1.0~P1.5 位之间的关系如图 3-1 所示，试编程完成这一功能。

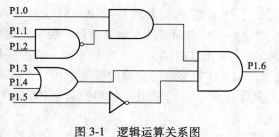

图 3-1　逻辑运算关系图

```
ORG   00H        ;程序开始
LJMP  CAL_LOGIC
CAL_LOGIC:
MOV   C,P1.1
ANL   C,P1.2
CPL   C
ANL   C,P1.0
MOV   F0,C        ;送 F0 标志位(PSW.5)暂存
MOV   C,P1.3      ;也可选用 20H.0-2FH.7 中的位
ORL   C,P1.4
ANL   C,F0        ;与门两个支路运算
ANL   C,/P1.5     ;与门三个支路运算
MOV   P1.6,C
END              ;汇编程序结束
```

3.4 Keil 集成开发环境

单片机程序可以用汇编语言编写，也可以用 C 语言编写，二者都可以在 Keil C51 环境中编程、调试、开发。Keil C51，亦即 PK51，是 KEIL 公司开发的兼容 51 系列单片机的开发系统，支持绝大部分 51 内核的微控制器开发工具。Keil 提供了包括 C 编译器、宏汇编、链接器、库管理和一个功能强大的仿真调试器等在内的完整开发方案，通过一个集成开发环境（μVision）将这些部分组合在一起。Keil μVision 集成开发环境同时支持 51 单片机汇编语言和 C51 两种语言的编程。

3.4.1 新建 Keil 工程

（1）新建工程文件。在 μVision 集成开发环境中，单击菜单"Project"，选择"New μVision Project"，选择文件路径并输入文件名 MyApp，点击保存，则 μVision 自动生成 MyApp.uvproj 的项目文件。

（2）选择 CPU 类型。当新建项目文件后，μVision 会要求选择 CPU，出现 Select Device for Target 对话框，如图 3-2 所示，通过下拉滑块选择单片机，也可以在 Search 框中输入 at89c51，系统会根据输入的信息自动进行匹配，右侧 Description 栏中显示了当前型号单片机的主要特性。

点击"OK"按钮后，会弹出是否添加 STARTUP.A51 文件到项目中，STARTUP.A51 是采用 C 语言编程时添加的单片机启动文件，如果项目中没有此文件将使用编译器中的默认配置。如果采用汇编语言不要添加启动文件。在 C 中定义的那些变量和数组的初始化就在 STARTUP.A51 中进行，如果在定义全局变量时带有数值，如 unsigned char DATA xxx = 100，则 STARTUP.A51 中就会有相关的赋值，如果没有 = 100，STARTUP.A51 就会将其清零。

（3）添加文件到工程。单击"File"菜单，选择"New"新建文件，然后选择

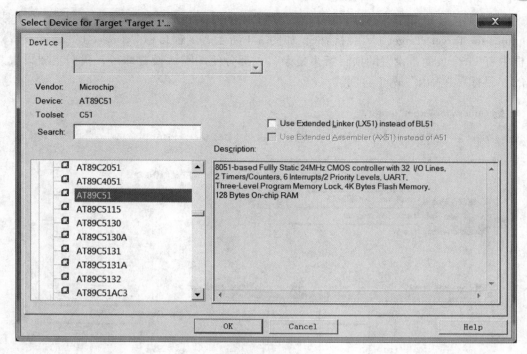

图 3-2　选择 CPU

"Save" 保存，此时会弹出一个对话框，保存文件时必须加上文件的扩展名，如果使用汇编语言编程，那么保存时文件的扩展名为 ". asm"，如果是 C 语言程序，文件的扩展名使用 "∗. C"。μVision 可识别 .c \ .cpp \ .a \ .s \ .h \ .inc 等文件类型。在当前项目的 Source Group1 文件夹上单击右键，选择要添加到工程中的源程序文件，如图 3-3 所示。

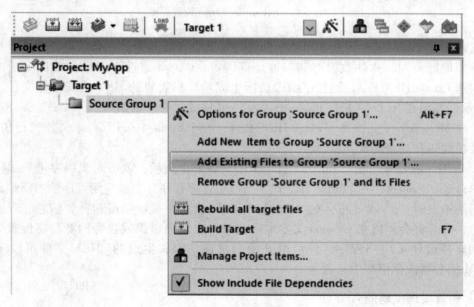

图 3-3　添加源程序

（4）设定目标属性。执行菜单命令"Project"→"Options for Target"，将会出现"Options for Target'Target 1'"对话框，如图3-4所示。工程目标'Target 1'属性设置对话框中有11个页面，设置的项目繁多复杂，大部分使用默认设置即可，我们主要设置其中的"目标""输出"两个页面。

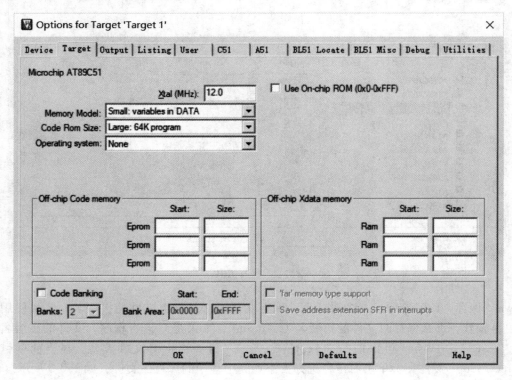

图3-4　Options for Target 设置界面

工程目标 Target 属性可设置单片机的晶振频率、存储器模式、操作系统选择、片外程序存储器地址范围、片外数据存储器地址范围等；Output 属性可以设置输出目录、文件名，勾选 Create HEX File，则程序编译后能生成单片机需要的 HEX 格式目标文件，如图3-5 所示。如果在 Name of Executable 中填入 .omf 格式文件，例如 MyApp.omf，编译后可以同时生成 MyApp.omf 文件和 MyApp.HEX 文件。在 Proteus 中采用 .omf 文件进行仿真时，可增加源代码和变量的观测窗口。

（5）编译源程序。在"Target"选项卡中设置好参数后，就可对源程序进行编译。执行菜单命令"Project"→"Build Target"，可以编译源程序并生成应用程序。当所编译的程序有语法错误时，μVision 将会在"Build Output"窗口中显示错误和警告信息。双击某一条信息，光标将会停留在 μVision 文本编辑窗口中出现该错误或警告的源程序位置上。若成功创建并编译了应用程序，就可以开始调试或仿真，生成的 .HEX 文件可以下载到EPROM 编程器或模拟器中运行。

3.4.2　仿真与调试功能

使用 μVision 调试器可对源程序进行测试，μVision4 提供了两种操作工作模式，这两

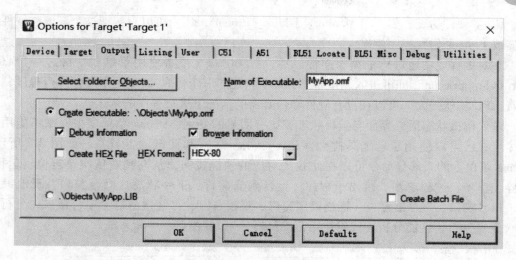

图 3-5　Output 属性设置界面

种模式可以在 "Option for Target 'Target 1'" 对话框的 "Debug" 选项卡中选择，仿真设置如图 3-6 所示。

Options for Target 'Target 1'

Device | Target | Output | Listing | User | C51 | A51 | BL51 Locate | BL51 Misc | Debug | Utilities

○ Use Simulator　　　　　　　Settings　　● Use:　　　　　　　▼　Settings
☐ Limit Speed to Real-Time

☑ Load Application at Startup　　☑ Run to main()
Initialization File:

| Keil Monitor-51 Driver |
| Keil ISD51 In-System Debugger |
| MON390: Dallas Contiguous Mode |
| LPC900 EPM Emulator/Programmer |
| ST-uPSD ULINK Driver |
| Infineon XC800 ULINK Driver |
| ADI Monitor Driver |
| Infineon DAS Client for XC800 |
| NXP LPC95x ULINK Driver |
| J-Link / J-Trace EFM8 Driver |
| Proteus VSM Simulator |

☑ ... Edit...

Restore Debug Session Settings
☑ Breakpoints　　☑ Toolbox
☑ Watch Windows & Performance Analyzer
☑ Memory Display

CPU DLL:　　Parameter:
S8051.DLL

Dialog DLL:　　Parameter:
DP51.DLL　-p51

☑ Load ... o main()
Initializatio ...

Restore ...
☑ Bro ...
☑ Watch Windows
☑ Memory Display

Driver DLL:　　Parameter:
S8051.DLL

Dialog DLL:　　Parameter:
TP51.DLL　-p51

OK　　Cancel　　Defaults　　Help

图 3-6　仿真设置图

Use Simulator：Keil 软件仿真模式，将 μVision4 调试器配置成纯软件产品，能够仿真 8051 系列产品的绝大多数功能，如串行口、外部 I/O 和定时器等，不需要任何硬件目标板。

Use：硬件仿真，如 Keil Monitor、J-Link、Proteus，用户可以直接把这个环境与硬件仿真器或 Proteus 仿真程序相连。

在对工程成功地进行汇编、连接以后，按 Ctrl+F5 或者使用菜单"Debug"→"Start/Stop Debug Session"即可进入调试状态，Keil 内建了一个仿真 CPU 用来模拟执行程序，该仿真 CPU 功能强大，可以在没有硬件和仿真器的情况下进行程序的调试。

进入调试状态后，界面与编辑状态相比有明显的变化，Debug 菜单项中原来不能用的命令现在已可以使用了，工具栏会多出一个用于运行和调试的工具条，如图 3-7 所示，Debug 菜单上的大部分命令可以在此找到对应的快捷按钮，从左到右依次是复位、运行、暂停、单步、过程单步、跳出子程序、运行到当前行、下一状态、命令窗口、反汇编窗口、符号窗口、寄存器窗口、堆栈调用窗口、观察窗口、存储器窗口、串行窗口、分析窗口（逻辑分析、性能分析、代码作用范围分析）、跟踪窗口、中断系统。

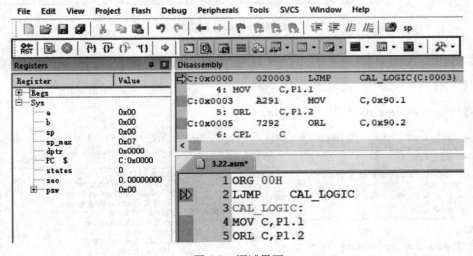

图 3-7　调试界面

在图 3-7 界面中，左侧是寄存器窗口，右侧是反汇编窗口和汇编源程序窗口。寄存器窗口显示了 A、B、SP、PC、PSW 等寄存器的值，反汇编窗口给出了汇编语言对应的机器码，并指示下一条要执行的程序语句，例如当前要执行的汇编程序是 LJMP　CAL_LOGIC，对应的机器码是十六进制数 020003，该语句在程序存储器的地址是 0X0000。

学习程序调试，必须明确两个重要的概念，即单步执行与全速运行。全速执行是指一行程序执行完以后紧接着执行下一行程序，中间不停止，这样程序执行的速度很快，可以看到该段程序执行的总体效果，即最终结果正确还是错误，但如果程序有错，使用全速执行则难以确认错误出现在哪些程序行。单步执行是每次执行一行程序，执行完该行程序以后立即停止，等待命令执行下一行程序，单步执行可以逐行检查程序执行的结果，借此可以找到程序中问题所在。使用 STEP OVER（过程单步）可以将汇编语言中的子程序或高级语言中的函数作为一个语句来全速执行；使用 Step Out of Current Function（单步执行到该函数外）命令后，全速执行完调试光标所在的子程序或子函数并指向主程序中的下一行程序；使用 Run to Cursor line（执行到光标所在行）命令可全速执行完黄色箭头与光标之间的程序行。灵活应用这几种方法，可以大大提高查错的效率。

程序调试时，一些程序必须满足一定的条件才能被执行到（如程序中某变量达到一定的值、按键被按下、串口接收到数据、有中断产生等），这些条件往往是异步发生或难以预先设定的，这类问题使用单步执行的方法是很难调试的，这时就要使用到程序调试中的另一种非常重要的方法——断点设置。断点设置的方法有多种，常用的是在某一程序行设置断点，设置好断点后可以全速运行程序，一旦执行到该程序行即停止，可在此观察有关变量值，以确定问题所在。在程序行设置/移除断点的方法是将光标定位于需要设置断点的程序行，使用菜单"Debug"→"Insert/Remove Break Point"设置或移除断点（也可以用鼠标在该行双击实现同样的功能）。

除了在某程序行设置断点这一基本方法以外，Keil 软件还提供了多种设置断点的方法，按"Debug"→"Breakpoints…"即出现一个对话框，对话框中 Expression 后的编辑框内用于输入表达式，该表达式用于确定程序停止运行的条件，这里表达式的定义功能非常强大，涉及 Keil 内置的调试语法，有兴趣的读者可以进一步学习，现列举几个应用实例。

（1）在 Experssion 中键入 a == 0xf7，再点击 Define 即定义了一个断点，注意，a 后有两个等号表示相等。该表达式的含义是：如果 a 的值到达 0xf7 则停止程序运行。除使用相等符号之外，还可以使用>、>=、<、<=、!=（不等于）、&（两值按位与）、&&（两值相与）等运算符号。

（2）在 Experssion 后中键入 Delay 再点击 Define，其含义是如果执行标号为 Delay 的行则中断。

（3）在 Experssion 后中键入 Delay，按 Count 后的微调按钮，将值调到 3，其意义是当第三次执行到 Delay 时才停止程序运行。

（4）在 Experssion 后键入 Delay，在 Command 后键入 printf（"Sub'Delay'has been Called\n"）主程序每次调用 Delay 程序时并不停止运行，但会在输出窗口 Command 页输出一行字符，即 Sub'Delay'has been Called。其中"\n"的用途是回车换行，使窗口输出的字符整齐。

对于使用 C 语言源程序的调试，表达式中可以直接使用变量名，但必须要注意，设置时只能使用全局变量名和调试箭头所指模块中的局部变量名。

3.5 汇编语言程序设计

汇编程序源程序是汇编指令的有序集合。汇编语言程序设计的基础是与其对应的汇编语言指令集、硬件组成、系统功能要求密切相关的。因此，要求设计者全面了解和掌握应用系统的硬件结构、指令结构、功能要求以及有关算法。

一个单片机汇编语言应用程序，无论其简单还是复杂，总是由简单程序、分支程序、循环程序、查表程序、子程序（包括中段服务程序）等结构化的程序段有机组合而成。一个典型的 MCS-51 汇编语言程序结构如下：

```
ORG     0000H      ;主程序入口地址
LJMP    MAIN       ;主程序地址标号
ORG     0003H      ;外部中断0入口地址
LJMP    INTS0      ;中断服务程序起始地址标号
```

```
        ORG    0100H        ;主程序起始地址
MAIN：主程序
        ……
        LCALL  SBR1         ;调用子程序 SBR1
        ……
SBR1：               ;子程序 SBR1
        ……
        RET             ;子程序返回
INTS0：             ;中断服务程序
        ……
        RETI            ;中断返回
        END             ;源程序结束
```

　　一个具有多种功能而较复杂的程序，则通常采用模块化设计方法。即按不同功能划分成若干功能相对独立程序模块，分别进行独立的设计和测试，最终装配成程序的整体，通过联调，完成程序的整体设计。

　　模块化程序设计方法具有明显优点，它把一个多功能的复杂程序划分成若干个简单的、单功能程序模块，有利于程序设计、调试、优化和分工，提高程序的正确性和可靠性，并使程序结构层次一目了然。但必须确切规定各程序模块之间的关系以及相互联系的方式和有关参数，在一个主程序的统一管理下连成一个完整的程序整体，这是目前采用较多的程序设计方法之一。

3.5.1　汇编指令

　　汇编语言的指令类型有如下两种：

　　（1）基本指令：它们都是机器能够执行的指令，每一条指令都有对应的机器码。

　　（2）伪指令：汇编时用于控制程序汇编的指令，例如指定程序或数据存放的起始地址，在汇编时并不产生目标代码，无机器码，不影响程序的执行。

　　MCS-51 单片机常用的伪指令如下。

　　（1）汇编起始地址 ORG（Origin）。指令格式为：

ORG 地址或表达式

　　该指令的作用是指明后面的程序或数据块的起始地址，它总是出现在每段源程序或数据块的开始，用于指明此语句后面的指令序列的第一条指令或数据块第一个数据的存放地址，此后的源程序或数据块依次连续存放，直到遇到另一个 ORG 指令为止。例如：

```
    ORG    2000H
SS1：MOV    A,#16H        ;2 字节指令
    ANL    A,#0FH        ;2 字节指令
    ORG    $+5
SS2：DB     12H
```

　　以上经汇编得到的目标代码将在程序存储器中从起始地址 2000H 开始存放，标号 SS1 为符号地址，其值为 2000H 而标号 SS2 是在地址单元 2009H 存放 12H。

（2）汇编程序结束伪指令 END（End of Assembly）。指令格式为：

END

该伪指令标志着全部汇编源程序的结束，在一个源程序中只允许出现一个 END 语句且必须放在整个程序的最后。

（3）数据字节赋值伪指令 EQU（Equate）。指令格式为：

标识符　EQU　数或表达式

例如：

NUMBER　EQU　16H
MOV　A，#NUMBER

这里用符 NUMBER 来代替 16H，每当编译器在代码中看 NUMBER 这个符号，就会用数字 16H 来代换。指令 MOV A，#NUMBER 实际上是将一个 8 位立即数 16H 送入累加器 A中。同一个程序中，任何一个标识符只能赋值 1 次，复制后其值在整个源程序中是固定的，对赋值的标识符必须先定义后使用。适当地使用数据赋值伪指令可以提高程序的可读性。

（4）数据地址定义伪指令 DATA。指令格式为：

标识符　　DATA　字节地址

例如：

PORT1　　DATA　90h
RESULT　DATA　44h

DATA 和 EQU 伪指令类似，不同之处是 DATA 可以先定义后使用，也可以先使用后定义，在程序中常用来定义数据地址。

（5）字节定义伪指令 DB（Define Byte）。指令格式为：

［标号：］DB　d1,d2,…,di,…,dn

其中标号可有可无，$di(i=1\sim n)$ 是单字节数或由 EQU 伪指令定义的字符，也可以是用引号括起来的 ASCII 码。此伪指令的功能是把 di 存入由该指令地址起始的单元中，且每个数占用 1 字节的空间。例如：

ORG　2000H
BUF1：DB　16H,32H,66H,54H
BUF2：DB　96H,'A'

以上伪指令经汇编后，将对 2000H 开始的若干内存单元依次赋值。

（6）字定义伪指令 DW（Define Word）。指令格式为：

标号：DW　d1,d2,…,di,…,dn

DW 的功能与 DB 的功能类似，只不过这里的 di 要占用 2 字节的存储单元，高 8 位数据先存入低地址字节，低 8 位数据后存入高地址字节。

（7）定义存储单元伪指令 DS（Define Storage）。指令格式为：

[标号:]　DS　表达式

定义空间伪指令 DS 是从标号指定的地址单元开始，保留若干个存储单元作为备用的空间。其中，保留的数量由指定的表达式指定。例如：

```
ORG   2000H
BUF:DS   08H
```

该段伪指令经汇编以后，从地址 2000H 开始保留 8 个内存单元，然后从 1008H 开始才可以进行其他操作。注意：DB、DW、DS 伪指令只能对程序存储器进行定义，不能对数据存储器进行操作。

（8）定义位地址伪指令 BIT。指令格式：

位名称 BIT 位地址

该语句的功能是把 BIT 右边的位地址赋给它左边的"位名称"。例如：

```
LEDRED BIT   P1.0
LEDGREEN BIT   P1.1
```

该段伪指令经汇编后，将位地址 P1.0 和 P1.1 分别赋给 LEDRED 和 LEDGREEN，此后便可以将 LEDRED 和 LEDGREEN 当做位地址来代替 P1.0 和 P1.1。

3.5.2　顺序结构程序

顺序程序又称简单程序结构，计算机执行程序的方式是"从头到尾"，逐条执行指令语句，直到程序结束，除非用特殊指令让它跳转，不然它会在 PC 控制下执行。

例 3.23　编写 1+2 的程序。

解：首先用 ADD A，Rn 指令，该指令是将寄存器 Rn 中的数与累加器 A 中的数相加，结果存于 A 中，这就要求先将 1 和 2 分别送到 A 中和寄存器 Rn 中，而 Rn 有四组，每组有八个单元 R0~R7，首先要知道 Rn 在哪组，默认值是第 0 组，在同一个程序中，同组中的 Rn 不能重复使用，不然会数据出错，唯独 A 可反复使用，不出问题。明确了这些后，可写出程序如下：

```
ORG   0000H     ;定下面这段程序在存储器中的首地址,必不可少的
MOV   R2,#02    ;2 送 R2
MOV   A,#01     ;1 送 A
ADD   A,R2      ;相加,结果 3 存 A 中
END            ;程序结束标志,是必不可少的
```

程序到此编写完成，然后在仿真软件中调试、验证，若不对，反复修改程序，直到完全正确为止。

该程序若用 ADD A，direct 指令编程时，可写出如下程序：

```
ORG   0000H
MOV   30H,#02
MOV   A,#01
```

```
ADD   A,30H
END
```

该程序若用 ADD A，@R*i* 指令编程时，可写出如下程序（假设（(R0))= 02H）：

```
ORG   0000H
MOV   A,#01
ADD   A,@R0
END
```

注意间接寻址方式的用法，R*i* 只有 R0 和 R1。

该程序若用 ADD A，#data 指令编程时，可写出如下程序：

```
ORG   0000H
MOV   A,#01
ADD   A,#02
END
```

从以上例子可见，同一个程序有多种编写方法，思路不同编出来的程序也不同，但结果都一样。

例 3.24 编程实现两个 16 位二进制无符号数相加。

每个 16 位二进制无符号数在内存中占两个单元，假设被加数存放于内部 RAM 的 50H（高位字节），51H（低位字节），加数存放于 60H（高位字节），61H（低位字节），和数存入 50H 和 51H 单元中。

```
        ORG   0000H
        AJMP  START
        ORG   0100H
START： CLR   C          ;将 Cy 清零
        MOV   R0,#51H    ;将被加数地址送数据指针 R0
        MOV   R1,#61H    ;将加数地址送数据指针 R1
        CLR   C          ;清 CY 位
AD1：   MOV   A,@R0      ;被加数低字节的内容送入 A
        ADD   A,@R1      ;两个低字节相加
        MOV   @R0,A      ;低字节的和存入被加数低字节中
        DEC   R0         ;指向被加数高位字节
        DEC   R1         ;指向加数高位字节
        MOV   A,@R0      ;被加数高位字节送入 A
        ADDC  A,@R1      ;两个高位字节带 CY 相加
        MOV   @R0,A      ;高位字节的和送被加数高位字节
        SJMP  $          ;原地踏步,$指向当前指令地址
        END
```

在程序的末尾如果不用 END 结束，而用返回指令 RET 结束，则可以看作是完成某些特定功能的程序段，相当于子程序。

3.5.3　分支结构程序

在处理实际应用时，只用简单程序设计的方法是不够的。因为大部分程序总包含有判断、比较等情况，这就需要分支程序。分支程序是利用条件转移指令，使程序执行到某一指令后，根据条件是否满足，来改变程序执行的顺序。分支结构的形式有单分支和多分支两种结构，如图 3-8 所示。

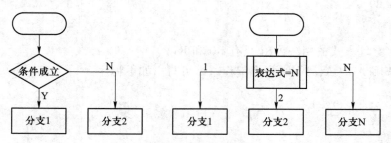

图 3-8　分支程序流程图

（1）单分支程序。单分支程序都是使用条件转移指令实现的，当给定的条件成立时，执行分支程序，否则顺序执行。常用单分支结构的指令有：JZ，JNZ，JC，JB，JNB，JNC 及 CJNE 等。

例 3.25　求符号函数 y = f(x)。设 x 存入 R1，y 存入 R2。

$$f(x) = \begin{cases} -1, & x < 0 \\ 0, & x = 0 \\ 1, & x > 0 \end{cases}$$

程序流程图如图 3-9 所示。

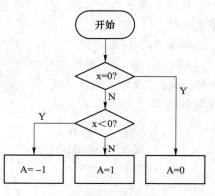

图 3-9　符号函数流程图

```
        ORG   0000H
        AJMP  START
        ORG   0100H
START:  MOV   A,R1          ;取 x
        JZ    STORE         ;x=0 跳转,y=A=x=0
        JB    ACC.7,MINUS   ;x<0(A.7=1)跳转
        MOV   A,#01H        ;x>0,y=+1
        SJMP  STORE
MINUS:  MOV   A,#0FFH       ;x<0,y=-1(补码 0FFH)
STORE:  MOV   R2,A          ;保存 y=A
        SJMP  $             ;原地踏步
        END
```

（2）多分支程序。多分支结构是根据运算的结果在多个分支中选择一个执行的程序结构。在实际使用中，往往需要多分支跳转，又称为散转。多分支结构常用 JMP @ A+DPTR 来实现转移功能。其中，数据指针 DPTR 为存放转移指令串的首地址，由累加器的内容动

态选择对应的转移指令。这样最多可以产生 256 个分支。

例 3.26 要求根据不同功能键执行不同程序段。设每个功能键对应一个键值 X（0≤ X≤0FH）。设 X 已存入片内 RAM 的 R0 单元中。

若 X＝0，则执行程序段 FUNC0；

若 X＝1，则执行程序段 FUNC1；

  …

部分程序代码如下：

```
KEYFUN：MOV   DPTR,#KTAB    ;取表头地址
        MOV   A,R0          ;取键值
        ADD   A,A           ;取键值乘 2
        JMP   @A+DPTR       ;跳至散转表中相应位置
KTAB：  AJMP  FUNC0          ;键值为 0 时,跳转至 FUNC0
        AJMP  FUNC1          ;键值为 1 时,跳转至 FUNC1
        …
FUNC0： …                   ;键值为 0 时,应执行的操作
FUNC1： …                   ;键值为 1 时,应执行的操作
```

在程序中，由于 AJMP 为双字节绝对转移指令，FUNCN 对应的功能程序入口地址距离 KTAB 的偏移量应该是键值的 2 倍，因此，在跳转前将 A 的内容加倍。如果程序中使用长跳转指令 LJMP，则跳转距离应为键值的 3 倍，跳转前累加器 A 的内容应乘以 3。

3.5.4 循环结构程序

程序设计中，经常遇到要多次重复处理的问题，这就需要循环程序来完成。循环程序是强制 CPU 重复执行某一指令系列（程序段）的一种程序结构形式，凡是要重复执行的程序段都可以按循环结构设计。从本质上来讲，循环结构程序是分支结构程序的一种特殊形式。

（1）循环程序组成。循环程序一般由 4 部分组成：

1）初始化部分：设置循环初始参数，如规定循环次数、有关工作单元清零、设置有关变量和地址指针预置初值等。

2）循环体：为反复执行的程序段，是整个循环程序的核心。

3）循环控件部分：修改循环变量和控制变量，并判断循环是否结束，直到符合结束条件时，跳出循环。

4）结束部分：当循环体执行完毕后，在这对结果进行处理和存储。

（2）循环程序指令。循环程序中，若循环次数已知，常用减 1 不为零指令 DJNZ 来控制循环。若循环次数未知，则可按条件转移指令来控制。

循环程序的结构一般有两种形式，如图 3-10 所示。

1）先进入处理部分，再控制循环。即至少执行一次循环体。

2）先控制循环，后进入处理部分。即先根据判断结果，控制循环的执行与否，有时可以不进入循环体就退出循环程序。

循环结构的程序，不论是先处理后判断，还是先判断后处理，其关键是控制循环的次

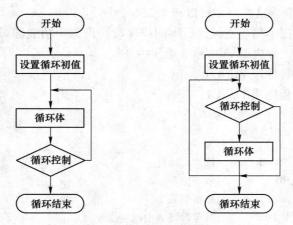

图 3-10   循环结构流程图

数。根据需要解决问题的实际情况，对循环次数的控制有多种，循环次数已知的，用计数器来控制循环，循环次数未知的，可以按条件控制循环，也可以用逻辑式控制循环。

    例 3.27   将片内 RAM 中 16 个工作单元 30H～3FH 中内容清零。程序如下：

```
CLEAR：
        CLR   A              ;累加 A 中内容清零
        MOV   R0,#30H        ;工作单元首址送指针
        MOV   R2,16          ;置循环次数
CLR：    MOV   @R0,A          ;从 30H 单元开始清零
        INC   R0             ;修改指针
        DJNZ  R2,CLR         ;控制循环
        RET
```

    例 3.28   编写程序，首先向外部 RAM 的 2000H 单元开始的连续 16 个单元分别赋值 0，1，2，…，15；然后求和，并将和存入外部 RAM 的 2010H 单元。

```
        ORG     0000H
        AJMP    START
        ORG     0100H
START： MOV     DPTR,#2000H    ;外部 RAM 首地址送指针
        MOV     R2,#16         ;循环次数
        MOV     A,#0           ;第 1 个数据送至累加器
LOOP1： MOVX    @DPTR,A        ;片外数据 RAM 赋值
        INC     DPTR           ;修改指针
        INC     A              ;修改存储数据
        DJNZ    R2,LOOP1       ;控制循环
        MOV     DPTR,#2000H    ;外部 RAM 首地址送指针
        MOV     R2,#16         ;循环次数
        MOV     R3,#0          ;R3 清零,准备求和
LOOP2： MOVX    A,@DPTR        ;读取数据
```

```
        ADD     A,R3              ;相加
        MOV     R3,A              ;R3 用来暂存和
        INC     DPTR              ;修改指针
        DJNZ    R2,LOOP2          ;控制循环
SAVE:   MOVX    @DPTR,A           ;保存结果
OVER:   SJMP    $
        END
```

将上述程序输入 μVision 中编译、调试，在 memory 窗口中 Address 栏中输入片外 RAM 地址 X：2000H（或者 X：0X2000），通过单步运行、运行到当前行等命令，可观察到 2000H 开始的 17 个字节单元存入的数据以及最后一个单元求和情况。

例 3.29 长延时程序设计。

如果使用 12MHz 晶振，一个机器周期为 1μs，CPU 每执行一条指令都要执行一个固定的时间，多次重复执行指令则可以达到延时的目的。例如，指令 MOV Rn，#data 占用 1 个机器周期，RET 及 DJNZ Rn，rel 均为双机器周期指令。

```
Delay:  MOV     R7,#0FFH          ;1 个机器周期
DL1:    MOV     R6,#0FFH          ;1 个机器周期
DL2:    NOP                       ;1 个机器周期
        DJNZ    R6,DL2            ;2 个机器周期
        DJNZ    R7,DL1            ;2 个机器周期
        RET                       ;2 个机器周期
```

上述 Delay 程序段执行所需周期数为 $t = T * N = 1\mu s * [1 + 255 * (1 + 255 * 3 + 2) + 2] = 195843\mu s \approx 196ms$。

若要求软件延时 100ms，则修改上述程序如下：

```
DL100ms: MOV    R6,#200           ;1 个机器周期
DLS1:    MOV    R5,#248           ;1 个机器周期
         NOP                      ;1 个机器周期
DLS2:    DJNZ   R5,DLS2           ;2 个机器周期
         DJNZ   R6,DLS1           ;2 个机器周期
         RET                      ;2 个机器周期
```

上述程序执行周期数为 $t = T * N = 1\mu s * [1 + 200 * (2 + 248 * 2 + 2) + 2] = 100003\mu s \approx 100ms$。

若要求软件延时 1s，则三重循环程序如下：

```
DL1S:  MOV     R7,#10            ;1 个机器周期
DLS1:  MOV     R6,#200           ;1 个机器周期
DLS2:  MOV     R5,#248           ;1 个机器周期
       NOP
DLS3:  DJNZ    R5,DLS3           ;2 个机器周期
       DJNZ    R6,DLS2           ;2 个机器周期
       DJNZ    R7,DLS1           ;2 个机器周期
```

```
        RET                 ;2 个机器周期
```

上述 DL1S 程序段执行所需周期数为 t = T * N = 1μs * {1 + 10 * [1 + 200 * (2 + 248 * 2 + 2) + 2] + 2} = 1000033μs ≈ 1s。

在 μVision 中输入程序，然后设置晶振为 12MHz，接着进行编译、调试。在标号 DL1S 和指令 RET 前加入断点，然后点击 "Debug"→"Start Debug" 进行调试，观察 Registers 窗口中的 states 和 sec，其数值分别表示 CPU 执行指令的机器周期数和执行的时间。点击 "run" 全速运行，当程序运行到的一个断点时 states 为 2，sec 为 0.000002，程序只执行了 AJMP 这一条指令，占用 2 个机器周期；再次点击 "run" 全速运行，当程序运行到第二个断点时，states 为 1000033，sec 为 1.00003300，如图 3-11 所示，也就是说程序运行到第二个断点 RET 指令时，CPU 已经运行了 1000033 个机器周期（1.000033s），下一条要执行的指令是子程序返回指令 RET（2 个机器周期），则 DL1S 这段程序总的执行时间应该为 1000033+2-2＝1000033 个机器周期。

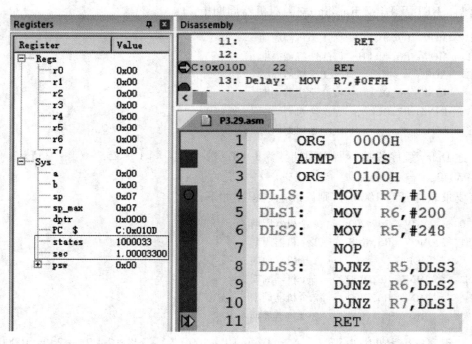

图 3-11　1s 延时程序仿真图

3.5.5　查表程序

所谓查表法，就是对一些复杂的函数运算如 sinx，$x+x^2$ 等，事先把其全部可能范围的函数值按一定的规律编成表格存放在计算机的 ROM 中。当用户程序中需要使用这些函数时，直接按编排好的索引寻找答案。查表，就是根据变量 X 在表格中查找对应的函数值 Y，使 Y = f(X)。这种方法节省了运算步骤，使程序更简便，执行速度更快。在控制应用场合或智能仪器仪表中，经常使用查表法。

MCS-51 指令系统中，有两条查表指令：

```
MOVC   A,@A+PC
MOVC   A,@A+DPTR
```

第一条指令中 PC 为当前程序计数器指针，A 为无符号的偏移量，因此，表格必须设置在该指令之后，且长度不超过 256 字节。一般在 MOVC　A,@A+PC 指令的前面加一条加法指令 ADD A,#data，其中，data 的值是指令 MOVC　A,@A+PC 至表格首地址之间的字节数。

第二条指令 MOVC　A,@A+DPTR，数据指针 DPTR 为 16 位的寄存器，因此，表格可在 64KB 范围之内的任何地址。

例 3.30 假设 X 在 0~15 之间，X 暂存在 R3 中，求 X 的平方，并将结果存入 R7。

程序如下：

```
        ORG     0000H
        AJMP    SQ
        ORG     0100H
SQ: MOV     R3,#4          ;设置 X
        MOV     A,R3          ;用查表法求平方的子程序 SQ
        ADD     A,#2          ;查表指令与表格之间的偏移量,2 个字节
        MOVC    A,@A+ PC      ;查表指令,求出平方
        MOV     R7,A          ;存入 R7(1 个字节)
        RET                   ;子程序返回(1 个字节)
        TAB:    DB 0,1,4,9,16,25,36,49,64,81,100,121,144,169,196,225;平方数值表
        END
```

程序中，查表指令 MOVC　A,@A+ PC 到表格首地址 TAB 有 1 条指令，即 RET 指令，该指令占 1 个字节存储空间，因此程序中偏移量调整为 A+1。

本例也可以采用 MOVC　A,@A+DPTR 指令实现，这时不需要对 A 进行调整，程序如下：

```
        ORG     0000H
        AJMP    SQ
        ORG     0100H
SQ: MOV     R3,#4
        MOV     A,R3                ;用查表法求平方的子程序 SQ
        MOV     DPTR,#TAB
        MOVC    A,@A+ DPTR          ;查表指令,求出平方
        MOV     R7,A                ;存入 R7(1 个字节)
        RET
        TAB:    DB 0,1,4,9,16,25,36,49,64,81,100,121,144,169,196,225;平方数值表
        END
```

在 μVision 中输入程序，然后进行编译，点击"Debug"→"Start Debug"进行调试。右键单击源程序中的 TAB 标号，选择"Add 'TAB' to…"→"memory 1"，将 TAB 表格地址添加到 memory 1 观察窗口，如图 3-12 所示。

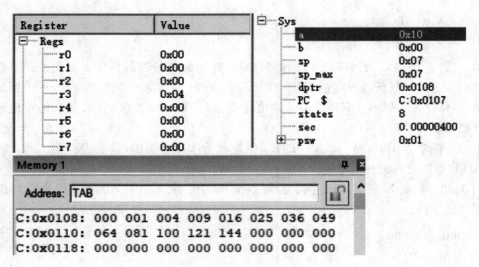

图 3-12　memory 1 窗口

3.5.6　子程序设计

子程序是程序设计中经常使用的程序结构，通过把一些固定的、经常使用的功能定义为子程序的形式，例如前述的延时子程序，可以使源程序及目标程序大大缩短，提高程序的效率和可读性。

（1）子程序的调用与返回。为了实现主程序对子程序的调用，主程序通过调用指令转入子程序执行，子程序执行完后通过子程序返回指令自动返回调用指令的下一条指令执行，该地址称为断点地址。因此，子程序调用指令在主程序中使用，返回指令必须放在子程序末尾。调用子程序的称为主程序，调用子程序的过程称为子程序调用，子程序执行完后返回主程序的过程称为子程序返回。

子程序的结构需要具备如下特点：

1）子程序必须提供入口地址，以便于主程序调用。子程序的第一条指令的地址称为子程序的入口地址，该指令前必须有标号，标号是子程序的符号地址，也可看成子程序的名称；在主程序中调用子程序的指令不带任何参数。

2）设置子程序的入口参数、出口参数。入口参数是子程序调用时用到的参数，常由主程序通过工作寄存器 R0～R7、内存单元或累加器 A 等传递给子程序使用；出口参数是指子程序执行后得到的结果参数，相当于返回值，同样可通过工作寄存器 R0～R7、内存单元或累加器 A 等传递给主程序使用。

3）子程序必须以返回指令 RET 结束子程序。

（2）子程序指令。MCS-51 指令系统中，提供了两条子程序调用指令 ACALL 和 LCALL，提供了一条子程序返回指令 RET。

1）短调用指令 ACALL。指令格式：

```
ACALL  addr11  ;PC←PC+2;
               ;SP←SP+1,(SP)←PC7～PC0
```

```
                    ;SP←SP+1,(SP)←PC15~PC8
                    ;PC10~PC0←addr11
```

短调用指令是一条双字节指令，指令执行时，PC 先加 2 得到下一条指令地址（断点地址），然后该地址压入堆栈保护，最后将子程序地址 addr11 作为低 11 位地址更新 PC，转入子程序执行。

2）长调用指令 LCALL。指令格式：

```
LCALL   addr16  ;PC←PC+3;
                ;SP←SP+1,(SP)←PC7~PC0
                ;SP←SP+1,(SP)←PC15~PC8
                ;PC←addr16
```

长调用指令是一条三字节指令，指令执行时，PC 先加 3 得到下一条指令地址（断点地址），然后该地址压入堆栈保护，最后将子程序地址 addr16 送入 PC，转入子程序执行。

3）返回指令 RET。指令格式：

```
RET     ;PC15~PC8←(SP),SP←SP-1
        ;PC7~PC0←(SP),SP←SP-1
```

子程序返回指令把堆栈中的断点地址恢复到程序计数器 PC 中，从而使单片机回到断点处继续执行主程序。

例 3.31　设计一个子程序，实现将累加器 A 中的二进制数转换为 BCD 码。

分析：由于 A 中的二进制数的范围是 0~255，一个 BCD 码占用 4 位二进制数，因此至少需要 2 个字节的存储空间来保存转换后的数据，出口参数可以采用工作寄存器 Rn，也可以采用内存单元。

程序实现转换的算法：百位 = （二进制数/100）取商；十位 = （（二进制数/100 取余数）/10）取商，个位 = （（二进制数/100 取余数）/10）取余数。

入口参数：要转换的二进制数在累加器 A 中。

出口参数：转换后的 BCD 码存入 R6、R7，其中 R7 的低四位存百位 BCD 码，R6 存十位和个位 BCD 码。

占用资源：累加器 A、寄存器 B、R6、R7。

```
B2BCD:  MOV   B,#100
        DIV   AB          ;A←百位数,B←余数
        MOV   R7,A
        MOV   A,#10
        XCH   A,B
        DIV   AB          ;A←十位数,B←个位数
        SWAP  A           ;十位数换到 A 的高四位
        MOV   R6,B        ;R6←个位数
        ORL   A,R6        ;十位数和个位数组合
        MOV   R6,A
        RET               ;子程序返回
```

例 3.32 设计一个子程序，实现将累加器 A 中的 BCD 码转换为二进制数。

分析： 由于 A 中的 BCD 范围是 0~99，转换为二进制数后只需要 1 个字节的存储空间来保存转换后的数据，出口参数可以采用工作寄存器 Rn，也可以采用内存单元。

程序实现转换的算法：二进制数=高位 BCD 码×10+低位 BCD 码。

入口参数：要转换的 BCD 码在累加器 A 中。

出口参数：转换后的二进制数存入 R7。

占用资源：累加器 A、寄存器 B、R6、R7。

```
BCD2B:MOV    R7,A        ;暂存 BCD 码
      ANL    A,#0F0H     ;取 A 高四位
      SWAP   A           ;A 的高位数换到低四位
      MOV    B,#10       ;B←10
      MUL    AB          ;高位数乘以 10
      MOV    R6,A        ;乘积送 R6 保存
      MOV    A,R7
      ANL    A,#0FH      ;取 A 低四位
      ADD    A,R6        ;A←求和
      MOV    R7,A
      RET                ;子程序返回
```

例 3.33 设计一个子程序，实现将累加器 A 中的一位十六进制数转换成 ASCII 码。

分析： 累加器 A 中的十六进制数的范围是 0~F，相应的 ASCII 码对应的编码是 30H~39H，41H~46H，编码的转换可以采用查表的方式实现，出口参数可以采用工作寄存器 Rn，也可以采用内存单元。

入口参数：要转换的二进制数在累加器 A 中。

出口参数：转换后的 ASCII 码存入 R7。

占用资源：累加器 A、R7。

```
H2ASC:ADD     A,#2       ;表首地址偏移
      MOVC    A,A+PC     ;查表
      MOV     R7,A
      RET
ASC_TAB:DB
        30H,31H,32H,33H,34H,35H,36H,37H,38H,39H,41H,42H,43H,44H,45H,46H
```

例 3.34 设计一个子程序，实现将累加器 A 中的一位 ASCII 码转换成 BCD 码。

分析： ASCII 码有 128 个，而 BCD 码共 10 个 00H~09H，能转换为 BCD 码的有效 ASCII 码编码是 30H~39H，其余的为无效 ASCII 码，设置其转换结果为 0FFH。出口参数可以采用工作寄存器 Rn，也可以采用内存单元。

程序实现转换的算法：判断 ASCII 码是否在 30H~39H 之间，超出此范围设置转换结果为 0FFH，在此范围保存 BCD 码结果。

入口参数：要转换的 ASCII 码在累加器 A 中。

出口参数：转换后的 BCD 码存入 R7。

占用资源：累加器 A、CY、R7。

```
ASC2BCD: CLR    C            ;CY 清零
         SUBB   A,#30H       ;判断 A≥30H
         JC     ERROR        ;A<30H 无效
         MOV    R7,A         ;A≥30H 暂存
         SUBB   A,#0AH       ;判断 A≤39H
         JC     RIGHT        ;A>39H 无效
ERROR:   MOV    R7,#0FFH     ;无效,更新 R7 为 0FFH
RIGHT:   RET
```

例 3.35 利用子程序编程，实现将三个存储区 30H～37H、40H～4AH、50H～5FH 清零。

分析：题目要求将三个不规则的区域清零，可以利用子程序实现清空操作，子程序入口参数有区域的起始地址 R0、要清空的单元数量 R7，主程序给定对应的入口地址，分三次调用子程序实现三个区域的清空操作。

```
         ORG    0000H
         AJMP   MAIN
         ORG    0100H
MAIN:
         MOV    SP,#60H
         MOV    R7,#08       ;第一个区域单元数目
         MOV    R0,#30H      ;第一个区域起始地址
         LCALL  SUB_CLR      ;调用清零子程序
         MOV    R7,#0B       ;第二个区域单元数目
         MOV    R0,#40H      ;第二个区域起始地址
         LCALL  SUB_CLR      ;调用清零子程序
         MOV    R7,#10H      ;第三个区域单元数目
         MOV    R0,#50H      ;第三个区域起始地址
         LCALL  SUB_CLR      ;调用清零子程序
         SJMP   $
SUB_CLR:                     ;清零子程序,入口参数 R0、R7
         MOV    @R0,#00H
         INC    R0
         DJNZ   R7,SUB_CLR   ;R7-1≠0,继续
         RET
         END
```

3.6 思 考 题

1. 什么是机器语言、汇编语言、高级语言？
2. 什么是操作码？写出汇编语言指令格式。

3. MCS-51 有哪些寻址方式，有何特点？

4. 位地址可以采用哪些表示方法？

5. 什么是伪指令？

6. 如果晶振为 6MHz，试用汇编语言编程实现 1ms 定时，并在 Keil 软件中调试分析。

7. 什么是子程序，如何实现子程序的调用和返回？

8. 要访问特殊功能寄存器和片外数据存储器，应采用什么寻址方式？

9. 用于外部数据传送的指令有哪几条，有何区别？

10. 编程将外部 RAM 的 1010H 单元内容与 1020 单元内容互换。

11. 编程实现以下功能：

（1）使 30H 单元中数的高 2 位清零，其余位不变。

（2）使 30H 单元中数的高 2 位置 1，其余位不变。

（3）使 30H 单元中数的低 4 位取反，其余位不变。

（4）使 30H 单元中数的高 4 位取反，低 4 位清零。

12. 如何用 μVision 进行项目管理？

13. 如何使用 Keil 进行仿真调试？

14. 编程将内部 RAM 的 41、42、43 单元存入无符号数 X1、X2、X3，编程实现三个数求和，并把和存入 R1（高位）和 R0（低位），在 Keil 中仿真调试并观察内存单元。

15. 编写子程序，求两个数差的绝对值，设入口参数为 R5、R6，并把结果存入 R7。

16. 编写子程序，实现精准 1ms 延时及 10ms 延时。

4 KEIL C51 程序设计与 PROTEUS 虚拟仿真

Keil C51 编译器是专门为 MCS-51 系列单片机开发而研制的，支持符合 ANSI 标准的 C 语言程序设计，同时也针对 MCS-51 系列单片机的特点做了一些特殊扩展，特别适合用 C 语言为单片机进行程序设计，所以这种语言又被称为 C51 语言。C51 语言既有 C 语言结构清晰、易于移植和模块化的特点，同时具有汇编语言硬件操作能力。

4.1 C51 编程基础

4.1.1 标识符

"标识符"是用户自己定义的一种字符序列，用来表示源程序中需要定义的对象名称。这些对象可以是语句、变量、常量、数据类型、函数、宏名、数组、结构体等。C 语言规定，标识符只能由字母（A~Z, a~z）、数字（0~9）和下划线（_）组成，并且第一个字符必须是字母或下划线，不能是数字。通常以下划线开头的标识符是编译系统专用的，因此在编写 C 语言源程序时，一般不使用以下划线开头的标识符。

下面列出的标识符是合法的：sum，day_l，Yang，total，MONTH，Student_name_2。

下面列出的标识符是不合法的：2_day，list. er，$234，#3Df，last-3。

C 语言中的标识符的命名需要遵循如下规范：

（1）在标识符中，大写字母和小写字母表示两个不同的字符。

（2）标识符的命名应尽量有相应的意义，以便阅读理解，做到"见名知意"。即选取有含义的英文单词或其缩写作为标识符。例如，sum、num 等。

（3）Keil C 编译器规定标识符最长可以 255 个字符，但是只有前面 32 个字符在编译时有效，因此编写源程序时标识符长度不能超过 32 个。

（4）语言规定，用户选取的标识符不能是 C 语言规定的关键字。

4.1.2 关键字

"关键字"是已被 C 语言编译工具本身保留使用的特殊标识符，有时称为保留字，它们具有固定的名称和含义，所有的关键字均由小写字母组成。

ANSI C 语言一共有 32 个关键字，根据关键字的作用，可分为数据类型关键字、控制语句关键字、存储类型关键字等类型，如表 4-1 所示。

表 4-1   C 语言关键字

序号	关键字	说　明	序号	关键字	说　明
1	auto	声明自动变量	17	static	声明静态变量
2	short	声明短整型变量或函数	18	volatile	说明变量在程序执行中可被隐含地改变
3	int	声明整型变量或函数	19	void	声明函数无返回值或无参数，声明无类型指针
4	long	声明长整型变量或函数	20	if	条件语句
5	float	声明浮点型变量或函数	21	else	条件语句否定分支（与 if 连用）
6	double	声明双精度变量或函数	22	switch	用于开关语句
7	char	声明字符型变量或函数	23	case	开关语句分支
8	struct	声明结构体变量或函数	24	for	一种循环语句
9	union	声明共用数据类型	25	do	循环语句的循环体
10	enum	声明枚举类型	26	while	循环语句的循环条件
11	typedef	用以给数据类型取别名	27	goto	无条件跳转语句
12	const	声明只读变量	28	continue	结束当前循环，开始下一轮循环
13	unsigned	声明无符号类型变量或函数	29	break	跳出当前循环
14	signed	声明有符号类型变量或函数	30	default	开关语句中的"其他"分支
15	extern	声明变量是在其他文件中声明	31	sizeof	计算数据类型长度
16	register	声明寄存器变量	32	return	子程序返回语句（可以带参数，也可不带参数）循环条件

C51 语言除了支持 ANSI C 标准关键字之外，还扩充了表 4-2 所示的关键字。

表 4-2   C51 扩充关键字

序号	关键字	说　明	序号	关键字	说　明
1	bit	声明一个位标量或位类型的函数	11	interrupt	定义一个中断函数
2	sbit	声明一个可位寻址变量	12	reentrant	定义一个再入函数
3	sfr	声明一个特殊功能寄存器	13	using	定义芯片的工作寄存器
4	sfr16	声明一个 16 位的特殊功能寄存器	14	alien	申明与 PL/M51 兼容函数
5	data	直接寻址的内部数据存储器	15	small	内部 ram 存储模式
6	bdata	可位寻址的内部数据存储器	16	compact	外部分页 ram 存储模式
7	idata	间接寻址的内部数据存储器	17	large	使用外部 ram 存储模式
8	pdata	分页寻址的外部数据存储器	18	_at_	定义变量存储空间绝对地址
9	xdata	外部数据存储器	19	_priority_	RTX51 任务优先级
10	code	程序存储器	20	_task_	RTX51 实时任务函数

4.1.3   C51 存储器类型

　　由前述章节可知 MCS-51 单片机在物理上有 4 个存储空间：片内程序存储器、片内数据存储器、片外程序存储器和片外数据存储器。

C51 中的变量在使用前要对变量的数据类型和数据存储类型进行定义，以便编译系统为它们分配相应的存储单元。在 C51 中对变量定义的格式如下：

【存储类型】【数据类型】【存储器类型】【变量名】；

【存储类型】：是变量的存储类别，用到 ANSI C 中的数据存储类别关键字 auto、static、register、extern 等 4 种数据存储类型。该项为可选项，默认为 auto。

【数据类型】：用到的关键字为表 4-1 中所列出的数据类型名，如 int，char 等。

【存储器类型】：是变量所存放的空间存储器类别，包含 data、bdata、idata、pdata、xdata、code 6 个 C51 扩展关键字，如表 4-3 所示。

C51 编译器支持 8051 及其派生器件结构并提供对 8051 所有存储区的访问。编译器通过将变量、常量定义成不同的存储器类型，可以明确地分配到指定的存储空间。如果用户不对变量的存储器类型定义，则编译器使用默认的存储器类型。C51 存储器类型与 MCS-51 单片机存储空间的对应关系如表 4-3 所示。

表 4-3　C51 存储器类型与单片机存储空间的对应关系

存储器类型	长度/B	说　　明
code	2	程序存储器（64K 字节）；MOVC @ A+DPTR 进行访问
data	1	直接寻址内部数据存储器；对变量的最快访问（128 字节）
bdata	1	位寻址内部数据存储器：允许位和字节混合寻址（16 字节）
idata	1	间接寻址内部数据存储器：访问整个内部地址空间（256 字节）
pdata	1	分页外部数据存储器（256 字节）；通过 MOVX @ Ri 访问
xdata	2	外部数据存储器（64K 字节）；通过 MOVX @ DPTR 访问

（1）程序存储器 code。code 存储类型：只读存储器，主要用来存储指令代码，空间为 64KB，在 C51 中用 code 关键字来声明常量数组、变量，因此 code 类型的变量，是无法再次赋值的。例如：

```
unsigned char code ary[ ] = "Read only";      /* 数组 ary 位于程序存储器 */
ary[0] = 'a';                                 /* 错误,不可修改 */
```

（2）内部数据存储器。在 51 单片机中，内部数据存储器属于快速可读写存储器，扩展型单片机最多有 256 字节内部数据存储器。其中，低 128 字节可直接寻址，高 128 字节只能使用间接寻址。

1）data 存储类型：低 128 字节，地址范围为 0x00～0x7F，该区采用直接寻址方式，data 区访问速度最快。该区的低 32B 是通用寄存器，使用时应避免产生数据冲突。例如：

```
unsigned char data fast_ variable;
```

2）bdata 存储类型：可位寻址的片内数据存储器，该区可用 bit 进行位定义，也允许按字节访问，包括 0x20～0x2F 共 16 个字节。

3）idata 存储类型：间接寻址访问的片内数据存储器，它允许访问片内 RAM 的 256 个字节，地址范围为 0x00～0xFF，访问速度比 data 类型略慢。

（3）外部数据存储器。外部数据存储器共 64KB，其访问速度比内部 RAM 慢。

xdata 存储类型：声明的变量可以访问外部存储器 0x0000～0xFFFF。

pdata 存储类型：分页寻址的片外数据存储器 0x00～0xFF，每页 256 字节，一共 256 页（用 P2 口指定高 8 位分页），共 64K 字节。

变量定义举例：

```
char    code     seg[3] = {0xc0,0xf9,0xa4};    //定义 char 型数组 seg[3],code 存储器类型
char    data     x;                            //定义 char 型变量 x,data 存储器类型
int     idata    y;                            //定义 int 型变量 y,idata 存储器类型
bit     bdata    z;                            //定义 bit 型变量 z,bdata 存储器类型
long    pdata    m;                            //定义 long 型变量 m,pdata 存储器类型
int     xdata    vector[3][2];                 //定义 int 型二维数组变量 vector[3][2],xdata 存储器类型
```

4.1.4　存储器模式

存储器模式决定了变量的默认存储器类型、参数传递区和无明确存储区类型的说明。C51 的存储器模式有 small、compact 和 large 3 种模式。

（1）small 模式。所有变量默认位于 8051 内部数据存储器，这和使用 data 存储器类型标识符明确声明是相同的。该模式变量访问速度快，但数据只有 128 字节。

（2）compact 模式。所有变量默认位于外部数据存储器的一页（256B）内，这和使用 pdata 存储器类型标识符明确声明是相同的。该模式变量访问速度不如 small 模式的快，但比 Large 模式快。

（3）large 模式。所有变量默认位于外部数据存储器，这和使用 xdata 存储器类型标识符明确声明是相同的。寻址使用数据指针（DPRT），变量访问效率低。

如果在定义变量时省略了存储器类型，则按编译时使用的默认存储器模式（small、compact 或 large）来自动确定变量的存储空间。默认存储器模式的定义形式为：

```
#pragma 存储器模式
```

例如：

```
#pragma small      //small 模式是 C51 编译器默认的存储器类型,变量存放于 data 区
#pragma compact    //compact 模式,变量默认存放在 pdata 区
#pragma large      //large 模式,变量默认存放在 xdata 区
```

4.2　C51 数据类型

4.2.1　基本数据类型

C51 支持基本数据类型和复杂数据类型，复杂数据类型是由基本数据类型构造而成。基本数据类型有字符型（char）、整型（int）、长整型（long）、浮点型（float）、指针

型（∗）。Keil C51 编译器另外扩充了 bit 、sbit、sfr、sfr16 等数据类型，如表4-4所示。

表4-4 Keil C51 数据类型

数据类型	位	字节	值 的 范 围
unsigned char	8	1	0~255
signed char	8	1	-128~+127
enum	8/16	1/2	-128~+127/-32768~+32767
unsigned short	16	2	0~65535
signed short	16	2	-32768~+32767
unsigned int	16	2	0~65535
signed int	16	2	-32768~+32767
unsigned long	32	4	0~4294967295
signed long	32	4	-2147483648~+2147483647
float	32	4	±1.175494E-38~±3.402823E+38
bit(C51)	1		0~1
sbit(C51)	1		0~1
sfr(C51)	8	1	0~255
sfr16(C51)	16	2	0~65535

（1）bit：定义一个位变量，可以作为函数的返回值类型，但位变量不能声明为指针类型或数组。编译器对 bit 类型声明的变量会自动分配到 RAM 的位寻址区 0x20~0x2F。例如：

```
bit   bdata   flag;      //声明位变量 flag 在 bdata 区
bit   ∗ bit_1;           //声明位指针,错误
```

（2）sbit：定义 MCS-51 单片机内 RAM 可寻址位或者特殊功能寄存器中的某个位。包括 0x20~0x2F 及 SFR 中地址可以被 8 整除的寄存器。例如：

```
sbit LED1=P1^0;          //声明 P1.0 为 LED
sbit LED2=0x81;          //声明位地址 0x81 为 LED
char bdata   contrl;     //声明 bdata 区字符型变量 contrl
sbit my_ct0=contrl^0;    //声位地址 my_ct0 为 contrl 的第 0 位
sbit my_ct1=contrl^1;    //声位地址 my_ct1 为 contrl 的第 1 位
```

（3）sfr：定义 8 位特殊功能寄存器，范围 0x80~0xFF 中的 SFR。例如：

```
sfr P0     =0x80;
sfr P1     =0x90;
sfr P2     =0xA0;
sfr P3     =0xB0;
sfr PSW    =0xD0;
sfr ACC    =0xE0;
sfr B      =0xF0;
```

（4）sfr16：定义 16 位的特殊功能寄存器，范围 0x80~0xFF 中的 SFR。例如，8052 用

T2L 0CCH，T2H 0CDH 表示定时/计数器 2 的低字节和高字节，可定义如下：

```
sfr16 T2=0xCC;     /* Timer 2:T2L 0CCh,T2H 0CDh */
```

4.2.2　数组

数组是内存中连续存储同一类型数据的有序集合，数组必须先定义后引用。数组的格式如下：

【数据类型】【数组名】[常量表达式 1]……[常量表达式 n]

"数据类型"是指数组中的各数据单元的类型，每个数组中的数据单元只能是同一种数据类型。

"数组名"是整个数组的标识，命名方法和变量命名方法是一样的。在编译时系统会根据数组大小和类型为变量分配空间，数组名就是所分配空间的首地址的标识。

"常量表达式"是表示数组的长度和维数，它必须用中括号"［　］"括起，括号里的数不能是变量只能是常量。

（1）一维数组。

1）数组初始化。可以在定义时初始化，例如：

int a[5]={1,2,3,4,5};等价于:a[0]=1;a[1]=2;a[2]=3;a[3]=4;a[4]=5。

如果定义数组时就给数组中所有元素赋初值，那么就可以不指定数组的长度，因为此时元素的个数已经确定了，系统会自动分配空间。例如：

int a[ ]={1,2,3,4,5,6};

也可以在定义时部分初始化，没有被初始化的元素自动为 0，例如：

int a[5]={1,2,3};等价于:a[0]=1;a[1]=2;a[2]=3;a[3]=0;a[4]=0;

2）一维数组的引用：

数组名[下标]

例：ch[0]、ch[1]、ch[2]、ch[3]、ch[4]。

注：下标从 0 开始到 n-1，不能越界，下标可以是变量。

（2）二维数组。例如：

int a[3][4];

元素个数=行数 * 列数，3 行 4 列，共 12 个数组元素：

a[0][0],a[0][1],a[0][2],a[0][3]
a[1][0],a[1][1],a[1][2],a[1][3]
a[2][0],a[2][1],a[2][2],a[2][3]

1）二维数组的引用：

数组名[下标 1][下标 2]

注：内存是一维的，C 语言数组元素在存储器中的存放顺序按行优先，即"先行后列"。

2）二维数组的初始化。

① 二维数组可按行分段赋值，也可按行连续赋值。例如：数组 a[5][3]，按行分段赋值可写为：

int a[5][3]={{80,75,92},{61,65,71},{59,63,70},{85,87,90},{76,77,85}};

按行连续赋值可写为：

int a[5][3]={80,75,92,61,65,71,59,63,70,85,87,90,76,77,85};

② 可以只对部分元素赋值，未赋值的元素自动取"零"值。例如：

int a[3][3]={{0,1},{0,0,2},{3}};

赋值后各元素的值为：

```
0　1　0
0　0　2
3　0　0
```

③ 如果对全部元素赋值，那么第一维的长度可以不给出。例如：

int a[3][3]={1,2,3,4,5,6,7,8,9};

可以写为：

int a[][3]={1,2,3,4,5,6,7,8,9};

（3）字符数组。用来存放字符的数组称为字符数组。例如：

```
char a[10]={'p','r','o','g','a','m'};        //一维字符数组,部分赋值
char b[5][10];                               //二维字符数组
char c[]={'c',",'p','r','o','g','a','m'};     //对全体元素赋值时可以省去长度
```

C 语言规定，可以将字符串直接赋值给字符数组，例如：

```
char c[]={"C program"};
char c[]="C program";      //也可以去掉大括号这种形式更加简洁,实际中常用
```

用字符串方式赋值比用字符逐个赋值要多占一个字节，字符串最后一个字节用于存放字符串结束标志'\0'。上面的数组 c 在内存中的实际存放情况为：C program \0,'\0'是由 C 编译系统自动加上的。

字符数组只有在定义时才能将整个字符串一次性地赋值给它，一旦定义结束，就只能一个字符一个字符地赋值了。例如：

```
char str[7];
str="abc";  //错误
```

这时，只能依次为字符数组的每一个元素赋值。

str[0]='a'; str[1]='b'; str[2]='c';

4.2.3　结构体

在 C 语言中，可以使用结构体（Struct）来存放一组不同类型的数据。结构体（Struct）从本质上讲是一种自定义的数据类型，只不过这种数据类型比较复杂，是由 int、char、float 等基本类型组成的。整个结构体用一个结构体变量名表示，各个变量称为结构体成员。

使用结构体变量时，要先定义结构体类型，定义格式如下：

```
struct 结构体名{
    结构体所包含的变量或数组
};
```

例如：

```
struct stud{
    char * name;    //姓名
    int num;        //学号
    int age;        //年龄
    char group;     //所在学习小组
    float score;    //成绩
};
```

stud 为结构体名，它包含了 5 个成员，分别是 name、num、age、group、score。结构体成员的定义方式与变量和数组的定义方式相同，只是不能初始化。

注意大括号后面的分号（；）不能少，这是一条完整的语句。

（1）结构体变量。既然结构体是一种数据类型，那么就可以用它来定义变量。例如：

```
struct stud stu1,stu2;
```

定义了两个变量 stu1 和 stu2，它们都是 stud 类型，都由 5 个成员组成。注意关键字 struct 不能少。

stud 就像一个"模板"，定义出来的变量都具有相同的性质。

也可以在定义结构体的同时定义结构体变量，将变量放在结构体定义的最后即可。

```
struct stud{
    char * name;    //姓名
    int num;        //学号
    int age;        //年龄
    char group;     //所在学习小组
    float score;    //成绩
} stu1,stu2;
```

如果只需要 stu1、stu2 两个变量，后面不需要再使用结构体名定义其他变量，那么在定义时也可以不给出结构体名，这样做书写简单，但是因为没有结构体名，后续就没法用该结构体定义新的变量。

（2）成员的获取和赋值。结构体和数组类似，也是一组数据的集合，整体使用没有太大的意义。数组使用下标［　］获取单个元素，结构体使用点号 . 获取单个成员。获取结构体成员的一般格式为：

结构体变量名 . 成员名；

通过这种方式可以获取成员的值，也可以给成员赋值。例如：

```
#include<stdio. h>
void main( ) {
    struct stud {
        char  * name；    //姓名
        int num；         //学号
        int age；         //年龄
        char group；      //所在小组
        float score；     //成绩
    } stu1；
    //给结构体成员赋值
    stu1. name = "Tom"；
    stu1. num = 12；
    stu1. age = 18；
    stu1. group = 'A'；
    stu1. score = 136. 5；
    //读取结构体成员的值
    printf( "%s 的学号是%d,年龄是%d,在%c 组,今年的成绩是%. 1f! \n", stu1. name, stu1. num,
stu1. age, stu1. group, stu1. score)；}
```

运行结果：

Tom 的学号是 12，年龄是 18，在 A 组，今年的成绩是 136. 5!

除了可以对成员进行逐一赋值，也可以在定义时整体赋值，例如：

```
struct {
    char  * name；  //姓名
    int num；       //学号
    int age；       //年龄
    char group；    //所在小组
    float score；   //成绩
} stu1, stu2 = { "Tom" ,12,18,'A',136. 5 }；
```

不过整体赋值仅限于定义结构体变量的时候，在使用过程中只能对成员逐一赋值，这和数组的赋值非常类似。

（3）结构体数组。所谓结构体数组，是指数组中的每个元素都是一个结构体。在实际应用中，C 语言结构体数组常被用来表示一个拥有相同数据结构的群体，比如一个班的学生、一个学校的职工等。

在 C 语言中，定义结构体数组和定义结构体变量的方式类似，例如：

```
struct stud{
    char * name;    //姓名
    int num;        //学号
    int age;        //年龄
    char group;     //所在小组
    float score;    //成绩
}class[5];
```

表示一个班级有 5 个学生。

结构体数组在定义的同时也可以初始化，当对数组中全部元素赋值时，也可不给出数组长度，例如：

```
struct stud{
    char * name;    //姓名
    int num;        //学号
    int age;        //年龄
    char group;     //所在小组
    float score;    //成绩
}class[ ] = {
    {"Li ping",5,18,'C',145.0},
    {"Zhang ping",4,19,'A',130.5},
    {"He fang",1,18,'A',148.5},
    {"Cheng ling",2,17,'F',139.0},
    {"Wang ming",3,17,'B',144.5}
};
```

结构体数组的使用也很简单，例如，获取 Wang ming 的成绩：

```
class[4].score;
```

修改 Li ping 的学习小组：

```
class[0].group='B';
```

（4）位域。有些数据在存储时并不需要占用一个完整的字节，只需要占用一个或几个二进制位即可。例如开关只有通电和断电两种状态，用 0 和 1 表示足矣，也就是用一个二进位。正是基于这种考虑，C 语言又提供了一种叫做位域的数据结构。

在结构体定义时，我们可以指定某个成员变量所占用的二进制位数（Bit），这就是位域。C 语言标准规定，只有有限的几种数据类型可以用于位域，例如 signed int、unsigned int、signed char、unsigned char。位域的宽度不能超过它所依附的数据类型的长度。通俗地讲，成员变量都是有类型的，这个类型限制了成员变量的最大长度，":"后面的数字不能超过这个长度。例如：

```
struct mybs{
    unsigned int m;
    unsigned int n:4;
```

```
        unsigned char ch:6;
    };
```

"："后面的数字用来限定成员变量占用的位数。成员 m 没有限制，根据数据类型即可推算出在 Keil C 它占用 2 个字节（Byte）的内存。成员 n、ch 被后面的数字限制，不能再根据数据类型计算长度，它们分别占用 4、6 位（Bit）的内存。

当相邻成员的类型相同时，如果它们的位宽之和小于类型的 sizeof 大小，那么后面的成员紧邻前一个成员存储，直到不能容纳为止；如果它们的位宽之和大于类型的 sizeof 大小，那么后面的成员将从新的存储单元开始，其偏移量为类型大小的整数倍。例如：

```
struct bs{
    unsigned m:6;
    unsigned n:12;
    unsigned p:4;
    };
    printf("%d\n",sizeof(struct bs));
```

m、n、p 的类型都是 unsigned int，sizeof 的结果为 4 个字节（Byte），也即 32 个位（Bit）。m、n、p 的位宽之和为 6+12+4=22，小于 32，所以它们会挨着存储，中间没有缝隙。sizeof（struct bs）的大小之所以为 4，而不是 3，是因为要将内存对齐到 4 个字节。

位域成员可以没有名称，只给出数据类型和位宽，如下所示：

```
struct bs{
    int m:12;
    int   :8;   //该位域成员不能使用
    int n:4;
    };
```

无名位域一般用作填充或者调整成员位置。因为没有名称，无名位域不能使用。

上面的例子中，如果没有位宽为 20 的无名成员，m、n 将会挨着存储，sizeof（struct bs）的结果为 2；有了这 8 位作为填充，m、n 将分开存储，sizeof（struct bs）的结果为 4。

4.2.4 联合体

联合体 Union 同样是 C 语言中的构造类型的数据结构，它和结构体一样能包含不同类型的数据元素。结构体和联合体的区别在于：结构体的各个成员会占用不同的内存，互相之间没有影响；而联合体的所有成员占用同一段内存，修改一个成员会影响其余所有成员。

结构体占用的内存大于等于所有成员占用的内存的总和（成员之间可能会存在缝隙），联合体占用的内存等于最长的成员占用的内存。联合体使用了内存覆盖技术，同一时刻只能保存一个成员的值，如果对新的成员赋值，就会把原来成员的值覆盖掉。

联合体是一种自定义类型，其使用方法类似结构体，可以通过它来创建变量，但是不能在定义联合体时对它初始化。例如：

```
union data{
    int n;
    char ch;
    double f;
};
union data a,b,c;
```

上面是先定义联合体，再创建变量，也可以在定义共用体的同时创建变量；如果不再定义新的变量，也可以将共用体的名字省略。例如：

```
union data{
    int n;
    char ch;
    double f;
} a,b,c;
```

联合体变量的引用和赋值方法也是使用"."成员运算符。

在 The C Programming Language 里面是这样讲述 union 内存分配：

（1）联合体就是一个结构；

（2）联合体的所有成员相对于基地址的偏移量为 0；

（3）此结构空间要大到足够容纳最"宽"的成员；

（4）其对齐方式要适合于联合体中所有类型的成员。

也就是说，联合体的结构空间要足够大，要大于等于最长的一个结构变量的空间，并且要能够整除其他结构变量的数据长度（即联合体空间要取其他成员的元类型的最小公倍数）。

```
union mycat{
    int   a[4];
    long  b;
    char  c[6];
}jx;
```

mycat 结构体中，在 Keil C 中各个结构变量的空间分别为 int a[4] 占 8 个字节，long b 占 4 个字节，char c[6] 占 6 个字节，利用 sizeof（union mycat）函数可以得到该联合体类型占用内存为 8 个字节。

4.2.5　枚举

枚举类型的定义形式为：

```
enum typeName{valueName1,valueName2,valueName3,……};
```

C 语言中，可以将枚举成员视为整型常量，而将枚举变量视为整型变量。

例如，列出一个星期有几天：

```
enum week {Mon, Tues, Wed, Thurs, Fri, Sat, Sun};
```

可以看到,这里仅仅给出了名字,却没有给出名字对应的值,这是因为第一个枚举成员的默认值为整型的 0,往后逐个加 1(递增);也就是说,week 中的 Mon、Tues、…、Sun 对应的值分别为 0、1、…、6。

我们也可以给每个名字都指定一个值:

enum week｛Mon = 1,Tues = 2,Wed = 3,Thurs = 4,Fri = 5,Sat = 6,Sun = 7｝;

更为简单的方法是只给第一个名字指定值:

enum week｛Mon = 1,Tues,Wed,Thurs,Fri,Sat,Sun｝;

这样枚举值就从 1 开始递增,跟上面的写法是等效的。

枚举是一种类型,通过它可以定义枚举变量:

enum week a,b,c;

也可以在定义枚举类型的同时定义变量:

enum week｛Mon = 1,Tues,Wed,Thurs,Fri,Sat,Sun｝a,b,c;

定义了枚举变量,就可以把列表中的值赋给它:

enum week｛Mon = 1,Tues,Wed,Thurs,Fri,Sat,Sun｝;
enum week a = Mon,b = Wed,c = Sat;

例 4.1 根据用户输入数字输出星期几。

```
#include<stdio. h>
int    main( )｛
    enum week｛Mon = 1,Tues,Wed,Thurs,Fri,Sat,Sun｝day;
printf("请输入日期:(1~7)");
    scanf("%d",&day);
    switch(day)｛
        case Mon:puts("Monday");break;
        case Tues:puts("Tuesday");break;
        case Wed:puts("Wednesday");break;
        case Thurs:puts("Thursday");break;
        case Fri:puts("Friday");break;
        case Sat:puts("Saturday");break;
        case Sun:puts("Sunday");break;
        default:puts("Error!");
        ｝
    ｝
```

枚举列表中的 Mon、Tues、Wed 这些标识符的作用范围是 main() 函数,不能再定义与它们名字相同的变量。Mon、Tues、Wed 等都是常量,不能对它们赋值,只能将它们的值赋给其他的变量。

4.2.6 指针

数据在内存中的地址也称为指针，指针就是地址，是一种数据类型。如果一个变量存储了一份数据的指针，我们就称它为指针变量。

在 C 语言中，允许用一个变量来存放指针，这种变量称为指针变量。指针变量可以存放基本类型数据的地址，也可以存放数组、函数以及其他指针变量的地址。

（1）指针变量的定义与引用。定义指针变量与定义普通变量类似，不过要在变量名前面加星号 ＊，例如：

```
int a = 100;
int * p_a = &a;
```

在定义指针变量 p_a 的同时对它进行初始化，并将变量 a 的地址赋予它，此时 p_a 就指向了 a。

＊是一个特殊符号，表明一个变量是指针变量，定义 p_a 时必须带 ＊。而给 p_a 赋值时，因为已经知道了它是一个指针变量，就没必要再带上 ＊，后边可以像使用普通变量一样来使用指针变量。也就是说，定义指针变量时必须带 ＊，给指针变量赋值时不能带 ＊。

＊&a 可以理解为 ＊（&a），&a 表示取变量 a 的地址（等价于 pa），＊（&a）表示取这个地址上的数据（等价于 ＊pa），绕来绕去，又回到了原点，＊&a 仍然等价于 a。

& ＊pa 可以理解为 &（＊pa），＊pa 表示取得 pa 指向的数据（等价于 a），&（＊pa）表示数据的地址（等价于 &a），所以 & ＊pa 等价于 pa。

例 4.2 通过指针交换两个变量的值。

```
#include<stdio. h>
void main( ) {
    int a = 100, b = 200, temp;
    int * pa = &a, * pb = &b;
    printf( "a = %d, b = %d\n", a, b);
    / * * * * *开始交换 * * * * */
    temp = * pa;      //将 a 的值先保存起来
    * pa = * pb;       //将 b 的值交给 a
    * pb = temp;       //再将保存起来的 a 的值交给 b
    / * * * * *结束交换 * * * * */
    printf( "a = %d, b = %d\n", a, b);
    }
```

将上述程序在 KEIL C 中编译后，点击 "Debug"→"Start/Stop Debug Session" 进入仿真运行环境。点击 "View"→"Call Stack Window 和 View"→"Serial Windows"→"UART #1" 调出变量窗口、串口 1 输出窗口，点击 "peripherals"→"Serial" 调出串口通道窗口。点击 "Debug"→"Step" 进行单步调试，可以在 "Call Stack" 窗口跟踪变量 a，b 及指针变量 pa，pb 的地址和赋值运算情况，在 "UART #1" 窗口可以显示 printf 函数的输出值，程序仿真情况如图 4-1 所示。由于 printf 函数占用单片机串口，想要在 "UART #1" 窗口查看串口输出信息，需要在 "Serial Channel" 窗口中选中 TI。

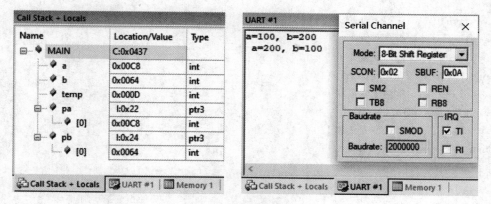

图 4-1 程序仿真图

（2）指针变量的运算。指针变量保存的是地址，而地址本质上是一个整数，所以指针变量可以进行运算，例如加法、减法、比较等，指针变量加减运算的结果跟数据类型的长度有关，而不是简单地加 1 或减 1。

例 4.3 指针变量运算。

```c
#include "reg51. h"
#include "stdio. h"
void main( )
{
    //设定变量初值
    int a = 10,      * pa = &a,    * paa = &a;
    float        b = 12. 5,    * pb = &b;
    char         c = 'd',      * pcc = &c,    * ppc = &c;
    //指针变量加法运算
    pa++;
    pb++;
    pcc++;
    //指针变量减法运算
    pa-=2;
    pb--;
    pcc -= 1;
    TI = 1;      //为了观察 printf 串口输出
    //比较运算
    if( pa == paa)
    {printf( "%d\n", * paa) ;}
        else
    {printf( "%d\n", * pa) ;}
printf( "指针 * pb = %f\n", * pb) ;
if( pcc == ppc)
    {printf( "%c\n", * pcc) ;}
    else
```

```
        {printf("%c\n",*ppc);}
pa++;          //指针回位
(*pa)++;       //整形变量加1
printf("*pa=%d\n",*pa);
(*pb)++;       //单精度变量加1
printf("*pb=%f\n",*pb);
(*pcc)++;      //字符型变量加1
printf("*pcc=%c\n",*pcc);
    TI=0;
}
```

在 Keil C51 中编译，然后运行仿真，点击 "View"→"Serial Windows"→"UART#1"，打开串口仿真输出窗口，在 UART#1 窗口单击右键，选择 Terminal Mode；然后打开 "View"→"Call Stack Window" 窗口，然后单步运行调试，在 "Call Stack Window" 窗口可以观察 a 、pa、b、pb、c、pcc 等变量，pa、pb、pcc 每次加1，它们的地址分别增加 2、4、1，正好是 int、float、char 类型的长度。"UART#1" 窗口输出信息如下：

```
指针改变*pa=0
指针*pb=12.500000
指针回位*pcc=d
*pa=11
*pb=13.500000
*pcc=e
```

可见，（*pa）++先求指针变量的值，然后加1；而 pa++使指针加1个数据类型长度的地址。

（3）数组指针（指向数组的指针）。定义数组时，要给出数组名和数组长度，数组名代表数组的第0个元素，表示数组的首地址。

如果一个指针指向了数组，就称它为数组指针（Array Pointer）。数组指针指向的是数组中的一个具体元素，而不是整个数组，所以数组指针的类型和数组元素的类型有关，例如：

```
int arr[] = {11,22,33,44,55};
int *p=arr;
```

p 指向的数组元素是 int 类型，所以 p 的类型必须也是 int *。

数组名 arr 本身可以认为是一个指针，可以直接赋值给指针变量 p。所以 int *p=arr 也可以写作 int *p=&arr [0]。也就是说，arr、p、&arr [0] 这三种写法都是等价的，它们都指向数组第0个元素，或者说指向数组的开头。

```
#include "reg51.h"
#include "stdio.h"
void main()
{
    int arr[] = {11,22,33,44,55};
    int i,len=sizeof(arr)/sizeof(int);   //求数组长度
```

```
TI = 1;
for(i = 0;i<len;i++)
{
    printf("%d   ",*(arr+i));  // *(arr+i)等价于 arr[i]
}
printf("\n");
    TI = 0;
}
```

分析上述代码，sizeof（arr）会获得整个数组所占用的字节数，sizeof（int）会获得一个数组元素所占用的字节数，它们相除的结果就是数组包含的元素个数，也即数组长度。使用了 *（arr+i）这个表达式，arr 是数组名，指向数组的第 0 个元素，表示数组首地址，arr+i 指向数组的第 i 个元素，*（arr+i）表示取第 i 个元素的数据，它等价于 arr［i］。

修改代码，使用数组指针来遍历数组元素：

```
void main()
{
    int arr[] = {11,22,33,44,55};
    int i,len = sizeof(arr)/ sizeof(int);   //求数组长度
    int * p = arr;
    TI = 1;
    for(i = 0;i<len;i++)
    {
        printf("%d   ",*(p+i));// *(p+i)等价于 arr[i],也可以使用 printf("%d   ",*p++)
    }
    printf("\n");
    TI = 0;
}
```

引入数组指针后，我们就有两种方案来访问数组元素，一种是使用下标，另外一种是使用指针。

1）使用下标，也就是采用 arr[i] 的形式访问数组元素。如果 p 是指向数组 arr 的指针，那么也可以使用 p[i] 来访问数组元素，它等价于 arr[i]。

2）使用指针，也就是使用 *（p+i）的形式访问数组元素。另外数组名本身也是指针，也可以使用 *（arr+i）来访问数组元素，它等价于 *（p+i）。

不管是数组名还是数组指针，都可以使用上面的两种方式来访问数组元素。不同的是，数组名是常量，它的值不能改变，而数组指针是变量（除非特别指明它是常量），它的值可以任意改变。也就是说，数组名只能指向数组的开头，而数组指针可以先指向数组开头，再指向其他元素。

假设 p 是指向数组 arr 中第 n 个元素的指针，那么 *p++、*++p、（*p)++分别是什么意思呢？

*p++ 等价于 *（p++），表示先取得第 n 个元素的值，再将 p 指向下一个元素，上面已经进行了详细讲解。

  ＊++p 等价于 ＊(++p)，会先进行++p 运算，使得 p 的值增加，指向下一个元素，整体上相当于 ＊(p+1)，所以会获得第 n+1 个数组元素的值。

  (＊p)++先取得第 n 个元素的值，再对该元素的值加 1。

  (4) 字符串指针（指向字符串的指针）

  C 语言表示字符串有两种方法：一是将字符串放在一个字符数组中；另外一种方法是使用指针指向字符串，称为字符串常量。字符数组存储在全局数据区或栈区，字符串常量存储在常量区。

  例 4.4 字符串指针应用。

```
#include "reg51.h"
#include "string.h"
#include "stdio.h"
void main()
{
    char str[]="I am micorcomputer!";
    char *pstr=str;
    int len1=strlen(str),i;
    TI=1;
    for(i=0;i<len1;i++)
    {printf("%c",*(pstr+i));}
    printf("\n");
    for(i=0;i<len1;i++)
    {printf("%c",pstr[i]);}
    printf("\n");
    for(i=0;i<len1;i++)
    {printf("%c",*(str+i));}
    printf("\n");
    for(i=0;i<len1;i++)
    {printf("%c",str[i]);}
    printf("\n");
    printf("%s \n",str);
    printf("%s \n",pstr);
    TI=0;
}
```

4.3 C51 对 SFR、可寻址位、存储器、I/O 口的定义

  (1) 特殊功能寄存器 SFR 定义。C51 使用关键字 sfr 定义特殊功能寄存器。C51 也创建了头文件 reg51.h 对所有的特殊功能寄存器进行了定义，在程序中使用#include "reg51.h" 命令包含头文件，就可以直接引用特殊功能寄存器名，或者直接引用位名称。例如：

```
sfr PSW   = 0xD0;
sfr ACC   = 0xE0;
```

（2）位变量定义。

1）用 bit 定义位变量。例如：

```
bit   bm;
```

bm 为位变量，其值为 0 或 1，C51 编译后安排在 bdata 区。

2）用字节变量地址^位的方法。例如：

```
bdata  int  ibt;        //定义 ibt 为整型变量
sbit    mybit = ibt^15;  //mybit 定义为 ibt 的第 15 位
```

3）对特殊功能寄存器的位的定义。例如：

```
sbit   P11 = P1^1;       //定义 P11 为 P1 口的第 1 位
sbit   CY = 0xD7;        //定义 CY 为 D7 位地址（绝对地址）
sbit   CY = 0xD0^7;      //定义 CY 为 D0 字节的第 7 位
sbit   CY = PSW^7;       //定义 CY 为（PSW）的第 7 位
```

（3）存储器定义。

1）利用宏定义对存储器的绝对地址访问。将绝对地址访问的头文件包含进来（#include<absacc.h>），可以对不同的存储区单元进行访问。absacc.h 中定义的存储区有：

```
#define CBYTE((unsigned char volatile code  * )0)   //code 区字符型
#define DBYTE((unsigned char volatile data  * )0)   //data 区字符型
#define PBYTE((unsigned char volatile pdata  * )0)   //pdata 区字符型
#define XBYTE((unsigned char volatile xdata  * )0)   //xdata 区字符型
#define CWORD((unsigned int volatile code  * )0)    //code 区 int 型
#define DWORD((unsigned int volatile data  * )0)    //data 区 int 型
#define PWORD((unsigned int volatile pdata  * )0)    //pdata 区 int 型
#define XWORD((unsigned int volatile xdata  * )0)    //xdata 区 int 型
```

使用时，可以定义存储区，也可以对存储区进行直接访问，例如：

```
#include<absacc.h>
#define PPA XBYTE[0X1000]   //PPA 定义为外部 RAM 区的 1000h 单元
unsigned char mm;
int nn;
PPA = 0X0F;                 //数据写入 PPA
mm = XBYTE[0x100];          //将外部 RAM 的 100H 单元内容送给变量 mm
nn = XWORD[0x200];          //从 XDATA 区 200H、201H 中读取数据并赋值给 nn
```

2）对外部 I/O 的访问。由于单片机的 I/O 和外部 RAM 统一编址，因此对 I/O 的访问可用 XBYTE 或 PBYTE。

```
#include<absacc.h>
#define PPA XBYTE[0X1000]   //PPA 定义为外部 1000H 端口
```

```
#define ADC0832 0X7FFF              //定义 ADC0832 地址为 7FFFH
unsigned char i;
PPA=0X0FF;
i=XBYTE[ADC0832];                   //读取 ADC0832 数据
XBYTE[0x200]=0x55;                  //将立即数 55H 送入端口为 200h
```

3）利用基于存储器的指针指定变量的存储器绝对地址。

```
char xdata * padc=0X7FFF;          //定义指向 xdata 的指针 padc,并初始化地址
char data   * dp;                   //定义指向 data 的指针 dp,未初始化
dp=0X60;                            //dp 赋初值,指向 data 区 60H
* dp=0X0F;                          //dp 指针所在单元(60H)存入 0FH
* dp=* padc;                        //从 0X7FFF 读取数据并存入 dp 指针
```

4）利用扩展关键字_ at_ 指定变量的存储器空间地址。格式为：

【存储器类型】数据类型 标识符_at_ 地址常数

存储器类型是变量所存放的空间存储器类别，包含 data、bdata、idata、pdata、xdata、code，如果省略则按编译模式 SMALL、COMPACT 和 LARGE 规定的默认存储器类型确定变量的存储器空间；数据类型可以是 int、char 等基本数据类型，也可以是数组、结构等复杂数据类型；标识符为要定义的变量名称；地址常数规定了变量的绝对地址。

利用扩展关键字"_at_"定义的变量称为绝对变量，对该变量的操作就是对指定存储器空间绝对地址的直接操作，因此不能对绝对变量进行初始化。对于函数和位 bit 类型变量不能采用这种方法进行绝对地址定位。采用关键字"_at_"所定义的绝对变量必须是全局变量，在函数内部不能采用"_at_"关键字指定局部变量的绝对地址。另外，在 XDATA 空间定义全局变量的绝对地址时，还可以在变量前面加一个关键字"volatile"，这样对该变量的访问就不会被 C51 编译器优化掉。

```
idata struct   link list _at_ 0x40;        //结构体变量 list 定位于 idata 空间地址 0x40
xdata char   array[100] _at_ 0x1000;       //数组 array 定位于 xdata 空间地址 0x1000
xdata int   mm   _at_ 0x8000;              //int 变量 mm 定位于 xdata 空间地址 0x8000
```

4.4   C51 运算符和表达式

4.4.1   算术运算符

基本算术运算符用于各种数值运算，包括"+"（加法运算符）、"−"（减法运算符）、"*"（乘法运算符）、"/"（除法运算符）、"%"（模运算符或者求余运算符）五种双目运算符和"++"（自增）、"−−"（自减）两种单目运算，如表 4-5 所示。

双目运算符用于两个量参与的运算，都具有左结合性，即运算时遵循从左到右的结合方向，符合一般的算术运算规则。单目运算符具有右结合性，自增、自减运算操作对象只能是整型变量，不能是常量或表达式等其他形式。

（1）除法运算时，如果是两个整数相除，结果为整数，舍去小数部分；如果是两个浮

点数相除，结果为浮点数。

（2）使用求余运算符时，"%"的两侧必须是整型数据，结果为两数相除后的余数。

（3）自增、自减运算不赋值，则变量前置自增自减和后置自增自减结果相同；如果有赋值运算，则被赋值的变量的值不同。

例如：

```
int x=8;  x++;  printf("x=8d",x);              /*运算结果:x=9*/
int x=8;  ++x;  printf("x=%d",x);              /*运算结果:x=9*/
int x=8,y;  y=x++;  printf("x=8d,y=8d",x,y);   /*运算结果:x=9,y=8*/
int x=8,y;  y=++x;  printf("x=%d,y=8d",x,y);   /*运算结果:x=9,y=9*/
```

表4-5　算术运算符

运算符	描　　述
+	把两个操作数相加
-	从第一个操作数中减去第二个操作数
*	把两个操作数相乘
/	分子除以分母
%	取模运算符，整除后的余数
++	自增运算符，整数值增加 1
--	自减运算符，整数值减少 1

例 4.5 算术运算。

```
#include<stdio. h>
#include<reg51. h>
void main( )
{
  int a=21;
  int b=10;
  int c=0 ,d=0;
TI=1;//观察 printf 输出
  c=a+ b;
  printf("a+ b 的值是 %d\n",c );
  c=a-b;
  printf("a-b 的值是 %d\n",c );
  c=a * b;
  printf("a * b 的值是 %d\n",c );
  c=a/b;
  printf("a ÷ b 的值是 %d\n",c );
  c=a % b;
  printf("a % b 的值是 %d\n",c );
  c=a++;     //赋值后再加 1 ,c 为 21 ,a 为 22
  printf("a++   的值是 %d\n",c );
  c=a--;     //赋值后再减 1 ,c 为 22 ,a 为 21
```

```
printf("a--   的值是 %d\n",c );
d=++a;      //先加 1 再赋值 ,a 为 22 ,d 为 22
printf("a++   的值是 %d\n",d );
d=--a;      //先减 1,再赋值,a 为 21 ,d 为 21
printf("a--   的值是 %d\n",d );
}
```

在 Keil C51 中编译，然后运行仿真，点击"View"→"Serial Windows"→"UART#1"，打开串口仿真输出窗口，可以观察算术运算结果，认真观察 a++和++a 的运算过程区别。

4.4.2　关系运算符

关系运算实际上就是"比较运算"，将两个数值进行大小比较，根据两个值和所使用的关系运算符得到一个逻辑值："真"为 1，"假"为 0。6 种关系运算符如表 4-6 所示。

表 4-6　关系运算符

运算符	描　　述
==	两个操作数的值相等则条件为真
!=	两个操作数的值不相等则条件为真
>	左操作数的值大于右操作数的值则条件为真
<	左操作数的值小于右操作数的值则条件为真
>=	左操作数的值大于或等于右操作数的值则条件为真
<=	左操作数的值小于或等于右操作数的值则条件为真

关系运算符都是双目运算符，结合方向是自左至右。关系运算符的优先级低于算术运算符，高于赋值运算符。

在 6 个关系运算符中，<、<=、>、>=的优先级相同，==和!=的优先级相同，并且前 4 种高于后两种。

例如：

x+y>z 等同于　(x+y)>z   （关系运算符优先级低于算术运算符）
x=y<=2 等同于　x=(y<=z)   （关系运算符优先级高于赋值运算符）
x==y>2 等同于　x==(y>z)   （大于运算符">"的优先级高于等于运算符"=="）

4.4.3　逻辑运算符

逻辑代数有与、或、非三种基本逻辑运算，逻辑运算如表 4-7 所示。逻辑非（!）高于算术运算符，逻辑与（&&）和逻辑或（||）低于关系运算符。

表 4-7　逻辑运算符

运算符	描　　述
!	逻辑非运算符
&&	逻辑与运算符。如果两个操作数都非零，则结果为真
||	逻辑或运算符。两个操作数中有任意一个非零，则结果为真

例如：

! x>y&&y==z　　等价于　　((! x)>y)&&(y==z)

x+y||x-z<y　　　等价于　　(x+y)||((x-z)<y)

4.4.4 位运算

位操作一般是用来控制硬件的，位运算符作用于位，并逐位执行操作，灵活的位操作可以有效地提高程序运行的效率。C 语言的位运算可以分为位逻辑运算与位移位运算，共计 6 种基本位运算符，如表 4-8 所示。

参与运算的只能是整型或字符型数据。

表 4-8　位运算符

运算符	描　述	运算符	描　述
&	按位与	|	按位或
^	按位异或	~	按位取反
<<	左移	>>	右移

假设 $A=0011\ 1100$，$B=0000\ 1101$，则：

$A\&B=0000\ 1100, A|B=0011\ 1101, A^B=0011\ 0001, \sim A=1100\ 0011$

（1）"按位与"运算（&）。参加运算的两个数据，按对应的二进制位分别进行"逻辑与"运算。如果两个相应的二进制位都为 1，则该位的运行结果为 1，否则为 0。

"按位与"运算的特殊用途：

1）若想将某个二进制数的指定位清零，可将待清零位与 0 进行"按位与"运算，其余位与 1 进行"按位与"运算；

2）若想保留某个二进制数中的指定位，可将指定位与 1 进行"按位与"运算，其余位与 0 进行"按位与"运算。

（2）"按位或"运算（|）。参加运算的两个数据，按对应的二进制位分别进行"逻辑或"运算。如果参与运算的二进制位都为 0，则该位的运算结果为 0，否则为 1。

要想用"按位或"运算将某些位的值置 1，则对应位的值应与 1 进行"按位或"运算，而要保持某些位的值不变，则对应位的值应与 0 进行"按位或"运算。

（3）"按位异或"运算（^）。参加运算的两个数据，按对应的二进制位分别进行"逻辑异或"运算。如果两个相应的二进制位为"异"（值不同），则该位的运算结果为 1，否则运算结果为 0。

操作数与 1 进行"按位异或"运算，可使操作数特定位取反；与 0 进行"按位异或"运算，可保留原值；操作数与其自身进行"异或"运算，结果各位均为零。

（4）"按位取反"运算（~）。单目位运算符，用来将一个二进制数的每一位取反，即将 1 变 0，将 0 变 1。

（5）"左移"运算（<<）。左移运算符"<<"是双目运算符，左移运算的一般形式为：运算对象<<左移位数。

左移的作用是将一个数的各二进制位依次左移若干位（由左移位数给出），左移时，右端（低位）补 0，左端（高位）移出的部分舍去。

在无溢出时，左移 1 位相当于操作数乘以 2，左移 2 位相当于操作数乘以 4，……左移 n 位相当于操作数乘以 $2n$，此外，左移运算要比乘法快得多。

（6）"右移"运算（>>）。右移运算符">>"是双目运算符，右移运算的一般形式为：运算对象>>右移位数。

右移的作用是将一个数的各二进制位依次右移若干位（由右移位数给出），右移时，右端（低位）移出的部分舍去，左端（高位）移入的二进制数分两种情况：对于无符号数和正整数，高位补 0；对于负整数，有的系统高位补 1，有的系统高位补 0。补 0 的称为"逻辑右移"，即简单右移；补 1 的称为"算术右移"。

4.4.5　赋值运算符

在 C 程序中最常用到的是赋值运算，赋值运算中用于给变量赋值，它是双目运算符，优先级仅高于逗号运算符，具有右结合性。在赋值号"="之前加上其他运算符，可以构成复合赋值运算符，如表 4-9 所示。

表 4-9　赋值运算符

运算符	描　　述	实　　例
=	赋值运算符	C=A+B 将把 A+B 的值赋给 C
+=	加且赋值	C+=A 相当于 C=C+A
-=	减且赋值运算符	C-=A 相当于 C=C-A
*=	乘且赋值运算符	C*=A 相当于 C=C*A
/=	除且赋值运算符	C/=A 相当于 C=C/A
%=	求模且赋值运算符	C%=A 相当于 C=C%A
<<=	左移且赋值运算符	C<<=2 等同于 C=C<<2
>>=	右移且赋值运算符	C>>=2 等同于 C=C>>2
&=	按位与且赋值运算符	C&=2 等同于 C=C&2
^=	按位异或且赋值运算符	C^=2 等同于 C=C^2
|=	按位或且赋值运算符	C|=2 等同于 C=C|2

4.5　C51 程序的基本语句

4.5.1　if 语句

if 语句是用来判断所给定的条件是否满足，根据判定的结果（真或假）决定执行给定的操作之一。if 和 else 可以嵌套成多种选择结构，常见格式如表 4-10 所示。

表 4-10 if 结构

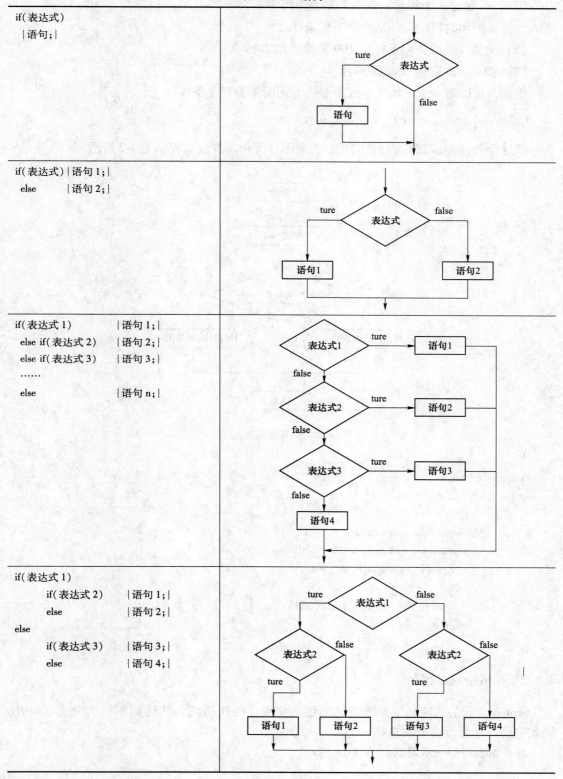

if(表达式) {语句;}	
if(表达式) {语句 1;} 　else　　　{语句 2;}	
if(表达式 1)　　　{语句 1;} 　else if(表达式 2)　{语句 2;} 　else if(表达式 3)　{语句 3;} 　…… 　else　　　　　　{语句 n;}	

if(表达式 1)
　　　if(表达式 2)　{语句 1;}
　　　else　　　　{语句 2;}
　else
　　　if(表达式 3)　{语句 3;}
　　　else　　　　{语句 4;}	

例 4.6   给定一个年份，判断其是否为闰年。

分析：闰年的判定条件是符合下列条件之一。

（1）能被 4 整除，但不能被 100 整除，如 2012 年。

（2）能被 400 整除，如 2000 年。

因此，可以用一个逻辑表达式来表达上述闰年的判定条件：

"year%4==0&&year%100! =0||year%400==0"

若这个条件为"真"，则是闰年；否则不是闰年。算法流程如图 4-2 所示。

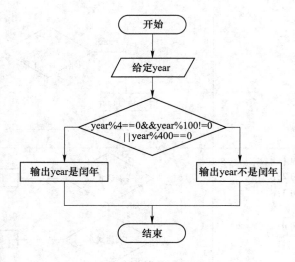

图 4-2   算法流程图

```
#include<stdio. h>
int main( )
{
        unsigned int year=2022;
        if( year%4==0&&year%100! =0||year%400==0)
            printf( "%d 是闰年\n" ,year);
        else
            printf( "%d 不是闰年\n" ,year);
        return 0;
}
```

4.5.2   switch/case 语句

switch 语句的功能是根据表达式的值，使程序的执行流程跳转到不同的分支，switch 语句主要用来处理多分支选择。

switch 语句的一般形式如表 4-11 所示。

表 4-11　switch 表达式

Switch 结构	执行过程

switch(表达式)
{   case　常量 1:　语句 1;
   case　常量 2:　语句 2;
   case　常量 3:　语句 3;
     ……
   case　常量 n:　语句 n;
   default:　　语句 n+1;
}
	先计算 switch 后面的"表达式"的值;若表达式的值与某一 case 后的常量表达式的值相等,就执行该 case 后的语句,然后顺序执行下一个 case 后的语句,不管表达式的值是否与之匹配。如果表达式的值与 case 后的常量表达式的值都不相等,则执行 default 后的语句。需要注意的是,case 后的常量表达式的值必须是整型、字符型或枚举类型,且互不相同

switch(表达式)
{   case　常量 1:语句 1;　break;
   case　常量 2:语句 2;　break;
   case　常量 3:语句 3;　break;
     ……
   case　常量 n:语句 n;　break;
   default:　　语句 n+1;
}
	先计算表达式的值,如果与某个 case 语句中的常量的值相同,则执行其后的语句和 break 语句,跳出 switch 选择结构;若所有的 case 语句中的常量的值都不能与之匹配,则执行 default 后的语句 n+1,然后跳出 switch 选择结构

4.5.3　循环语句

C 语言提供了 3 种基本循环语句来实现循环结构：while 语句、do-while 语句和 for 语句。C 语言提供的循环语句都是在给定条件为真的情况下，重复执行一个语句序列，直到条件为假时停止。因此，构造一个循环结构应该具备以下几项内容。

（1）循环条件：一般由条件表达式或者逻辑表达式构成。表达式的值为真，继续循环；否则，退出循环。

（2）循环体：反复执行的语句序列称为循环体，循环体可以是一条简单语句，也可以是一条复合语句（用花括号括起来的语句序列）。

（3）循环控制变量：循环体不能永无止境地执行（死循环），需要设置循环控制变量，使得循环可以趋近结束。循环开始时给循环控制变量赋初值，在循环过程中设置循环控制变量的变化规律（增值或减值），使得循环条件可以趋于假，从而结束循环。

4.5.3.1　while 语句

while 语句属于当型循环，常用于循环次数不能事先确定，需要使用条件控制循环结束的循环结构，如图 4-3 所示。其一般形式如下：

while(循环条件)

{

循环体语句;

}

while 语句执行过程：

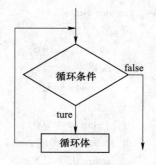

图 4-3　while 执行过程

（1）计算"循环条件"表达式的值。

（2）如果表达式的值为真，执行"循环体语句"，然后返回（1）。

（3）如果表达式的值为假，退出循环，执行 while 语句之后的下一条语句。

例如，用 while 语句计算 1+2+…+100 的值。

```
#include<stdio. h>
int main( ) {
    int i＝1,sum＝0;
    while(i<＝100) {
        sum+＝i;
        i++;
    }
    printf("%d\n",sum);
    return 0;
}
```

4.5.3.2 do-while 语句

do-while 语句属于直到型循环，先执行循环体，再进行循环条件判断，也常用于循环次数不能事先确定，并需要使用条件控制循环结束的循环结构，但是循环体至少要执行一次，如图 4-4 所示。其一般形式如下：

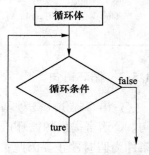

图 4-4 do-while 执行过程

```
do
{
循环体语句;
} while(循环条件);
```

do-while 语句的执行过程：

（1）执行"循环体语句"。

（2）计算"循环条件"表达式的值。

（3）如果表达式的值为真，返回（1）。

（4）如果表达式的值为假，退出循环，执行 do-while 语句之后的下一条语句。

例如，用 do-while 计算 1+2+…+100 的值。

```
#include<stdio. h>
int main( ) {
    int i＝1,sum＝0;
    do{
        sum+＝i;
        i++;
    } while(i<＝100);
    printf("%d\n",sum);
    return 0;
}
```

4.5.3.3　for 语句

for 循环允许用户编写一个执行指定次数的循环控制结构，如图 4-5 所示。for 语句的格式为：

for(表达式 1;表达式 2;表达式 3)
{
循环体语句;
}

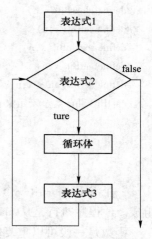

在 for 语句中，一般表达式 1 用来为循环变量赋初值；表达式 2 一般用来设置循环结束条件；表达式 3 一般用于循环变量增（减）值。for 语句的常用格式：

for(循环变量赋初值;循环条件;循环变量增(减)值)
{
循环体语句;
}

图 4-5　for 执行过程

for 语句的执行过程：

（1）先求解表达式 1 的值；

（2）再求解表达式 2 的值，若值为非 0（条件成立），则执行循环体；若表达式 2 的值为 0（条件不成立），则转向（5）；

（3）求解表达式 3 的值；

（4）转回执行（2）；

（5）执行 for 语句后面的语句。

例如，用 for 语句计算 1+2+…+100 的值。

```
#include<stdio. h>
int main( ){
    int i,sum=0;
    for(i=1;i<=100;i++){
        sum+=i;
    }
    printf("%d\n",sum);
    return 0;
}
```

4.5.4　C51 对单片机的位操作

对寄存器进行配置时，有的情况下需要改变一个字节中的某一位或者几位，但是又不想改变其他位原有的值，这时就可以使用按位运算符进行操作。可以采用如下的宏定义（其中 x 是寄存器，n 是要设置的寄存器位数，寄存器最低位 n 的值是 0）：

```
#define clearBit(x,n)       (x &= ~(1<< n))          /* 清零第 n 位 */
#define setBit(x,n)         (x |= (1<< n))           /* 置位第 n 位 */
#define toggleBit(x,n)      (x ^= (1<< n))           /* 取反第 n 位 */
#define getBit(x,n)         ((x >> n)& 1)            /* 获得第 n 位的值 */
#define setBitValue(x,n,value)(x &= ~(1<< n)|(value<< n))   /* 设置第 n 位的值为 value */
//setBitValue 这个宏定义相当于对寄存器的第 n 位先清零然后再置位。
```

4.6　C51 的函数

一个 C 程序是由一个或若干个源程序文件构成的。一个源程序文件由一个或多个函数组成。C 程序执行是从 main 函数开始，在 main 函数中结束，不管 main 函数的位置如何。

函数是一段可以重复使用的代码，用来独立地完成某个功能。C51 中的函数包括库函数、中断函数、自定义函数及再入函数。

（1）库函数。库函数是指编译器提供的可在 C 源程序中调用的函数。可分为两类，一类是 c 语言标准规定的库函数，一类是编译器特定的库函数。由于版权原因，库函数的源代码一般是不可见的，但在头文件中你可以看到它对外的接口。

库函数具有明确的功能、入口调用参数和返回值。在使用某一库函数时，要在程序中用#include 包含该函数对应的头文件。例如定义#include<reg51.h>，该头文件定义了单片机的内部资源。

（2）自定义函数。如果库函数不能满足程序设计者的编程需要，那么根据解决问题的需要按照逻辑功能自己编写的函数，就是自定义两数。对于用户自定义函数，必须定义函数以后才能使用。

C51 函数定义的一般形式是：

```
返回类型 函数名(形参表)[编译模式] [reentrant] [interrupt m] [using n]
{
局部变量定义;
执行语句;
}
```

返回类型：当函数有返回值时，函数体内必须包含返回语句 return；当函数无返回值时，返回类型应该用 void 说明。

（形参表）：在函数定义中出现的参数可以看作是一个占位符，它没有数据，只能等到函数被调用时接收传递进来的数据，所以称为形式参数，简称形参。

［编译模式］：指存储模式，可以是 SMALL、COMPACT 或 LARGE，默认为 SMALL。

［reentrant］：函数是否可重入。

［interrupt m］：字段中的 m 定义中断处理程序的中断号。

［using n］：字段中的 n 选择工作寄存器组。

例如，定义一个函数，计算从 1 加到 100 的结果：

```
int sum(){
```

```
int i,sum=0;
for(i=1;i<=100;i++){
    sum+=i;
}
return sum;
}
```

（3）中断函数。在 C51 中，中断服务程序是以中断函数的形式出现的。中断函数一般形式：

函数类型 函数名(void)〔interrupt n〕〔using n〕

关键字 interrupt 后面的 n 是中断号，n 的取值范围为 0~31，编译器从 8n+3 处产生中断向量，8051 中断号 n 和中断向量如表 4-12 所示。

表 4-12   中断向量表

中断号	中断源	中断向量
0	外部中断 0	0003H
1	定时器/计数器 0	000BH
2	外部中断 1	0013H
3	定时器/计数器 1	001BH
4	串行口	0023H

关键字 using 用来选择 8051 单片机中不同的工作寄存器组。using 后面的 n 是一个 0~3 的常整数，分别选中 4 个不同的工作寄存器组。using 是一个可选项，如果不用该选项，则由编译器选择一个寄存器组作绝对寄存器组访问。

编写 8051 单片机中断函数时应遵循以下规则：

（1）中断函数不能进行参数传递，中断函数不能有返回值。因此定义为 void 类型。

（2）不能调用中断函数，否则会产生编译错误。

（3）如果在中断函数中调用了其他函数，则被调用函数的寄存器组必须与中断函数相同，否则会产生错误。

```
static void timer0_isr(void)interrupt 1 using 1 /* 定时器 0 中断服务程序 */
{
timer0_tick++;
}
```

（4）再入函数。利用 C51 扩展关键字 reentrant 可以定义一个再入函数。再入函数可以进行递归调用，或者同时被两个以上其他函数同时调用。通常，在实时系统应用或者中断函数与非中断函数需要共享一个函数时，应该将该函数定义为再入函数。

再入函数不能传送 bit 类型的参数，也不能定义局部位变量，再入函数不能操作可位寻址变量。

再入函数可以同时具有其他属性，例如 interrupt、using，还可以声明其存储器模式 SMALL、COMPACT 或 LARGE。

（5）编写 C51 程序的注意点：

1）函数以"{"开始，以"}"结束，二者必须成对出现，它们之间的部分为函数体。

2）C51 程序没有行号，一行内可以书写多条语句，一条语句也可以分写在多行上。

3）每条语句最后必须以一个分号";"结尾，分号是 C51 程序的必要组成部分。

4）每个变量必须先定义后引用。函数内部定义的变量为局部变量，又称内部变量，只有在定义它的那个函数之内才能够使用。在函数外部定义的变量为全局变量，又称外部变量，在定义它的那个程序文件中的函数都可以使用它。

5）对程序语句的注释必须放在双斜杠"//"之后，或者放在"/ * …… * /"之内。

4.7   预处理命令

预处理主要是处理以#开头的命令，例如#include<stdio. h>等。预处理命令要放在所有函数之外，而且一般都放在源文件的前面。

预处理是 C 语言的一个重要功能，由预处理程序完成。当对一个源文件进行编译时，系统将自动调用预处理程序对源程序中的预处理部分作处理，处理完毕自动进入对源程序的编译。C 语言提供了多种预处理功能，如宏定义、文件包含、条件编译等，合理地使用它们会使编写的程序便于阅读、修改、移植和调试，也有利于模块化程序设计。

4. 7. 1   #include 命令

#include 叫做文件包含命令，用来引入对应的头文件（. h 文件）。#include 也是 C 语言预处理命令的一种。#include 的处理过程很简单，就是将头文件的内容插入到该命令所在的位置，从而把头文件和当前源文件连接成一个源文件，这与复制粘贴的效果相同。

#include 的用法有两种，如下所示：

```
#include<reg51. h>
#include " stdio. h"
```

使用尖括号< >和双引号" " 的区别在于头文件的搜索路径不同。

（1）使用尖括号< >，编译器会到系统路径下查找头文件；

（2）使用双引号" "，编译器首先在当前目录下查找头文件，如果没有找到，再到系统路径下查找。

也就是说，使用双引号比使用尖括号多了一个查找路径，它的功能更为强大。标准头文件存放于系统路径下，所以使用尖括号和双引号都能够成功引入；而用户自己编写的头文件，一般存放于当前项目的路径下，所以不能使用尖括号，只能使用双引号。

4. 7. 2   宏定义命令

#define 叫做宏定义命令，它也是 C 语言预处理命令的一种。所谓宏定义，就是用一个标识符来表示一个字符串，如果在后面的代码中出现了该标识符，那么就全部替换成指定的字符串。

宏定义的一般形式为：

#define 宏名 字符串

（1）宏定义是用宏名来表示一个字符串，在宏展开时又以该字符串取代宏名，这只是一种简单粗暴的替换。字符串中可以含任何字符，它可以是常数、表达式、if 语句、函数等，预处理程序对它不作任何检查，如有错误，只能在编译已被宏展开后的源程序时发现。例如，#define N 100，N 为宏名，100 是宏的内容（宏所表示的字符串）。在预处理阶段，对程序中所有出现的"宏名"，预处理器都会用宏定义中的字符串去代换，这称为"宏替换"或"宏展开"。

（2）宏定义不是说明或语句，在行末不必加分号，如加上分号则连分号也一起替换。

（3）宏定义必须写在函数之外，其作用域为宏定义命令起到源程序结束。如要终止其作用域可使用#undef 命令。

（4）可用宏定义表示数据类型，使书写方便。应注意用宏定义表示数据类型和用 typedef 定义数据说明符的区别。宏定义只是简单的字符串替换，由预处理器来处理；而 typedef 是在编译阶段由编译器处理的，用来定义一种新的数据类型。

（5）C 语言允许宏带有参数。在宏定义中的参数称为"形式参数"，在宏调用中的参数称为"实际参数"，这点和函数有些类似。对带参数的宏，在展开过程中不仅要进行字符串替换，还要用实参去替换形参。

例如：

```
#define uint unsigned int      //uint 表示 unsigned int 数据类型，方便书写
#define W (n*n+3*n)            //表达式(n*n+3*n)两边的括号不能少，否则在宏展开以后
                              //可能会产生歧义
#define M(y)   y*y+3*y         //带参数宏定义
k=M(5);                       //宏调用，在宏展开时，用实参 5 去代替形参 y，经预处理
                              //程序展开后的语句为 k=5*5+3*5。
```

4.7.3 条件编译命令

能够根据不同情况编译不同代码、产生不同目标文件的机制，称为条件编译。条件编译是预处理程序的功能，不是编译器的功能。

（1）#if 一般格式：

```
#if 整型常量表达式1
    程序段1
#elif 整型常量表达式2
    程序段2
#else
    程序段3
#endif
```

处理顺序：如常"表达式 1"的值为真（非 0），就对"程序段 1"进行编译，否则就计算"表达式 2"，结果为真的话就对"程序段 2"进行编译，为假的话就继续往下匹配，

直到遇到值为真的表达式，或者遇到#else。

（2）#ifdef 一般格式：

```
#ifdef   宏名
      程序段 1
#else
      程序段 2
#endif
```

如果当前的宏已被定义过，则对"程序段 1"进行编译，否则对"程序段 2"进行编译。

（3）#ifndef 一般格式：

```
#ifndef 宏名
      程序段 1
#else
      程序段 2
#endif
```

如果当前的宏未被定义，则对"程序段 1"进行编译，否则对"程序段 2"进行编译，这与 #ifdef 的功能正好相反。

4.8　Proteus 虚拟仿真设计

4.8.1　Proteus 简介

Proteus 软件是世界上著名的 EDA 工具（仿真软件），来自英国的 Labcenter 公司，由 John Jameson 在英国 1988 年创立。Proteus 从原理图布图、代码调试到单片机与外围电路协同仿真，一键切换到 PCB 设计，真正实现了从概念到产品的完整设计。它是目前唯一将电路仿真软件、PCB 设计软件和虚拟模型仿真软件三合一的设计平台，其系统软件架构如图 4-6 所示。Proteus 独一无二的仿真功能，广泛应用于全球众多电子企业的生产和研发之中，它的用户遍布了全球 50 多个国家，至今已有诸多国际知名企业和国内约 300 多所高校使用 Proteus 进行科研、教学、设计和研发。

从图 4-6 中可以看出，Proteus 分为 ISIS（智能原理图输入系统）和 ARES（高级布线编辑软件）两大应用程序。应用程序 ISIS 中主要进行原理图设计和原理图的调试，而 ARES 中则进行 PCB 设计、3D 模型预览和生成制板文件（Gerber 文件及 ODB++文件）。Proteus 的仿真引擎分为两个部分，一个 Prospice 混合模式仿真器（结合了 SPICE3F5 模拟电路仿真器内核和快速事件驱动数字电路仿真器），它使得 Proteus 可以同时仿真模型电路和数字电路；另一个是 VSM 嵌入式仿真器，它使得 Proteus 不仅可以仿真 51、AVR、PIC、MSP430、Basic Stamp 和 HC11 等多种 MCU，还可以仿真 GAL Device（AM29M16 等）、DSP（TI TMS320F2802X）、ARM（Philip ARM7）／cortex 和 8086（Intel）等。

Proteus V8 结构上最重要的变化是 ISIS 和 ARES 两个原本分开的应用模块再细分成了

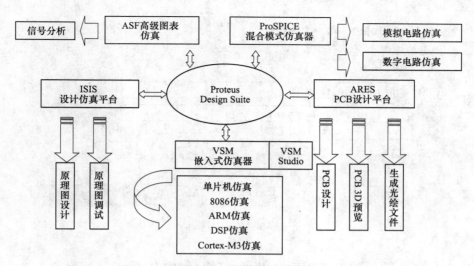

图 4-6 Proteus 系统软件架构

多个 DLL（Dynamic link library）应用模块，这些新的应用模块都可以通过定义的接口，以更加灵活的方式与对方沟通。Proteus 的数据库已经完全重新设计，从而形成一个共同的数据库。该数据库包含了项目中使用的部件的信息（例如：包含原理图元件和 PCB 信息，以及系统和用户的属性），所有的应用程序模块（ISIS，ARES，BOM，etc.）可以访问相同的数据库，系统变得更灵活和实时交互性（例如：在一个应用程序更改模块能自动反映在其他应用程序模块）。

Proteus VSM Studio IDE 组合了混合模式 SPICE 电路仿真、动画器件及微处理器模型，可以实现完整的基于微控制器设计的协同仿真。使用 Proteus 虚拟系统模型（VSM）工具，可以改变产品的设计周期，电路原理图完成后就可以进行软件开发，在物理样机完成前，硬件设计和软件设计能够完美地结合在一起，从而降低开发成本、缩短产品投入市场时间。利用 Proteus VSM，在 PC 机上就能实现原理图电路设计、电路分析与仿真、单片机代码级调试与仿真、系统测试与功能验证以及形成 PCB 文件的完整嵌入式系统设计与研发过程。

Proteus V8 有唯一的应用程序架构，所有的应用程序模块和通用的数据库已经被整合到一个框架。图 4-7~图 4-16 展示了如何在 Proteus V8.11 版本中新建项目。

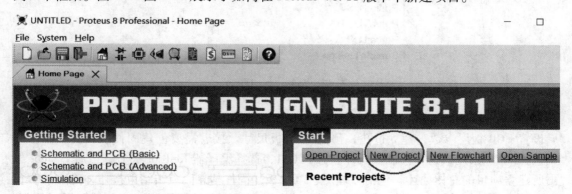

图 4-7 Home Page

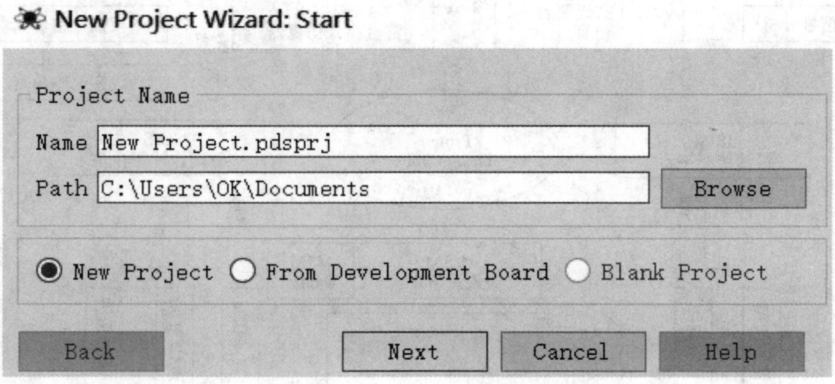

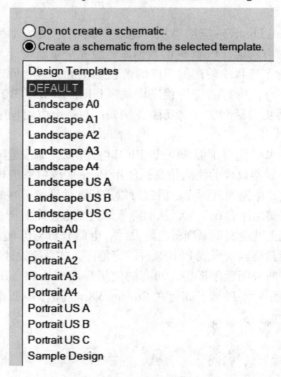

图 4-8   New Project

图 4-9   Schematic Design

在 Proteus V8.11 主页中选择新建项目，选择默认原理图设计模板，建立 PCB 板，然后设置 PCB 板层参数，建立过孔，预览 PCB 板尺寸。接着需要创建固件项目，在图 4-14 中选择 8051 系列，选择控制器具体型号 80C51，选择编译器 Keil for 8051，最后 Proteus 给出所建立项目的总体描述，包括原理图、PCB 板、固件信息。点击结束按钮，进入工程设计界面，如图 4-16 所示，点击不同选项卡，可进入原理图编辑界面、PCB 板图设计界面、源代码设计界面。

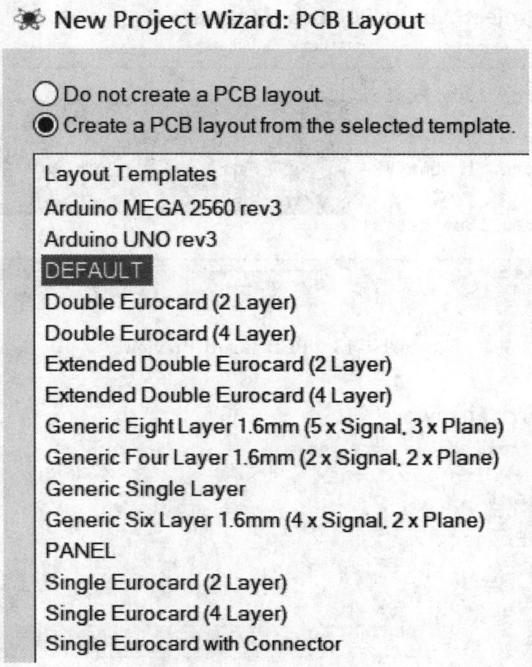

New Project Wizard: PCB Layout

◯ Do not create a PCB layout.
◉ Create a PCB layout from the selected template.

Layout Templates
Arduino MEGA 2560 rev3
Arduino UNO rev3
DEFAULT
Double Eurocard (2 Layer)
Double Eurocard (4 Layer)
Extended Double Eurocard (2 Layer)
Extended Double Eurocard (4 Layer)
Generic Eight Layer 1.6mm (5 x Signal, 3 x Plane)
Generic Four Layer 1.6mm (2 x Signal, 2 x Plane)
Generic Single Layer
Generic Six Layer 1.6mm (4 x Signal, 2 x Plane)
PANEL
Single Eurocard (2 Layer)
Single Eurocard (4 Layer)
Single Eurocard with Connector

图 4-10　PCB Layout

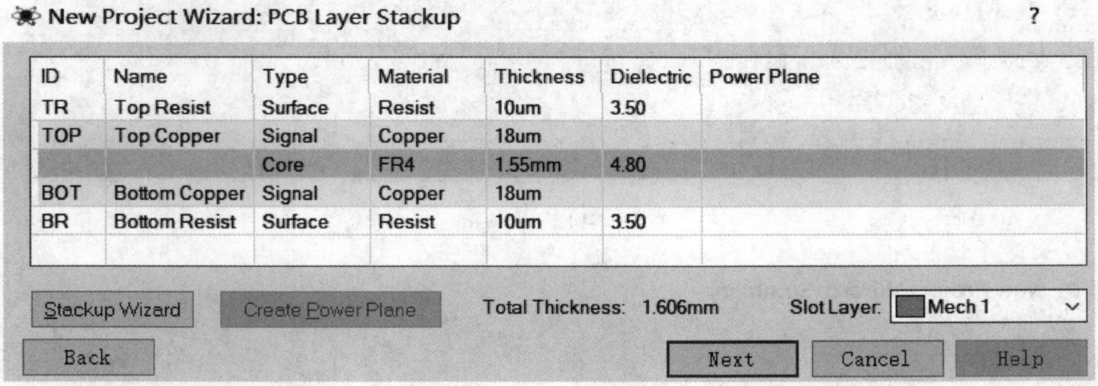

New Project Wizard: PCB Layer Stackup　　　　　　　　　　　?

ID	Name	Type	Material	Thickness	Dielectric	Power Plane
TR	Top Resist	Surface	Resist	10um	3.50	
TOP	Top Copper	Signal	Copper	18um		
		Core	FR4	1.55mm	4.80	
BOT	Bottom Copper	Signal	Copper	18um		
BR	Bottom Resist	Surface	Resist	10um	3.50	

Stackup Wizard　　Create Power Plane　　Total Thickness: 1.606mm　　Slot Layer: Mech 1 ⌄

Back　　　　　　　　　　　　　　Next　　Cancel　　Help

图 4-11　PCB Layer Stackup

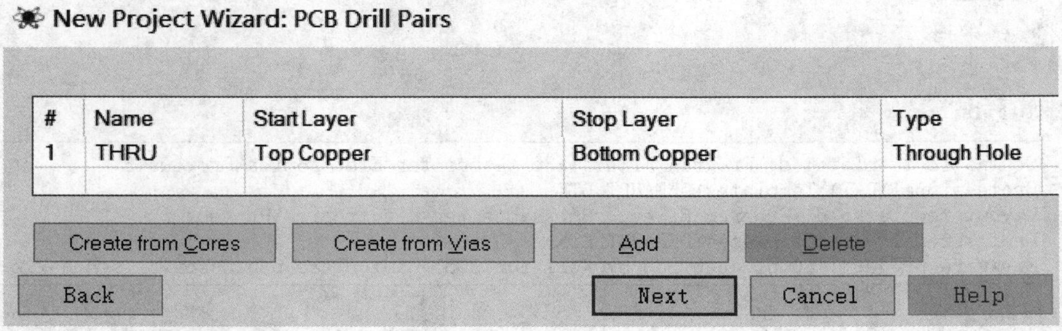

New Project Wizard: PCB Drill Pairs

#	Name	Start Layer	Stop Layer	Type
1	THRU	Top Copper	Bottom Copper	Through Hole

Create from Cores　　Create from Vias　　Add　　Delete

Back　　　　　　　　　　　　　　Next　　Cancel　　Help

图 4-12　PCB Drill Pairs

New Project Wizard: PCB Board Preview

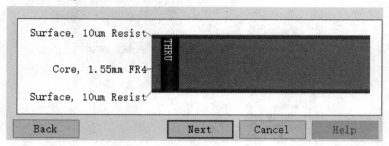

图 4-13　PCB Board Preview

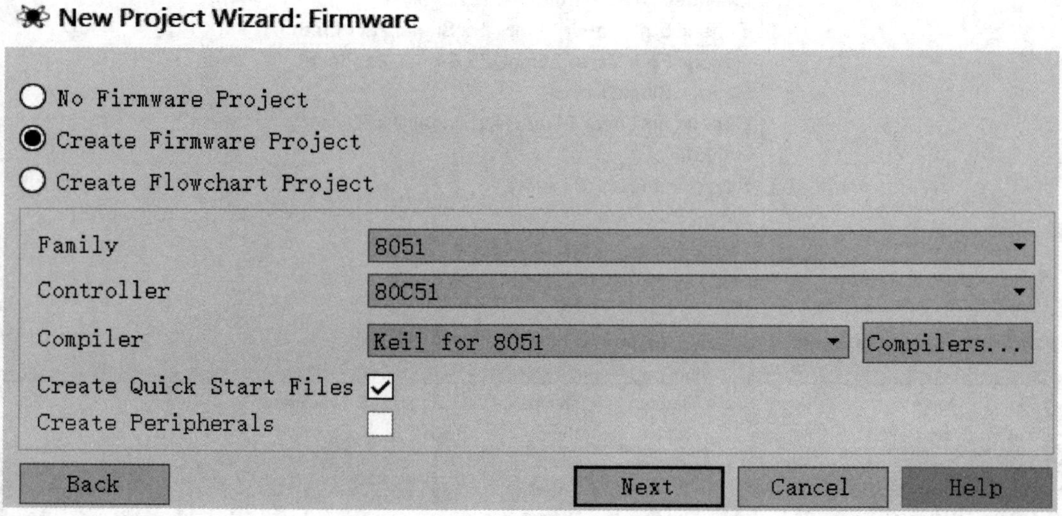

New Project Wizard: Firmware

○ No Firmware Project
● Create Firmware Project
○ Create Flowchart Project

Family	8051 ▼
Controller	80C51 ▼
Compiler	Keil for 8051 ▼ Compilers...
Create Quick Start Files	☑
Create Peripherals	☐

Back　　　　　　　　Next　　Cancel　　Help

图 4-14　Firmware

New Project Wizard: Summary

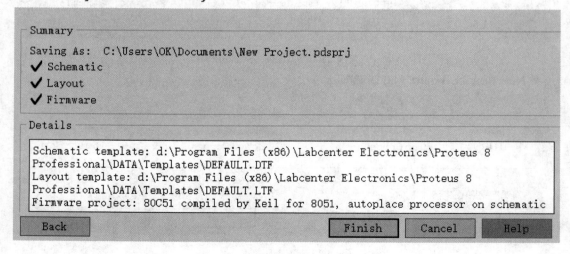

图 4-15　Summary

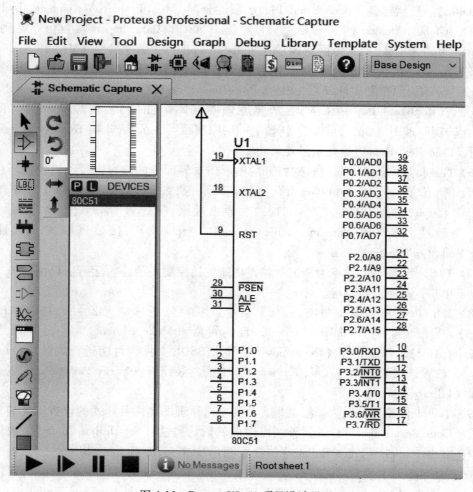

图 4-16　Proteus V8.11 项目设计界面

4.8.2　Proteus 原理图设计

在 Proteus 新建工程项目后，点击 Schematic Capture 选项卡，则进入原理图设计与仿真环境。原理图设计主要包括标题栏、菜单栏、标准工具栏、绘图工具栏、预览窗口、元件列表窗口、对象方向控制栏、电路图编辑窗口、仿真控制按钮及状态栏等。

4.8.2.1　Proteus Schematic Capture 菜单栏

（1）File 菜单。该菜单主要完成文件的新建、打开、存储、导入、导出、打印等功能。

（2）Edit 菜单。此菜单完成剪切、查找、复制等操作。

（3）View 菜单。此菜单中包含了对图形编辑窗口的各种显示控制操作，例如有 Grid，控制栅格显示方式；Origin，设置原点；X Cursor，设置光标显示方式；Snap，设置捕获方式；Zoom，窗口缩放显示等。

（4）Tool 菜单。该菜单为工具菜单，包含 8 个子菜单功能。主要为自动布线（Wire

Auto Router)、搜索标签（Search and Tag）、属性分配工具（Property Assignment Tool）、全局注解（Global Annotator）、导入文件数据（ASCII Data Import）、电气规则检查（Electrical Rule Check）、编译网络标号（Netlist compiler）、编译模型（Model Compiler）。

（5）Design 菜单。此菜单为工程设计菜单，主要有编辑设计属性（Edit Design Properties）、编辑原理图属性（Edit Sheet Properties）、编辑设计说明（Edit Design Notes）、配置电源（Configure Power Rails）、新建原理图（New Sheet）、删除原理图（Remove Sheet）、转到原理图（Goto Sheet）、转到上一层原理图（Goto Previous Root）、转到下一层原理图（Goto Next Root）等几个子菜单功能。

（6）Graph 菜单。该菜单可针对打开的图形仿真界面中的内容进行编辑控制。主要功能包括编辑仿真图形（Edit Graph）、增加观测跟踪曲线（Add Trace）、仿真图形（Simulate Graph）、查看日志（View Log）、导出数据（Export Data）、清除数据（Clear Data）、一致性分析（Conformance Analysis（All Graphs））、批处理模式一致性分析（Batch Mode Conformance Analysis）。

（7）Debug 菜单。此菜单为调试菜单，功能包括控制系统是否运行、以何种方式进行仿真以及单步运行时的控制等。

（8）Library 菜单。该菜单有 9 个子菜单。主要包括选取元器件（Pick parts from libraries），自制元器件（Make Device），自制符号（Make Symbol），外封装设置工具（Packaging Tool），释放元件（Decompose），导入 BSDL 文件、对库进行编译（Compile to Library），放置选用的库元件（place library），查看封装错误（Verify Packaging）以及库元件管理（Library Manager）等。

（9）Template 菜单。此为模板菜单，主要是对原理图属性及样式的设置。主要包括转到主图（Goto Master Sheet）、设置整幅原理图的默认属性（Set Design Colors）、设置图形曲线颜色（Set Graph &Trace Colours）、设置图形样式（Set Graphic Styles）、设置文字样式（Set Text Styles）、设置 2D 图形默认格式（Set 2D Graphics Defaults）、设置连接点样式（Set Junction Dots）、使用默认模板更新当前文档（Apply Styles From Template）、保持当前设计为模板（Save Design as Template）。在进行原理图绘制时，软件有一套设置好的默认通用属性设置。用户可以根据一些特殊要求修改，以适应自己的设计要求。

（10）System 菜单。该菜单可实现查看系统信息，检测更新文件信息，设置系统环境、路径、原理图纸大小以及设置仿真各项参数等系统设置功能。刚开始用 Proteus 软件时，这个菜单中的内容最好是在逐步弄清楚各项功能后再设置改变，否则可能会导致软件应用中出现问题。

（11）Help 菜单。这是 Proteus 软件的帮助菜单，包括 Schematic Capture 帮助、Simulation 帮助、VSM 帮助、示例文件等，为用户提供了一些在绘制原理图时可能遇到的问题进行指导。如用户进入后键入问题关键词就可看到相关的帮助性说明。

4.8.2.2　Proteus Schematic Capture 绘图工具栏

Proteus 软件的工具栏包括标准工具栏与绘图工具栏两个大部分。其中，标准工具栏中包含了一些文件处理常用的工具、屏幕缩放以及与元件 PCB 封装相关的一些工具；而绘图工具栏则包含了模式选择工具以及普通字符曲线绘制工具。将鼠标放置在图标上 2s，Proteus 会给出相应的提示信息。设计人员在使用时，若选择模式选择工具，则应根据需要先单击工具图标，然后再在对象选择器窗口中出现的对话框中选择需要的具体工具进行下一步操作；若选择标准工具栏，如剪切某些元件，则应先用鼠标在图形绘制窗口中选中需要进行操作的元件或对象，然后再单击剪切工具，下面对常用工具栏进行简要介绍。

（1）模式选择工具。

1）Selection Mode▶：普通光标选择模式。

2）Component Mode▷：元件选取模式。

3）Junction Dot Mode✚：放置连接点。

4）Wire Label Mode▦：网络标号放置模式。

5）Text Script Mode☰：脚本放置模式。

6）Buses Mode✚：绘制总线模式。

7）Subcircuit Mode▥：子电路绘制模式。

（2）配件工具。

1）Terminals Mode▤：终端对象选择模式。

2）Device Pins Mode▷：器件引脚绘制工具。

3）Graph Mode⊠：仿真图表工具箱，对象选择列出各种仿真分析所需的图表。

4）Tape Recorder Mode▣：录音机工具，对设计电路分割仿真时采用此模式。

5）Generator Mode◎：信号发生器工具箱，对象选择列出各种激励源。

6）Voltage Probe Mode⤢：电压探针，可显示各探针处的电压值。

7）Current Probe Mode⤢：电流探针，可显示各探针处的电流值。

8）Virtual Instruments Mode▣：虚拟仪器工具箱，对象选择列出各种虚拟仪器。

（3）2D 图形工具。

1）2D Graphics Line Mode╱：绘制各种直线。

2）2D Graphics Box Mode▦：绘制各种方框。

3）2D Graphies Circle Mode●：绘制各种圆形。

4）2D Graphics Arc Mode⌒：绘制各种圆弧。

5）2D Graphics Closed Path Mode∞：绘制各种多边形。

6）2D Graphics Text Mode**A**：绘制各种文本。

7）2D Graphics Symbols Mode▤：绘制符号。

8）2D Graphics Markers Mode✚：绘制坐标原点。

（4）方向工具。

1）Rotate Clockwise ↻：顺时针旋转 90°。

2）Rotate Anti-Clockwise ↺：逆时针旋转 90°。

3）X-Mirror：水平翻转↔。

4）Y-Mirror：垂直翻转↕。

（5）仿真工具栏。

1）Play ▶：运行。

2）Step ▶▌：单步运行。

3）Pause ⏸ ：暂停。

4）Stop ⏹ ：停止。

4.8.2.3　Proteus Schematic Capture 单片机系统仿真过程

Proteus 强大的单片机系统设计与仿真功能，使它成为单片机系统应用开发手段之一，其应用系统仿真过程主要分为三步：

（1）在 Proteus Schematic 平台上进行单片机系统电路设计、选择元器件、接插件、连接电路并进行电气规则检查等。

（2）利用第三方开发工具或 Proteus 提供的编辑环境进行单片机应用系统源程序设计、编辑、编译、代码级调试并生成目标代码文件（*.hex）。

（3）在 Proteus Schematic 平台上将目标代码文件加载到单片机系统中，并实现单片机系统的实时交互、协同仿真。Proteus VSM 仿真在相当程度上反映了实际单片机系统的运行情况。

单片机系统的 Proteus 设计与仿真流程如图 4-17 所示。

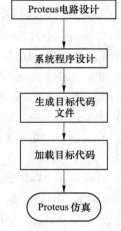

图 4-17　Proteus 设计与仿真流程

4.9　Proteus 与 Keil 联合调试

Keil 与 Proteus 配合可以实现联调。在该系统中，Keil 作为程序编译调试界面，Proteus 作为硬件仿真和调试界面，在 Keil 中调用 Proteus 进行 MCU 外围器件的仿真步骤如下：

（1）正确安装 Keil μVision 与 Proteus。

（2）安装 vdmagdi 插件，该插件可实现与 Keil 的联调，需要注意的是安装 vdmagdi 插件时要正确选择 Keil 的安装路径。

（3）打开 Proteus，双击单片机打开单片机属性设置窗口，在 Program File 中选择 Keil 生成的 .hex 文件。

（4）在 Proteus 的"debug"菜单中选中"Enable remote debug monitor"。

（5）在 Keil 软件上单击"Project"→"Options for Target"选项，或者使用快捷键 Alt+F7，出现如图 4-18 所示页面。默认的 Debug 设置为 Use Simulator，现在需要修改设置。在右栏上部的下拉菜单里选中"Proteus VSM Simulator"，并且还要点击一下"Use"前面的小圆点以选中该项。接下来点击右侧的"Setting"按钮，设置通信接口，如图 4-19 所示。在"Host"后面添上"127.0.0.1"，表示使用本机地址，如果使用的不是同一台电脑，则需要在这里添上另一台电脑的 IP 地址（另一台电脑也应安装 Proteus），在"Port"后面添加"8000"。这样就可以在 Keil 中对 Proteus 进行调试了，断点、单步、连续运行等操作都可以实现。

Keil 编译时默认生成的是 .HEX 格式目标文件，Keil 与 Proteus 联机调试时还可以通过 OMF 文件实现，其调试窗口信息更方便用户查看。

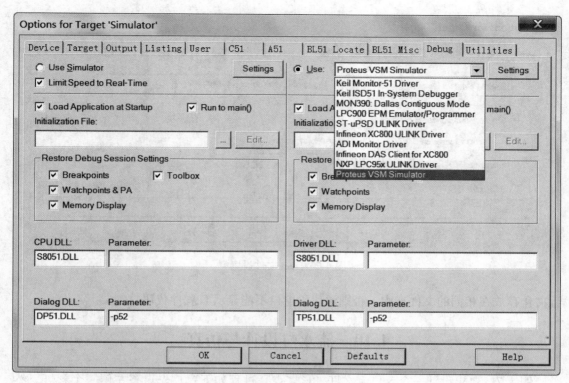

图 4-18　Keil 软件 Debug 设置

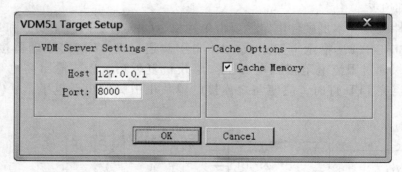

图 4-19　通信接口设置

（1）在 Keil 中执行菜单命令"Project"→"Options for Target"，将会出现"Options for Target'Target 1'"对话框，如图 4-20 所示，点击"Output"属性，勾选"Create HEX File"，在"Name of Executable"中填入"counter.omf"，则编译后，Keil 会同时生成 couter.hex 文件和 counter.omf 文件。

（2）在 Proteus 中将 counter.omf 文件加载到单片机中。

（3）单击 Proteus 的"Debug"→"Start VSM Debugging"进入调试模式。在调试模式下，可以打开寄存器、存储器、SFR、程序代码和变量5个窗口，调试时可观察存储器单元数据的变化。

需要注意，通过.omf 文件实现 Keil 与 Proteus 调试时，必须将 Proteus 工程与 Keil 工

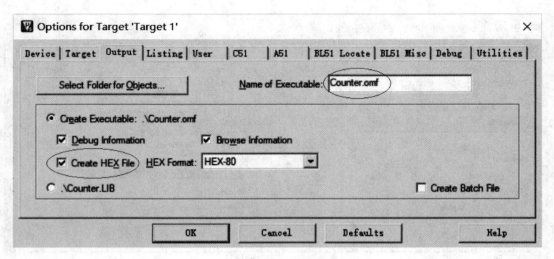

图 4-20   omf 文件设置

程文化存放在相同的文件夹中，否则源代码窗口不能显示 C 程序代码。

4.10   流水灯设计与仿真

例 4.7   要求设计一个 8 位流水灯，彩灯点亮过程如下：首先点亮左侧一个彩灯，然后点亮第 2 个，第 3 个，直到第 8 个，从而完成一次由左至右点亮的过程，然后所有的灯全亮，再全部熄灭。

（1）硬件电路。本例硬件电路主要由单片机 AT89C51、同向驱动器和 8 个绿色发光二极管 LED-GREEN 指示电路组成。P1 口引脚通过 7407 同向驱动器接 LED 的阴极，LED 阳极通过限流电阻接到电源上。单片机复位后，P 口输出高电平，LED 熄灭。当需要点亮 LED 灯时，应使与之连接的单片机引脚输出低电平，硬件原理图如图 4-21 所示。

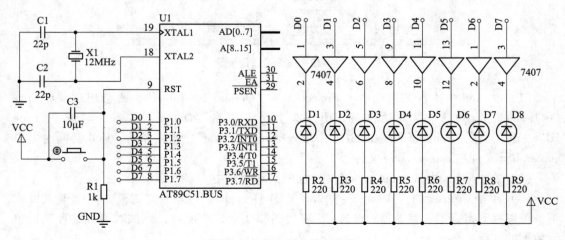

图 4-21   流水灯电路原理图

（2）程序设计。

程序流程图如图 4-22 所示。首先进行初始化，流水灯赋初值、循环次数赋初值，然后输出 LED 流水灯效果，每次输出进行显示样式移位，当循环 8 次后，所有 LED 熄灭点亮一次，产生闪烁效果，然后回到初始位置，循环。

汇编语言程序设计中用到 RL 指令、C 语言程序设计。

汇编语言参考程序：

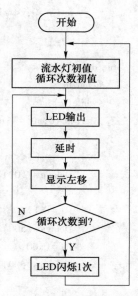

图 4-22　流水灯流程图

```
            ORG     0000H
            AJMP    START
START：MOV      R2,#8
            MOV     A,#0FEH
LOOP： MOV      P1,A
            LCALL   DELAY
            RL      A           ;循环左移
            DJNZ    R2,LOOP     ;判断移动是否超过8位
            MOV     P1,#0FFH    ;熄灭
            LCALL   DELAY
            MOV     P1,#00H;点亮
            LCALL   DELAY
            MOV     P1,#0FFH;熄灭
            LCALL   DELAY
            LJMP    START
DELAY：MOV      R7,#5       ;延时500ms
DLS1： MOV      R6,#200
DLS2： MOV      R5,#248
            NOP
DLS3： DJNZ    R5,DLS3
            DJNZ    R6,DLS2
            DJNZ    R7,DLS1
            RET
            END
```

C 语言参考程序：

```
#include <reg51.h>
#define  uchar   unsigned char
#define  uint    unsigned int
//延时子程序(晶振12MHz,12个振荡周期,以 ms 为单位进行延迟)
void Delayms(uint ms)
{
    uint x,y;
    for(x=0;x<ms;x++)
    {
```

```c
            for(y=0;y<=120;y++);
        }
}
void main(void)
{   uchar m;
    while(1){
    for(m=0;m<=7;m++)
        {
        P1=~(1<<m);          //移位输出流水灯
        Delayms(500);        //延时
        }
        P1=0xFF;
        Delayms(500);
        P1=0x00;
        Delayms(500);
    }
}
```

（3）仿真。

在 Keil C 中建立工程，输入上述程序，进行编译、连接，生成 .Hex 文件和 .omf 文件，在 Proteus 软件中为单片机加载 .hex 文件。在 Keil 软件中选择"Debug"→"Start Debug"启动 Keil 与 Proteus 的联调，可以把 Keil 软件和 Proteus 软件的界面拖动到合适大小以方便调试工作，在调试工程中，可以使用单步、进入循环、跳出循环等调试手段，通过 Keil 软件可以观察源代码以及语言代码执行过程，通过 Proteus 界面可以观察系统的模拟执行情况，Keil 和 Proteus 调试界面如图 4-23、图 4-24 所示。

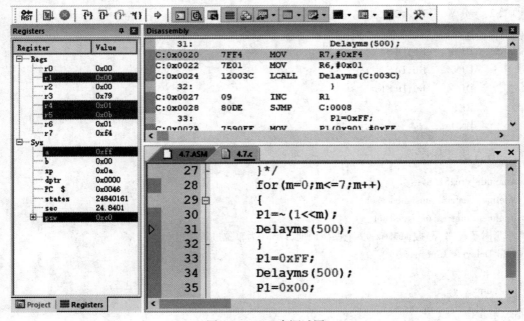

图 4-23　Keil 中调试图

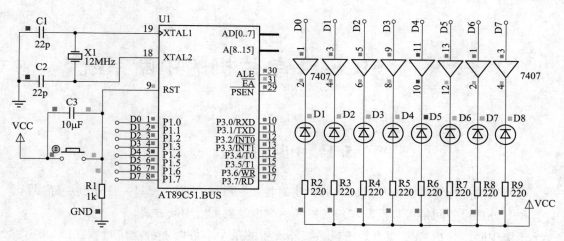

图 4-24 Proteus 仿真图

4.11 思 考 题

1. 什么是标识符，什么是关键字，C51 扩充了哪些关键字？

2. C51 对 MCS-51 单片机的存储空间类型如何定义？

3. 存储器模式有哪几种？

4. 什么是数组？

5. 结构体和联合体有何异同？

6. 什么是指针变量？

7. C51 如何定义 I/O 口？

8. C51 函数定义的一般形式。

9. C51 中断函数如何定义？

10. 什么是预处理？

11. 在 Proteus 中画出流水灯电路原理图，并在 Keil 中编写程序，实现彩灯"乒乓"点亮模式。

5 MCS-51 单片机的中断系统

5.1 中断的概念

中断系统是计算机的重要组成部分。实时控制、故障自动处理时往往用到中断系统，计算机与外部设备间传送数据及实现人机联系时也常常采用中断方式。

所谓中断，是指 CPU 对系统中或系统外发生的某个事件的一种响应过程，即 CPU 暂时停止现行程序的运行，转去执行预先安排好的处理程序（中断服务程序），当处理结束后，再返回到被暂停程序的断点处，继续执行原来的程序。实现这种中断功能的硬件系统和软件系统称为中断系统。

单片机和外部设备之间的数据交换有两种方式，即查询方式和中断方式。查询方式也称为条件传送，主要解决外部设备与 CPU 之间的速度匹配问题。为保证数据传送的正确性，单片机在传送数据之前，首先要查询外部设备是否处于"准备好"状态，只有通过查询确认外部设备已处于"准备好"状态，单片机才能发出访问外设的指令，进而实现数据交换。中断方式是外设主动提出数据传送请求，CPU 在收到这个请求后，才中断原有程序的执行，暂时与外设交换数据，数据交换完成后立即返回主程序继续执行。中断方式完全消除了 CPU 在查询方式中的等待现象，有效提高了 CPU 的工作效率，适合于实时控制。

8051 单片机对中断进行管理需要解决的任务包括：

（1）中断源及中断请求。中断源是中断请求信号的来源，包括产生中断请求信号及该信号如何被 CPU 有效识别。

（2）中断响应与中断返回。CPU 采集到中断请求信号后，需要响应该中断请求并转向特定的中断服务子程序，执行完中断服务子程序后需要返回断点处继续执行，如图 5-1 所示。中断响应与返回的过程中涉及 CPU 响应中断的条件、现场保护等问题。

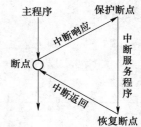

图 5-1　中断响应过程

（3）中断优先级控制。计算机测控系统中往往有多个中断源，当多个中断源同时提出中断请求时，CPU 要区分各个中断源并确定首先为哪一个中断源服务。为了解决这个问题，通常给各中断源规定了中断优先级，计算机按照中断源的优先级高低顺序逐次响应各个中断请求。中断系统优先级控制涉及到优先级排序和中断嵌套。

（4）中断服务程序。中断服务程序完成系统的主要功能，单片机响应中断后由系统自动调用执行。

5.2　8051中断系统结构

MCS-51 单片机系统有 5 个中断源，每个中断源具有 2 个中断优先级，中断系统结构如图 5-2 所示。每一个中断源可以用软件独立地设置为允许中断或关中断状态；每一个中断源的中断级别均可用软件设置为高优先级或低优先级，可实现 2 级中断服务程序嵌套。

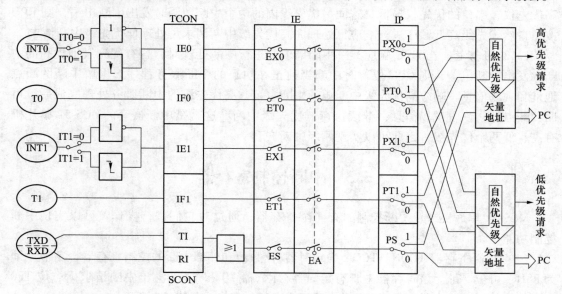

图 5-2　MCS-51 单片机中断系统结构图

（1）中断源。MCS-51 中断系统共有 5 个中断请求源，分别是：

1）$\overline{INT0}$ 外部中断请求 0，由 $\overline{INT0}$ 引脚输入，中断请求标志为 IE0。

2）$\overline{INT1}$ 外部中断请求 1，由 $\overline{INT1}$ 引脚输入，中断请求标志为 IE1。

3）定时器/计数器 T0 溢出中断请求，中断请求标志为 TF0。

4）定时器/计数器 T1 溢出中断请求，中断请求标志为 TF1。

5）串行口中断请求，中断请求标志为 TI 或 RI。

（2）中断入口地址。MCS-51 单片机的 5 个中断源入口地址见表 5-1。当单片机响应中断时，CPU 自动调用该中断源的入口地址程序，因此在程序设计时应留出 ROM 中对应的

表 5-1　MCS-51 中断入口地址及内部优先权

中断源	中断请求标志位	中断入口地址	自然优先级
$\overline{INT0}$	IE0	0003H	高
T0	TF0	000BH	
$\overline{INT1}$	IE1	0013H	↓
T1	TF1	001BH	
串口	TI/RI	0023H	低

中断入口地址。由于各中断源之间只有 8 个字节的空间，而中断服务程序往往大于 8 字节，因此常在中断入口地址处设置一条跳转指令（LJMP、AJMP、SJMP），将中断服务程序转到合适的 ROM 空间。

（3）中断优先级与中断嵌套。

1）优先级。MCS-51 单片机将中断源分为两个优先级：高优先级和低优先级，同一优先级中所有的中断源，有一个默认的优先级顺序，如表 5-1 所示，其中外部中断 0 具有最高优先权，串口的优先权最低。若同一优先级内的两个中断源同时发出中断申请，则 CPU 按照自然优先级高低顺序进行响应，处理完高优先级中断请求再处理低优先级中断请求。

2）中断嵌套。当 CPU 响应某一中断请求并进行中断处理时，若有优先级别更高的中断源发出中断申请，则 CPU 要暂时中断当前正在执行的中断服务程序，保留中断的断点地址和现场信息，响应高优先级中断源的中断申请。高优先级的中断服务处理完成后，再回到断点处，恢复现场信息，继续执行低优先级中断，这就是中断嵌套。MCS-51 单片机有高、低两个优先级，因此可以实现两级中断嵌套。

5.3　中断控制寄存器

MCS-51 单片机涉及中断控制的有 4 个寄存器，通过对它们进行操作，可以实现中断控制功能。

（1）控制寄存器 TCON。TCON 为定时器/计数器和外部中断的控制寄存器，字节地址为 88H，可位寻址。该寄存器中既有定时器/计数器 T0 和 T1 的溢出中断请求标志位 TF0 和 TF1，也包括了外部中断请求标志位 IE0 与 IE1，其格式如表 5-2 所示。

表 5-2　TCON 位地址

TCON	TF1	TR1	TF0	TR0	IE1	IT1	IE0	IT0	88H
位地址	8FH	8EH	8DH	8CH	8BH	8AH	89H	88H	

TCON 寄存器中与中断系统有关的各标志位的功能如下：

1）IT0：外部中断 0 请求（$\overline{INT0}$）的触发方式控制位，由软件置 1 或清零。

IT0 = 0，电平触发方式，当 $\overline{INT0}$ 上出现低电平时为有效信号。在这种方式下，CPU 在每个机器周期的 S5P2 采样 $\overline{INT0}$ 引脚，中断标志寄存器不锁存中断请求信号，若 $\overline{INT0}$ 引脚为低电平则认为有中断申请，将 IE0 标志置 1；若为高电平，则认为无中断申请或中断申请已撤除，随即清除 IE0 标志。也就是说，单片机把每个机器周期的 S5P2 采样到的外部中断源口线的电平逻辑直接赋值到中断标志寄存器。标志寄存器对于请求信号来说是透明的。这样当中断请求被阻塞而没有得到及时响应时，将被丢失。在电平触发方式中，CPU 响应中断后不能自动清除 IE0 标志位，也不能由软件清除 IE0 标志位，所以在中断返回前必须撤消 $\overline{INT0}$ 引脚上的低电平，否则将再次中断造成出错。

IT0 = 1，边沿触发方式，当 $\overline{INT0}$ 上出现从高到低的下降沿为有效信号。CPU 在每个机器周期的 S5P2 采样 $\overline{INT0}$ 引脚，若在连续两个机器周期采样到先高后低电平，则将 IE0

标志置 1，此标志一直保持到 CPU 响应中断时，才由硬件自动清除。在边沿触发方式中，中断标志寄存器锁存了中断请求。为保证 CPU 在两个机器周期内检测到先高后低的负跳变，输入高低电平的持续时间起码要保持 12 个时钟周期。

2）IE0：外部中断请求 0 的中断请求标志位。IE0 = 1，表示外部中断 0 正在向 CPU 请求中断。IT0 = 1 时，当 CPU 响应中断，由硬件清除 IE0。

3）IT1：外部中断请求 1 触发方式控制位，功能与 IT0 类似。

4）IE1：外部中断请求 1 的中断请求标志位，功能与 IE0 类似。

5）TF0：片内定时器/计数器 T0 溢出中断标志位。当启动 T0 后，T0 从初值开始加 1 计数，当计满溢出时，由硬件置位 TF0，向 CPU 申请中断，此标志一直保持到 CPU 响应中断后，才由硬件自动清零。也可以软件查询 TF0 标志位，并由软件清零。

6）TF1：片内定时器/计数器 T1 溢出中断标志位，功能和 TF0 类似。

7）TR0、TR1：定时器/计数器 T0 和定时器/计数器 T1 的运行控制位，将 TR0 置 1 则启动 T0，将 TR0 清零则停止 T0。

（2）串口控制寄存器 SCON。SCON 为串行口控制寄存器，字节地址为 98H，可位寻址。SCON 的低 2 位锁存串行口的发送中断和接收中断的中断请求标志 TI 和 RI，其格式如表 5-3 所示。

表 5-3 SCON 位地址

SCON	—	—	—	—	—	—	TI	RI	98H
位地址	—	—	—	—	—	—	99H	98H	

1）TI：串行口发送中断标志位。CPU 将 1 字节的数据写入发送缓冲器 SBUF 时，就启动 1 帧串行数据的发送，每发送完 1 帧串行数据后，硬件自动置位 TI。CPU 响应串行口发送中断时，CPU 并不清除 TI 标志，必须在中断服务程序中用软件对 TI 清零。

2）RI：串行口接收中断标志位。在串行口接收完 1 帧串行数据，硬件自动置位 RI。CPU 在响应串行口接收中断时，并不清除 RI 标志，必须在中断服务程序中用软件对 RI 清零。

（3）中断允许寄存器 IE。MCS-51 的 CPU 对中断源的开放或屏蔽，是由片内的中断允许寄存器 IE 控制的。IE 的字节地址为 A8H，可进行位寻址。其格式如表 5-4 所示。

表 5-4 IE 位地址

IE	EA	—	—	ES	ET1	EX1	ET0	EX0	A8H
位地址	AFH	—	—	ACH	ABH	AAH	A9H	A8H	

中断允许寄存器 IE 通过对中断的开放和关闭实现 2 级控制。所谓 2 级控制，就是有 1 个总的开关中断控制位 EA（IE.7 位），当 EA = 0 时，CPU 屏蔽所有的中断请求，称 CPU 关中断；当 EA = 1 时，CPU 开放中断，但 5 个中断源的中断请求是否能响应，还要由 IE 中的低 5 位所对应的中断允许控制位来决定，中断控制位置 1 允许中断，清零则关中断。

EA：中断允许总控制位。

ES：串行口中断控制位。

ET1：定时器/计数器 T1 的溢出中断控制位。

EX1：外部中断 1 中断控制位。

ET0：定时器/计数器 T0 的溢出中断控制位

EX0：外部中断 0 中断控制位。

MCS-51 复位以后，IE 被清零，所有的中断请求被禁止。若要使用某一个中断源，则需要设置 EA=1，然后设置 IE 相应的位=1。

例 5.1　如果允许片内 2 个定时器/计数器中断，禁止其他中断源的中断请求。请编写出设置 IE 的相应程序段。

1）用位操作指令来编写如下程序段：

```
CLR     ES                      ;禁止串行口中断
CLR     EX1                     ;禁止外部中断 1 中断
CLR     EX0                     ;禁止外部中断 0 中断
SETB    ET0                     ;允许定时器/计数器 T0 中断
SETB    ET1                     ;允许定时器/计数器 T1 中断
SETB    EA                      ;CPU 开中断
```

2）用字节操作指令来编写：

```
MOV     IE,# 8AH                ;#10001010B→IE,ET0、ET1、EA 置 1
```

或者：

```
MOV     0A8H,# 8AH              ;A8H 为 IE 寄存器的地址字节地址
```

（4）中断优先级控制器 IP。MCS-51 的中断源有 2 个中断优先级，每一个中断源可由软件定为高优先级中断或低优先级中断，可实现 2 级中断嵌套。当 CPU 正在执行低优先级的中断服务程序时，可被高优先级中断请求所中断，去执行高优先级中断服务程序，待高优先级中断处理完毕后，再返回低优先级中断服务程序。若 MCS-51 正在执行高优先级的中断，则不能被任何中断源所中断，一直执行到中断服务程序结束，遇到中断返回指令 RETI，返回主程序再执行一条指令后才能响应新的中断请求。

MCS-51 的片内有一个中断优先级控制器 IP，其字节地址为 B8H，可位寻址。只要修改各位状态即可设置各中断源的优先级。IP 寄存器的格式如表 5-5 所示。

表 5-5　中断优先级寄存器 IP 格式

IP	—	—	—	PS	PT1	PX1	PT0	PX0	B8H
位地址	—	—	—	BCH	BBH	BAH	B9H	B8H	

中断优先级寄存器 IP 各个位的含义如下：

PS：串行口中断优先级控制位。

PT1：定时器 T1 中断优先级控制位。

PX1：外部中断 1 中断优先级控制位。

PT0：定时器 T0 中断优先级控制位。

PX0：外部中断 0 中断优先级控制位。

可以使用位指令或字节操作指令设置中断优先级控制寄存器 IP 的各个位，置 1 设置

为高优先级，清零则设置为低优先级。MCS-51 复位以后，IP 的内容为 0，各个中断源默认为低优先级。

在同时收到几个同一优先级的中断请求时，哪一个中断请求能优先得到响应，取决于内部的查询顺序。这相当于在同一个优先级内，还同时存在自然优先级顺序，如表 5-1 所示，外部中断 0 的优先权最高，串行口中断的优先权最低。

例 5.2 设置 IP 寄存器的初始值，使得 MCS-51 的外中断 0 和定时器 0 为高优先级，其他中断请求为低优先级。

1）用位操作指令：

```
SETB    PX0          ;外中断 0 为高优先级
SETB    PT0          ;定时器 0 为高优先级
CLR     PS           ;串行口、2 个定时器/计数器为低优先级中断
CLR     PX1
CLR     PT1
```

2）用字节操作指令：

```
MOV IP,# 03H         ;#00000011B->IP,PX0、PT0 置 1
```

或者：

```
MOV 0B8H,# 03H       ;B8H 为 IP 寄存器的字节地址
```

5.4　中断响应过程

MCS-51 单片机中断处理过程大致分为 4 步：中断请求、中断响应、中断服务、中断返回，如图 5-3 所示。

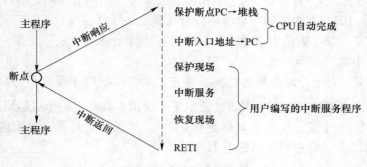

图 5-3　中断过程示意图

（1）中断请求。外部中断源 $\overline{\text{INT0}}$（P3.2）及 $\overline{\text{INT1}}$（P3.3）发出有效的中断信号时，相应的中断请求标志 IE0 及 IE1 置 1，提出中断请求。内部定时计数器 T0、T1 溢出，则相应的中断请求标志 TF0 或 TF1 置 1，提出中断请求。CPU 不断查询这些中断请求标志并根据响应中断条件响应中断请求。

（2）中断响应。中断源发出中断请求后，CPU 响应中断必须满足以下条件：

1）CPU 开中断，即中断总允许位 EA=1，该中断源的中断允许位=1。

2）未执行同级或更高级中断服务。

3）当前执行指令的指令周期已经结束。

4）正在执行的不是 RETI 或访问 IE、IP 指令，否则要再执行一条指令后才能响应。

CPU 响应中断后，中断系统通过硬件生成长调用指令（LCALL），此指令首先将中断点的地址压入堆栈保护起来，然后将中断入口地址装入程序计数器 PC，并转移到该入口地址执行中断服务程序。当执行完中断服务程序的最后一条指令 RETI 后，自动将原先压入堆栈的断点 PC 值弹回 PC 中，返回断点处继续执行。

（3）中断服务。用户要根据项目任务编写中断服务程序，一般来说，中断服务程序包括以下几个部分：

1）保护现场。进入中断服务程序后，需将在中断服务程序中可能改变的存储单元（如 ACC、PSW、DPTR 等），通过 PUSH 指令压入堆栈保护起来，以便中断返回时恢复。

2）执行项目任务。中断源请求中断的主要任务是执行相关控制功能，完成控制任务。

3）恢复现场。与保护现场相对应，在中断返回前（RETI 指令），通过 POP 指令将保护现场的内容弹出堆栈，送到原来存储单元中，最后执行中断返回指令。

（4）中断返回。在中断服务程序的最后，必须安排一条中断返回指令 RETI，其作业是：

1）恢复断点地址。将原来压入堆栈中的断点地址弹出，送到 PC 中。这样 CPU 就可以返回到断点处继续执行被中断的程序。

2）清除优先级状态触发器，开放响应中断时屏蔽的其他中断。

（5）中断请求的撤除。中断响应后，如果中断请求信号及中断请求标志不清除，CPU 会继续查询这些标志位造成中断程序的多次重复执行。因此存在中断请求的撤除问题。

1）硬件清零。定时/计数器 T0、T1 和边沿触发方式下的 INT0 及 INT1 的中断标志位 TF0、TF1、IE0、IE1，在中断响应后由硬件自动撤除。

2）软件清零。CPU 响应串口中断后，硬件不能自动清除中断标志位，用户应在串行中断服务程序中用指令清除标志位 TI、RI。

3）强制清零。对于外部中断的电平触发方式，CPU 响应中断时不会自动清除 IE0 或 IE1 标志，如果加在 INT0 或 INT1 引脚的低电平不撤销，则在下一个机器周期当 CPU 检测外中断时会再次引起中断，又会使 IE0 或 IE1 置 1，从而产生错误。对于这种情况，可采用外加电路的方法，清除中断请求标志来源。

由图 5-4 可见，将 D 触发器输入端接低电平，并通过 D 触发器的输出端 Q 接到 INT0 或 INT1 。当外部中断信号由高变低，则产生一个 CLK 信号，Q 端输出低电平向 CPU 申请中断，增加的 D 触发器不影响中断请求。中断响应后，为了撤销中断请求，可通过直接设置 SD 将 Q 置位实现。因此，只要 P1.0 端输出一个负脉冲就可以使 D 触发器置 1，从而撤消了低电平的中断请求信号。所需的负脉冲可通过在中断服务程序中增加如下 2 条指令得到：

```
ANL   P1 ,# 0FDH              ;P1. 1 为 0
ORL   P1 ,# 02H              ;P1. 1 为 1
```

第一条指令使 P1.1 输出低电平，延续两个机器周期，D 触发器置位，Q 端输出 1，从而撤出中断请求。第二条指令使 P1.1 输出高电平，否则 D 触发器的 $\overline{SD}$ 引脚始终有效，$\overline{INT0}$ 引脚始终为 1，无法再次申请中断。可见，电平触发方式的外部中断请求信号的完全撤销，是通过软硬件相结合的方法来实现的。

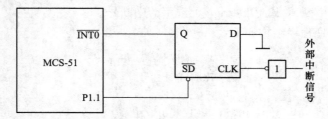

图 5-4　电平触发中断清除电路

（6）中断的响应时间。CPU 不是在任何情况下对中断请求都予以响应，在不同的情况下对中断响应的时间是不同的。以外部中断为例，在每个周期的 S5P2 期间，$\overline{INT0}$、$\overline{INT1}$ 的电平被锁存到 TCON 的 IE0 和 IE1 标志位，CPU 在下一个机器周期才会查询这些值。如果这时满足中断响应条件，中断立即被响应，CPU 接着执行一条硬件长调用指令 LCALL，转到相应的中断矢量入口地址。调用指令本身需要 2 个机器周期，这样，从外部中断请求到有效执行中断服务程序的第一条指令，至少需要 3 个机器周期，这是最短的响应时间。

如果正在执行的一条指令还没有进行到最后一个周期，例如正执行 RETI 或是访问 IE 或 IP 的指令，则需把当前指令执行完再继续执行 1 条指令后，才能响应中断。执行上述的 RETI 或是访问 IE 或 IP 的指令，最长需要 2 个机器周期。而接着再执行的 1 条指令，按最长的指令（乘法指令 MUL 和除法指令 DIV）来算，需要 4 个机器周期。再加上硬件子程序调用指令 LCALL 的执行，需要 2 个机器周期。所以，外部中断响应最长时间为 8 个机器周期。

5.5　中断系统应用实例

5.5.1　中断应用

单片机应有系统设计一般包括以下步骤。

（1）根据系统要实现的功能，确定中断源、中断触发方式、中断优先级、中断嵌套及外部硬件电路。

（2）中断系统初始化。

通过软件程序实现对特殊功能寄存器 TCON、SCON、IE 及 IP 的设置。设置 EA 位，实现 CPU 开中断与关中断；设置中断允许控制寄存器 IE，允许相应的中断源中断请求；

设置中断优先级寄存器 IP，确定并分配所使用的中断源的优先级；若是外部中断源，还要设置中断请求的触发方式 IT1 或 IT0，以决定采用电平触发方式还是边沿触发方式。

（3）中断服务程序设计。

1）由于各中断入口地址是固定的，而程序又必须先从主程序起始地址 0000H 执行。所以，在 0000H 起始地址的 3 个字节中，要用无条件转移指令跳转到主程序。另外，各中断入口地址之间依次相差 8 字节，如果中断服务程序超过 8 字节，需要在中断入口地址设置一条跳转指令（SJMP、AJMP、LJMP），将中断服务程序转到合适的 ROM 空间。在 C51 程序中，需要确定中断函数的 Interrupt 关键字的中断号。

常用的中断处理程序结构如下：

```
ORG 0000H              ;主程序入口地址
LJMP MAIN              ;主程序 ROM 地址标号
ORG 0003H              ;外部中断 0 入口地址
LJMP INTXX             ;中断服务程序起始地址标号
ORG 0100H              ;主程序 ROM 起始地址
MAIN:
    主程序
    ......

INTXX:                 ;中断服务程序
    中断服务程序
    ......

    RETI               ;中断返回
    END
```

注意：在以上的主程序结构中，如果有多个中断源，就对应有多个"ORG 中断入口地址"，"ORG XXXXH" 必须依次由小到大排列。

2）保护现场。为了使中断服务程序的执行不破坏 CPU 某些寄存器和存储器单元中的数据，以免在中断返回后影响主程序的运行，要把它们送入堆栈中保存起来，这就是现场保护。现场保护要位于中断处理程序的前面。中断处理结束后，在返回主程序前，则需要把保存的现场内容从堆栈中弹出，以恢复那些寄存器和存储器单元中的原有内容，这就是现场恢复。现场恢复位于中断处理程序的后面。堆栈操作指令 PUSH 和 POP，主要是供现场保护和现场恢复使用。程序中应尽量减少保护现场的数据存储单元数量以合理使用堆栈。

3）中断处理，实现系统功能。

4）恢复现场。

5）中断返回。汇编语言程序中，最后用 RETI 指令返回中断。CPU 执行完这条指令后，把响应中断时所置 1 的优先级状态触发器清零，然后从堆栈中弹出栈顶上的 2 字节的断点地址送到程序计数器 PC，CPU 从断点处继续执行被中断的主程序。在 C51 中，中断函数的类型为 void，不需要返回指令。

中断服务程序的基本流程如图 5-5 所示。图中保护现场和恢复现场前关中断，是为了防止此时有高一级的中断进入，避免现场被破坏；在保护现场和恢复现场之后的开中断是

为下一次的中断做好准备，也为了允许有更高级
的中断进入。这样做的结果是，中断处理可以被
打断，除了现场保护和现场恢复的片刻外，仍然
保持着中断嵌套的功能。

但有的时候，对于一个重要的中断，必须执
行完毕，不允许被其他的中断所嵌套。对此可在
现场保护之前先关闭中断系统，彻底屏蔽其他中
断请求，待中断处理完毕后再开中断。

（4）仿真调试。编写功能程序，在 Keil 及
Proteus 中仿真调试。

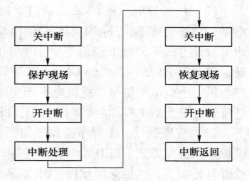

图 5-5　中断服务流程

5.5.2　中断举例

例 5.3　通过 P3.2 引脚接一个按键，当按下按键产生中断信号，控制 LED 灯亮灭状
态。分别采用边沿触发方式和电平触发方式实现中断响应，观察控制效果。

（1）硬件电路。本例硬件电路比较简单，主要由单片机 AT89C51、红色发光二极管
LED-RED 指示灯、选择开关 SW-SPDT 和按键 BUTTON 组成。单片机 P3.2 引脚接按键，
引入中断信号；P1.7 引脚接 LED 的阴极，LED 阳极通过限流电阻接到电源上。当需要点
亮 LED 灯时，应使与之连接的单片机引脚输出低电平，硬件原理图如图 5-6 所示。为了比
较电平触发方式和边沿触发方式的不同效果，并接了两种按键，K1（button）是轻触开关，
K2（switch）是自锁开关，自锁开关按下后可以一直保持锁定状态。

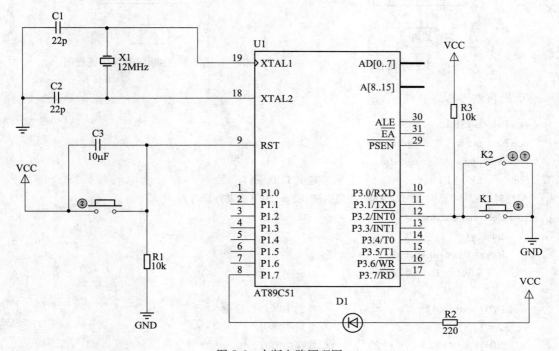

图 5-6　中断电路原理图

（2）任务分析。将 P3.2 口通过上拉电阻接到电源，可以保证在空闲时 P3.2 处于高电平；当按键按下，外部中断信号输出口 P3.2 接到 GND 时，产生了一个下降沿信号，在边沿触发方式下，此下降沿产生中断申请信号，中断服务程序控制 P0.0 口的 LED 灯反转，若此后 P3.2 一直接到 GND，LED 只反转一次；如果采用电平触发方式，按键按下后产生了一个低电平信号，此低电平产生中断申请信号，中断服务程序控制 P0.0 口的 LED 灯反转，若此后 P3.2 持续接到 GND，LED 会反复反转，这与边沿触发有区别。

（3）程序设计。主程序流程图如图 5-7 所示，主程序首先完成初始化，包括开中断、设置中断触发方式、LED 端口初始化等，之后执行主程序体循环。中断服务程序首先检测按键有无按下，然后采用软件延时 10ms 去除按键抖动，确认按键按下，将 LED 取反，中断服务程序流程图如图 5-8 所示。

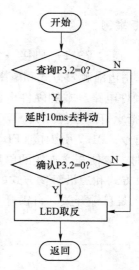

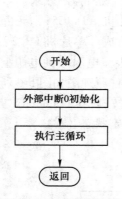

图 5-7　主程序流程图　　　　　　　　图 5-8　中断服务程序流程图

C 语言参考程序：

```
#include<reg51.h>
#define   uchar      unsigned char
#define   uint       unsigned int
Sbit      LED=P1^7;                    //定义 LED 端口
//延时子程序(晶振 12Mhz,12 个振荡周期,以 ms 为单位进行延迟)
void Delayms(uint ms)
{ uint x,y;
    for(x=0;x<=ms;x++)
      { for(y=0;y<=120;y++); }
}
void INT0_init(void)             //外部中断 0 初始化
{ EA=1;                          //全局中断开
  EX0=1;                         //外部中断 0 开
  IT0=1;                         //边沿触发方式,若采用电平触发方式,则设置 IT0=0
```

```
        LED = 1;                    //LED 口初始值
}
voidmain(void)
{   INT0_init();
    while(1){   }
}
```

//中断服务程序 interrupt 0 指明是外部中断 0 的中断函数
/＊ interrupt 0 指明是外部中断 0;
interrupt 1 指明是定时器中断 0;
interrupt 2 指明是外部中断 1;
interrupt 3 指明是定时器中断 1;
interrupt 4 指明是串行口中断; ＊/

```
void ISR_Key(void) interrupt 0 using 1
{if(! INT0){                      //查询引脚 P3.2 按下
    Delayms(10);                  //防抖动
        if(! INT0){               //确认按键按下
            LED = ! LED;          //按下触发一次,LED 取反一次
}   }   }
```

汇编语言程序:

```
        LED     BIT     P1.7        ;定义 LED 端口
        KEY     BIT     P3.2        ;定义按键,也可采用 SBIT 伪指令
        ORG     0000H               ;主程序入口地址
        LJMP    MAIN
        ORG     0003H               ;设置外部中断矢量地址
        JMP     INT_0               ;跳转到中断控制入口处
        ORG     0100H               ;主程序 ROM 起始地址
MAIN:   MOV     SP, #30H
        SETB    EA                  ;全局中断开
        SETB    EX0                 ;外部中断 0 开
        SETB    IT0                 ;边沿触发
        SETB    LED                 ;初始化 LED
        SJMP    $                   ;主程序
INT_0:                              ;中断服务程序
        CLR     EA                  ;关中断
     PUSH       ACC
        PUSH    PSW                 ;保护现场
        SETB        EA              ;开中断
        JB      KEY, AA             ;检测按键
        LCALL   DELAY               ;去抖动
        JB      KEY, AA             ;确认按键按下
        CPL     LED                 ;按下触发一次,LED 取反一次
AA:     CLR     EA                  ;关中断
```

```
          POP     PSW              ;恢复现场
          POP     ACC
          SETB    EA               ;开中断
          RETI                     ;中断返回
     DELAY：MOV   R6,#20           ;延时子程序约 10ms
     D1：   MOV   R7,#248
          DJNZ    R7,$
          DJNZ    R6,D1
          RET
          END                      ;汇编程序结束
```

（4）仿真。将程序在 KEIL C 中编译后，在 Proteus 中加载 HEX 文件到 AT89C51 CPU 中，运行电路原理图进行仿真，如图 5-9 所示。在边沿触发方式下，按下 K1 键或 K2 键，D1 点亮，再次按下，则 D1 熄灭；在电平触发方式下，按下 K1 键，D1 状态取反，如果按下 K2 键，则 D1 不停地取反，产生闪烁现象，如果一直按下 K1 键，也能出现同样的效果。此例题可较直观地反映边沿触发方式和电平触发方式下的区别。

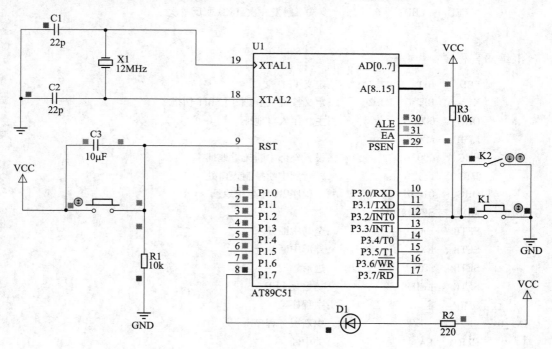

图 5-9　电路仿真图

例 5.4　单片机通过 P1 口外接 8 个 LED 灯，主程序控制 LED 从左向右产生流水灯效果。如果按下 K0 键，8 个 LED 同时闪烁，4 次后熄灭；如果按下 K1 键，高 4 位 LED 亮，低 4 位 LED 灭，然后高 4 位 LED 灭，低 4 位 LED 亮，共四次。

（1）硬件电路。本例硬件电路主要由单片机 AT89C51、2 个按键 BUTTON 和 8 个绿色发光二极管 LED-GREEN 指示电路组成。单片机 P3.2、P3.3 引脚接按键，引入中断信号；P1 口引脚通过 7407 同向驱动器接 LED 的阴极，LED 阳极通过限流电阻接到电源上。单片机复位后，P 口输出高电平，LED 熄灭。当需要点亮 LED 灯时，应使与之连接的单片机引脚输出低电平，硬件原理图如图 5-10 所示。

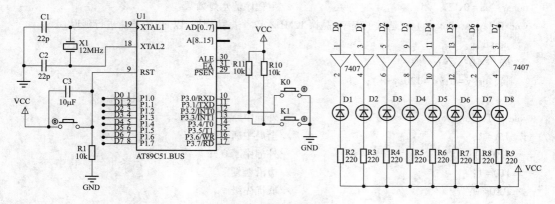

图 5-10 流水灯电路原理图

（2）任务分析。将 P3.2、P3.3 引脚通过上拉电阻接到电源，可以保证在空闲时中断处于高电平；当按键按下，外部中断信号输出口 P3.2 接到 GND 时，产生了一个下降沿信号，在边沿触发方式下，此下降沿产生中断申请信号，外部中断 0 的中断服务程序控制 LED 闪烁 6 次后熄灭；当按下 P3.3 时，外部中断 1 中断服务程序控制 8 个 LED 产生高 4 位和低 4 位分时亮灯效果。主程序使得 LED 产生流水灯效果。如果没有设置中断优先级，则 K0 和 K1 按键先按下先服务；如果设置了高中断优先级，例如设置外部中断 1 为高优先级，外部中断 0 为低优先级，则按下 K1 键时会中断 K0 键执行效果，外部中断 1 执行完后继续外部中断 0 的执行，最后返回主程序执行。

（3）程序设计。主程序流程图、外部中断 0 流程图、外部中断 1 流程图如图 5-11～图 5-13 所示。

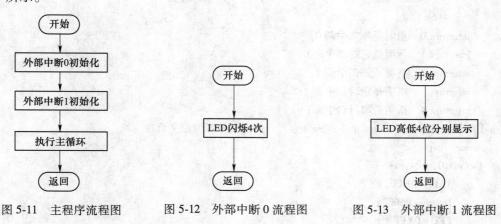

图 5-11 主程序流程图　　　图 5-12 外部中断 0 流程图　　　图 5-13 外部中断 1 流程图

C 语言参考程序：

```
#include<reg51. h>
#include<intrins. h>
#define  uchar  unsigned char
```

```
#define   uint   unsigned int
#define   LED   P1                          //定义 LED 端口
uchar   aa = 0xFE;                          //主程序流水灯效果
void Delayms(uint ms) //延时子程序(晶振 12MHz,12 个振荡周期,以 ms 为单位进行延迟)
{  uint x,y;
   for(x=0;x<=ms;x++)
   {  for(y=0;y<=120;y++);   }
}
void INT0_init(void)                        //外部中断 0 初始化
{  EA=1;                                    //全局中断开
   EX0=1;                                   //外部中断 0 开
   IT0=1;                                   //边沿触发
   PX0=0;                                   //低优先级
}
void INT1_init(void)                        //外部中断 1 初始化
{  EA=1;                                    //全局中断开
   EX1=1;                                   //外部中断 1 开
   IT1=1;                                   //边沿触发
   PX1=1;                                   //高优先级,可嵌套
}
void main(void)
{  INT1_init();
   INT0_init();
   while(1){   LED=aa;
               Delayms(500);
               aa=_crol_(aa,1);             //产生流水灯效果
} }
/ *   interrupt 0   指明是外部中断 0;
      interrupt 1   指明是定时器中断 0;
      interrupt 2   指明是外部中断 1;
      interrupt 3   指明是定时器中断 1;
      interrupt 4   指明是串行口中断; */
void ISR_Key0(void) interrupt 0 using 1     //外部中断 0 服务程序
{  uchar   m;
   for(m=0;m<4;m++)
         {LED=0x00;
         Delayms(500);
         LED=0XFF;
         Delayms(500);   }
}
void ISR_Key1(void) interrupt 2 using 2     //外部中断 1 服务程序
{  uchar   i;
   for(i=0;i<4;i++)
```

```
                {LED = 0x0F;
                Delayms(500);
                LED = 0xF0;
                Delayms(500);    }
        }
```

汇编语言程序:

```
            LED     EQU     P1
            ORG     0000H
            lJMP    START
            ORG     0003H
            LJMP    Key0
            ORG        0013H
            LJMP    Key1
            ORG0       100H
START:      MOV     SP,#30H          ;确立堆栈区
            SETB    EA               ;全局中断开
            SETB    EX0              ;外部中断 0 开
            SETB    IT0              ;边沿触发
            SETB    EX1              ;外部中断 0 开
            SETB    IT1              ;边沿触发
            SETB    PX1              ;外部中断 1 为高优先级
            MOV     A,#0FEH
AA:         MOV     LED,A            ;主程序产生流水灯
            LCALL   DELAY
            RL      A
            SJMP    AA
Key0:       PUSH    ACC              ;外部中断 0 服务程序
            PUSH    PSW              ;现场保护
            SETB       RS0           ;设定工作寄存器组 1
            CLR     RS1
            MOV     R3,#04H
LOOP0:      MOV     LED,#00H
            LCALL   DELAY
            MOV     LED,#0FFH
            LCALL   DELAY
            DJNZ    R3,LOOP0
            POP     PSW
            POP     ACC              ;恢复现场
            RETI
Key1:       PUSH    ACC              ;外部中断 1 服务程序,闪烁
            PUSH    PSW
            SETB       RS1           ;设定工作寄存器组 2
```

```
            CLR      RS0
            MOV      R4,#04H
LOOP1:      MOV      LED,#0F0H
            LCALL    DELAY
            MOV      LED,#0FH
            LCALL    DELAY
            DJNZ     R4,LOOP1
YY:         POP      PSW
            POP      ACC
            RETI
DELAY:      MOV      R5,#20            ;延时程序,0.2S
D1:         MOV      R6,#20
D2:         MOV      R7,#248
            DJNZ     R7,$
            DJNZ     R6,D2
            DJNZ     R5,D1
            RET
            END
```

（4）仿真。将程序在 KEIL C 中编译后，在 Proteus 中加载 HEX 文件到 AT89C51 CPU 中，运行电路原理图进行仿真。单片机启动后 8 个二极管 D1～D8 产生流水灯效果，当按下 K0 键时 D1～D8 闪烁 4 次后返回主程序，继续产生流水灯，当按下 K1 键时，D1～D8 高低 4 位轮流点亮，4 次后返回主程序。由于在程序中将外部中断 1 设置为高优先级，如果 K0 键按下之后，紧接着按下 K1 键，则会发生中断嵌套，外部中断 0 的程序被外部中断 1 打断，先进行高低 4 位轮流点亮，之后返回到外部中断服务程序 0 执行剩下的闪烁操作，最后返回主程序产生流水灯效果。程序运行仿真效果如图 5-14、图 5-15 所示。

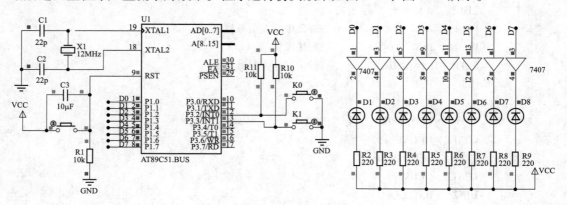

图 5-14   K0 键按下效果

例 5.5   扩充外部中断源。若系统中有多个外部中断请求源，可以按它们的轻重缓急进行排队，采用中断和查询相结合的方法扩充外部中断源。例如图 5-16 采用按键 K1～K4 模拟了 4 个外部中断源，这四个外部中断通过二极管接到 MCS-51 的输入端 $\overline{\text{INT0}}$，构成了

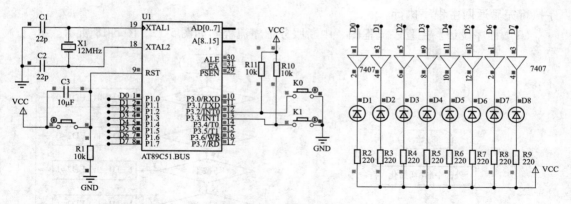

图 5-15 K1 键按下效果

线与逻辑，当某个外部中断源输出低电平，单片机的 $\overline{\text{INT0}}$ 经二极管接低电平，产生中断请求输入信号。外部中断请求信号同时接到单片机的 P1.1~P1.4 作为查询端。

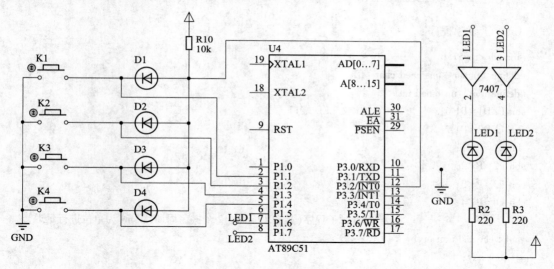

图 5-16 扩展外部中断源

（1）**硬件电路。** 本例硬件电路主要由单片机、按键 K1~K4、二极管 D1~D4、2 个 LED 指示灯组成。D1~D4 的阳极接到单片机外部中断输入 $\overline{\text{INT0}}$，阴极接到 P1 口，当 K1~K4 中有一个或几个出现低电平，使得 $\overline{\text{INT0}}$ 为低电平触发中断。P1.6、P1.7 引脚通过同向驱动器 7407 接 LED 的阴极，LED 阳极通过限流电阻接到电源上。

（2）**任务分析。** 当按下 K1~K4 某个按键时将产生外部中断请求信号，单片机响应中断服务请求，在中断服务程序中依次查询 K1~K4 的状态，识别提出请求的外部中断源，并转向对应的中断服务程序为其服务，软件的查询顺序即为外部扩展中断源的中断优先级顺序。主程序功能是 LED1、LED2 依次闪烁，K1 中断服务程序的任务是将 LED1、LED2 点亮 2s；K2 中断服务程序的任务是 LED1 灭、LED2 亮 2s；K3 中断服务程序的任务是 LED1 亮、LED2 灭 2s；K4 中断服务程序的任务是 LED1 灭、LED2 灭 2s；外部中断服务程序执行完后返回主程序执行。

（3）程序设计。主程序流程图、中断服务程序流程图如图 5-17、图 5-18 所示。

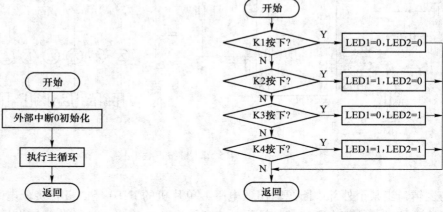

图 5-17　主程序流程图　　　　　图 5-18　中断服务程序流程图

C 语言参考程序:

```c
#include<reg51.h>
#define   uchar   unsigned char
#define uint   unsigned int
sbit LED1 = P1^6;              //定义 LED 端口
sbit LED2 = P1^7;
sbit k1 = P1^1;
sbit k2 = P1^2;
sbit k3 = P1^3;
sbit k4 = P1^4;
                              //延时子程序(晶振 12MHz,12 个振荡周期,以 ms 为单位进行延迟)
void Delayms(uint ms)
{  uint x,y;
  for(x = 0;x <= ms;x++)
  {  for(y = 0;y <= 120;y++);  }  }
void INT0_init(void)          //外部中断 0 初始化
{   EA = 1;                   //全局中断开
    EX0 = 1;                  //外部中断 0 开
    IT0 = 1;                  //边沿触发
    PX0 = 0;                  //低优先级
}
void main(void)
{   INT0_init();
    while(1){             LED1 = 0;
                          LED2 = 1;
                          Delayms(500);
                          LED1 = ~ LED1;
```

```
                    LED2 = ~ LED2；
                    Delayms（500）；      ｝
｝
void ISR_Key0（void）interrupt 0 using 1
｛  EA = 0；                          //关中断
    if（k1 = = 0）
            ｛LED1 = 0；
            LED2 = 0；
            Delayms（2000）；   ｝
    if（k2 = = 0）
            ｛LED1 = 1；
            LED2 = 0；
            Delayms（2000）；   ｝
    if（k3 = = 0）
            ｛LED1 = 0；
            LED2 = 1；
            Delayms（2000）；   ｝
    if（k4 = = 0）
            ｛LED1 = 1；
            LED2 = 1；
            Delayms（2000）；｝
            EA = 1；                //开中断
｝
```

（4）仿真。将程序在 KEIL C 中编译后，在 Proteus 中加载 HEX 文件到 AT89C51 CPU 中，运行电路原理图进行仿真。单片机启动后二极管 LED1、LED2 依次闪烁，当按下 K1 键时 LED1 和 LED2 亮 2s 后开始闪烁；当按下 K4 键后，LED1 和 LED2 同时熄灭 2s 后恢复闪烁。程序运行仿真效果如图 5-19 所示。

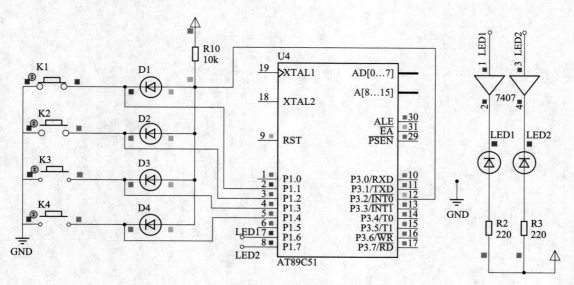

图 5-19　按下 K1 键效果

5.6 思 考 题

1. 什么是中断系统，中断系统的功能是什么？

2. MCS-51 有哪些中断源，各中断优先级顺序怎样确定？

3. 什么是中断嵌套？

4. TCON 主要功能是什么？

5. MCS-51 单片机响应外部中断的典型时间是多少？在哪些情况下，CPU 将推迟对外部中断请求的响应？

6. MCS-51 单片机外部中断有哪些触发方式，有何区别？

7. 简述 MCS-51 中断响应过程。

8. 中断服务子程序返回指令 RETI 和普通子程序返回指令 RET 有什么区别？

6 MCS-51 单片机定时器/计数器

在测控控制系统中，常需要有实时时钟，以实现定时或延时控制，也常需要有计数器以实现对外界事件进行计数。MCS-51 单片机中，脉冲计数与时间之间的关系十分密切，每输入一个脉冲，计数器的值就会自动累加 1，而花费的时间恰好是 1μs（12MHz 晶振）；只要相邻两个计数脉冲之间的时间间隔相等，则计数值就代表了时间的流逝。因此，单片机中的定时器和计数器其实是同一个物理的电子元件。只不过计数器记录的是单片机外部发生的事情（接受的是外部脉冲），而定时器则是由单片机自身提供的一个稳定的计数器——晶振。

MCS-51 单片机内部有两个定时器/计数器 T0（P3.4）和 T1（P3.5）。它们都是 16 位的加法计数器，可用于定时控制和对外部事件的计数。当作为定时器工作时，实际上就是通过计数器对单片机内部时钟电路产生的固定周期脉冲信号进行加法计数；当作为计数器工作时，实际上是对外部事件的脉冲信号进行加法计数。可见，不管是定时操作还是计数操作，都要由加法计数器完成。这两个定时器/计数器（T0 和 T1）都可以工作在定时器或者计数器模式。

（1）计数器工作模式。计数功能是对外部脉冲进行计数。MCS-51 单片机 P3.4 和 P3.5 这两个引脚分别作为 2 个计数器的计数输入端。每当输入引脚的脉冲发生负跳变时，计数器加 1。计数器在每个机器周期的 S5P2 期间采样引脚输入电平。若一个机器周期采样值为 1，下一个机器周期采样值为 0，则计数器加 1。此后的机器周期 S3P1 期间，新的计数值装入计数器。所以检测一个由 1 至 0 的跳变需要两个机器周期，故外部事件的最高计数频率为振荡频率的 1/24。

（2）定时器工作模式。定时功能也是通过计数器的计数来实现的，不同的是，此模式的计数脉冲来自单片机内部，其加 1 信号由振荡器的 12 分频信号产生，即每个机器周期计数器加 1，直至计满溢出为止。对于 12MHz 晶振，MCS-51 单片机经过 12 分频之后提供给定时/计数器的是 1MHz 的稳定脉冲，计数脉冲之间的时间间隔是 1μs。

6.1 定时器/计数器结构

MCS-51 单片机的定时器/计数器逻辑结构图如图 6-1 所示，每个定时器有 2 个 8 位的寄存器。定时器/计数器 T0 由特殊功能寄存器 TH0、TL0 构成，定时器/计数器 T1 由特殊功能寄存器 TH1、TL1 构成。这些寄存器用于存放定时或计数初值。

MCS-51 单片机内部的 2 个 16 位可编程的定时器/计数器 T0、T1 均有计数和定时功能。它们的工作方式、定时时间和启动方式等均可通过对相应的寄存器 TMOD、TCON 进行编程来实现，计数数值也是由指令对计数寄存器（TH0、TL0 或 TH1、TL1）来进行设

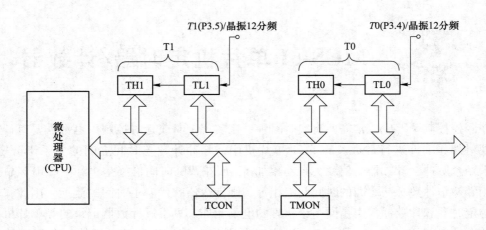

图 6-1   定时/计数器结构

置。工作模式寄存器 TMOD 用于选择定时器/计数器 T0、T1 工作方式。控制寄存器 TCON
用于控制 T0、T1 的启动和停止计数，同时用于存储了 T0、T1 的溢出标志。TMOD、TCON
这 2 个特殊功能寄存器的内容由软件设置。单片机复位时，这 2 个寄存器的所有位被
清零。

当 CPU 用软件给定时/计数器设置了某种工作方式后，定时器就会按照被设定的工作
方式独立运行，不再占用 CPU 的操作时间，当计数产生了溢出之后，就会将相应的溢出
标志置位，向 CPU 申请中断。

6.2   定时器/计数器的控制字

定时器/计数器是一种可编程部件，所以在定时器/计数器开始工作之前，CPU 必须将
一些命令（称为控制字）写入定时/计数器。将控制字写入定时/计数器的过程叫定时器/
计数器初始化。在初始化过程中，要将工作方式控制字写入方式寄存器，工作状态字（或
相关位）写入控制寄存器，赋定时/计数初值。

6. 2. 1   工作模式寄存器 TMOD

TMOD 寄存器用于选择定时器/计数器的工作模式和工作方式，它的字节地址为 89H，
不能进行位寻址，8 位分为 2 组，高 4 位控制 T1，低 4 位控制 T0。其具体格式及各位功能
如表 6-1、表 6-2 所示。

表 6-1   TMOD 寄存器各位格式定义

D7	D6	D5	D4	D3	D2	D1	D0	
GATE	C/$\overline{T}$	M1	M0	GATE	C/$\overline{T}$	M1	M0	89H
T1方式字段				T0方式字段				

表 6-2 TMOD 寄存器各位功能

名　称	功　能　说　明
GATE	门控位； GATE=0，用运行控制位 TR$_i$（i=0、1）启动定时器； GATE=1，用外中断请求信号输入端 INT$_i$（i=0、1）和 TR$_i$（i=0、1）共同启动定时器； 当 INT$_i$ 引脚为高电平且 TR$_i$ 置 1 时，启动定时/计数器 T$_i$
C/$\overline{\text{T}}$	定时器或计数器模式选择位； C/$\overline{\text{T}}$=0，定时器工作模式； C/$\overline{\text{T}}$=1，计数器工作模式
M1M0	工作方式选择位； M1M0=00 方式 0，13 位定时器/计数器； M1M0=01 方式 1，16 位定时器/计数器； M1M0=10 方式 2，自动再装入的 8 位定时器/计数器； M1M0=11 方式 3，仅适用于 T0，分成 2 个 8 位计数器，T1 停止计数

6.2.2 控制寄存器 TCON

TCON 寄存器的字节地址为 88H，可进行位寻址，位地址为 88H~8FH，具体定义如表 6-3 所示。

表 6-3 TCON 各位定义

D7	D6	D5	D4	D3	D2	D1	D0	
TF1	TR1	TF0	TR0	IE1	IT1	IE0	IT0	88H

TCON 寄存器低 4 位与外部中断有关，TCON 寄存器高 4 位用来控制定时/计数器的运行的功能如表 6-4 所示。

表 6-4 TCON 寄存器高 4 位功能说明表

名　称	功　能　说　明
TF1	T1 计数溢出标志位。T1 计数满溢出时，该位由硬件置 1，并且申请中断。在转向中断服务程序时由硬件自动清零。在查询方式时，也可以由程序查询和清"0"
TR1	定时器/计数器 T1 运行控制位； TR1=0，停止定时器/计数器 1 工作； TR1=1，启动定时器/计数器 1 工作； 该位由软件置位和复位
TF0	T0 计数溢出标志位。功能同 TF1
TR0	定时器/计数器 T0 运行控制位。功能同 TR1
IE1	外部中断 1 的中断请求标志位。IE1=1，表示外部中断 1 正在向 CPU 请求中断，当 CPU 响应中断，由硬件清除 IE1
IT1	外部中断 1 触发方式控制位。IT1=0，电平触发方式，IT1=1，边沿触发方式
IE0	外部中断 0 的中断请求标志位。功能同 IE1
IT0	外部中断 0 触发方式控制位。功能同 IT1

6.2.3 定时/计数器的初始化

由于定时器/计数器的功能是由软件编程确定的，所以一般在使用定时/计数器前都要对其进行初始化，使其按设定的功能工作。初始化的步骤一般如下：

（1）确定工作方式（即对 TMOD 赋值）；

（2）预置定时或计数的初值（可直接将初值写入 TH0、TL0 或 TH1、TL1）；

（3）根据需要开放定时器/计数器的中断（直接对 IE 位赋值）；

（4）启动定时器/计数器（若已规定用软件启动，则可把 TR0 或 TR1 置"1"；若已规定由外中断引脚电平启动，则需给外引脚步加启动电平。当实现了启动要求后，定时器即按规定的工作方式和初值开始计数或定时）。

因为在不同工作方式下计数器位数不同，因而最大计数值也不同。

现假设最大计数值为 M，那么各方式下的最大值 M 值如下：

方式 0：$M = 2^{13} = 8192$；

方式 1：$M = 2^{16} = 65536$；

方式 2：$M = 2^8 = 256$；

方式 3：定时器 0 分成 2 个 8 位计数器，所以 2 个 M 均为 256。

因为定时器/计数器是作"加 1"计数，并在计数满溢出时产生中断，因此计数器的初值 X 可以这样计算：X = M - 计数值。

6.3 定时器/计数器工作模式

8051 单片机的 T0 和 T1 可由软件对特殊功能寄存器 TMOD 中的控制位 C/$\overline{\text{T}}$ 进行设置，以选择定时功能或计数功能。对 M1 和 M0 位的设置对应 4 种工作方式：方式 0、方式 1、方式 2 和方式 3。除方式 3 外，T0 和 T1 有完全相同的工作状态。

6.3.1 工作方式 0

方式 0 为 13 位定时器/计数器。此时，16 位计数寄存器 TH1、TL1（或者 TH0、TL0）中只使用 13 位，其中 TL1（或者 TL0）使用低 5 位，TH1（或者 TH0）的 8 位全部使用。

由图 6-2 可知，当 C/$\overline{\text{T}}$ = 0 时，控制开关接通振荡器 12 分频输出端，T1 对机器周期进行计数，T1 处于定时工作模式，其定时时间 t 为：

$t = (2^{13} - X) \times 12/f_{osc} = (2^{13} - X) \times$ 机器周期，其中 X 为计数初值。

当 C/$\overline{\text{T}}$ = 1 时，控制开关与外部引脚 T1（或者 T0）连接，外部计数脉冲由 T1（或者 T0）引脚输入。当外部信号电平发生由高到低跳变时，计数器加 1，这时 T1（或者 T0）成为外部事件的计数器，即计数工作方式。

计数初值为：$X = 2^{13} - N$，其中 X 为计数初值，N 为计数值。

当 GATE = 0 时，或门的一个输入为 1，则 A 输出为 1，B 点的输出完全由 TR1 决定，也就是 TR1 控制定时器 1 的开启与关断。若 TR1 置 1，接通控制开关，启动定时器 T1 工

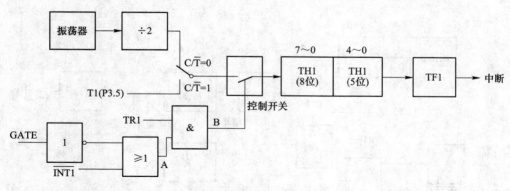

图 6-2 定时/计数器 T1 工作方式 0 结构

作，允许 T1 在原值上做加法计数，直至溢出。溢出时，寄存器为 0，TF1 置 1，申请中断，T1 仍以 0 开始计数。若 TR1 = 0，则关断控制开关，停止计数。

当 GATE = 1 时，或门的一个输入为 0，B 点的信号由 $\overline{INT1}$ 与 TR1 共同决定。当 TR1 = 1 且 $\overline{INT1}$ 为高电平时，启动 T1 计数，否则停止计数。

6.3.2 工作方式 1

工作方式 1 是 16 位定时器/计数器，其结构几乎与工作方式 0 相同，唯一的区别是计数器寄存器的长度为 16 位，如图 6-3 所示。故定时功能定时时间 $t = (2^{16} - X) \times 12/f_{osc}$；计数功能计数初值 $X = 2^{16} -$ 计数值。

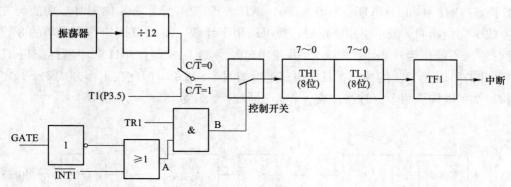

图 6-3 定时/计数器 T1 工作方式 1 结构

6.3.3 工作方式 2

工作方式 0、工作方式 1 用于重复计数时，每次计数溢出，寄存器清零，第二次计数时还要重新装入计数初值。而工作方式 2 是能自动装入计数初值的 8 位计数器。工作方式 2 中把 16 位的寄存器拆为 2 个 8 位计数器寄存器，低 8 位作计数器用，高 8 位用以保存计数初值，当低 8 位计数产生溢出时，TF1（或者 TF0）置 1，同时又将保存在高 8 位中的计数初值重新装入低 8 位计数器中，重新计数，循环不止。T1（或者 T0）工作方式 2 的逻辑结构图如图 6-4 所示。这种工作方式适合于重复计数的应用场合。

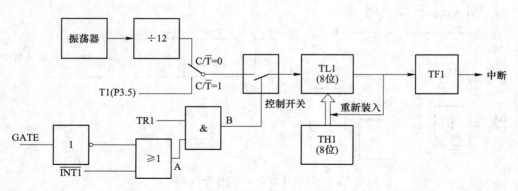

图 6-4   定时/计数器 T1 工作方式 2 结构

在程序初始化时，TL1 和 TH1 由软件赋予相同的初值，一旦 TL1 计数溢出，便置位
TF1，并将 TH1 中的初值再自动装入 TL0，继续计数，循环重复。工作方式 2 可省去用户
软件重新装入初值的指令，并可产生相当精确的定时时间，特别适合用作串口波特率发
生器。

6.3.4   工作方式 3

工作方式 3 只适用于 T0，如果 T1 设置为工作方式 3 时，则停止计数，保持原计数值。
若将 T0 设置为方式 3，则 TL0 和 TH0 被分为两个相互独立的 8 位计数器。其中 TL0 使用
T0 的状态控制位 $C/\overline{T}$、GATE、TR0、TF0、$\overline{INT0}$、P3.4 引脚，该 8 位定时器功能与方式
0、方式 1 完全相同，既可以用于定时，也可以用于计数。而 TH0 固定作为简单的 8 位内
部定时器（不能作为外部计数模式），并使用定时器 T1 的控制位 TR1 和中断标志位 TF1，
其启动和关闭仅受 TR1 的控制，具体内部逻辑如图 6-5 所示。因此在工作方式 3 下，定时
/计数器 0 可以构成两个定时器，或一个定时器和一个计数器。

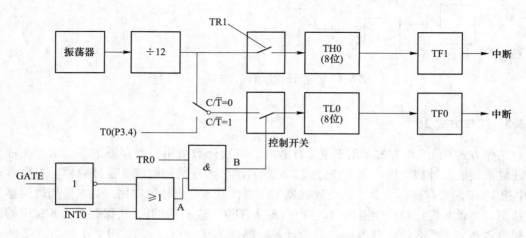

图 6-5   定时/计数器 T0 工作方式 3 结构

6.3.5 T0 工作方式 3 时 T1 的工作方式

在定时器 T0 工作在模式 3 时，T1 仍可以设置为模式 0~2。由于 TR1 和 TF1 被 T0 占用，计数器控制开关已被接通，此时，仅用 T1 控制位 C/$\overline{T}$切换其定时器或计数器工作方式就可以使 T1 运行。T1 寄存器溢出时，只能将其输出送入串行口或者用于不需要中断的场合。一般情况下，当 T1 用作串行口的波特率发生器时，T0 才工作在方式 3 下。此时，T1 设置为自动重装工作方式 2，用作波特率发生器。T0 工作方式 3 时 T1 逻辑结构如图6-6 所示。

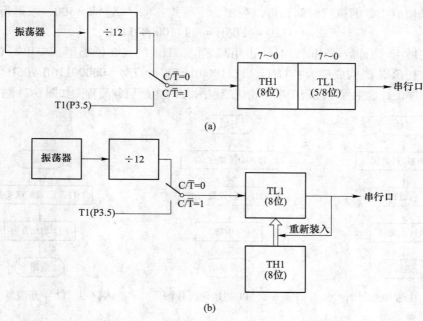

图 6-6 T0 工作方式 3 时 T1 逻辑结构
（a）T1 方式 0（或方式 1）；（b）T1 方式 2

6.4 定时器/计数器应用实例

定时器是单片机应有系统中的重要部件，其工作方式的灵活应用对减轻 CPU 的负担和简化外围电路有很大益处。在单片机定时器/计数器的四种工作方式中，方式 0 是为了兼容 MCS-48 系列单片机而设定，由 TH 的 8 位和 TL 的 5 位构成，其初值计算比较复杂。方式 1 与方式 0 的区别仅仅在于计数位数不同，因此在实际工作中，更常采用方式 1。方式 3 是 8 位的定时器/计数器，一般用于当 T1 作为串行口的波特率发生器，而系统中又需要 2 个定时器时使用。

6.4.1 工作方式 0 应用

例 6.1 选用 T1 工作方式 0 用于定时，在 P1.0 引脚输出周期为 1ms 的方波，晶振

f＝6MHz。

（1）任务分析。根据题意，只要使 P1.0 每隔 500μs 取反一次即可得到 1ms 的方波，因而 T1 的定时时间为 500μs，取方式 0，则 M1M0＝00；因为是定时方式，所以 $C/\overline{T}=0$；在此采用软件启动 T1 开始工作，所以 GATE＝0。T0 不用，可任意，一般取 0。由上分析可得到 TMOD＝00H。

（2）计数初值计算。

$$机器周期\ T=12/f_{osc}=12/(6\times10^6)s=2\mu s$$

设初值为 X，应使得计数溢出时产生 500μs 的定时时间，在不考虑中断响应及中断子程序重新赋初值指令的执行时间，可以列出如下等式：$(2^{13}-X)\times T=500$，求解得到：

$$X=7942D=1F06H=1111100000110B$$

因为在做 13 位计数器用时，TH1 占用高 8 位，TL1 的高 3 位未用，应填写 0，所以计数器的计数初值 X 的构成应为：TH1＝11111000B＝F8H，TL1＝00000110B＝06H。

（3）程序设计。主程序流程图、初始化流程图、T1 中断服务流程图如图 6-7~图 6-9 所示。

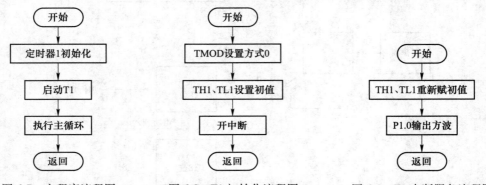

图 6-7　主程序流程图　　　图 6-8　T1 初始化流程图　　　图 6-9　T1 中断服务流程图

C 语言参考程序：

```
#include <reg51. h>
Sbit REF_S = P1^0;                //定义波形输出端口
void T1_init( void)               //定时器 T1 初始化
{   TMOD = 0X00;                  //T1 工作模式 0
    TH1 = 0XF8;                   //计数初值
    TL1 = 0X06;
    EA = 1;                       //全局中断开
    ET1 = 1;                      //定时器 1 开中断
}
void main( void)
{   T1_init( );
    TR1 = 1;                      //启动定时器 1
    while(1){    }
}
void ISR_T1( void) interrupt 3 using 1    //T1 中断服务程序
```

```
{   TH1 = 0XF8;                    //重新赋初值
    TL1 = 0X06;
    REF_S = ! REF_S; }             //输出方波
```

汇编语言程序：

```
        ORG     0000H
        LJMP    START
        ORG     0001BH
        LJMP    TIMER1
; ******************************************* ;
;       主程序;
; ******************************************* ;
        ORG     0100H
START:  MOV     SP,#30H          ;确立堆栈区
        MOV     TMOD,#00H        ;计数器 1 设定方式 0
        MOV     TH1,#0F8H        ;设定计数器计数初值
        MOV     TL1,#06H         ;
        SETB    ET1              ;开定时器 1 中断
        SETB    EA               ;开中断
        SETB    TR1              ;启动定时器 1
        SJMP    $                ;踏步,或完成主程序
; ******************************************* ;
;       定时器 1 中断服务程序;
; ******************************************* ;
        ORG     1000H
TIMER1:
        PUSH    ACC              ;保护现场
        PUSH    PSW
        MOV     TH1,#0F8H        ;重新设定计数初值
        MOV     TL1,#06H         ;
        CPL     P1.0             ;取反,输出方波
        POP     PSW              ;恢复现场
        POP     ACC
        RETI
        END
```

（4）仿真。图 6-10 所示是系统硬件电路仿真图，主要由单片机 AT89C51、红色发光二极管 LED-RED、反向驱动器 7406、数字示波器 OSCILLOSCOPE 组成。单片机的晶振设定为 6MHz，P1.0 引脚连接到反向驱动器 7406，其输出的方波控制二极管 LED1 闪烁，P1.0 输出高电平，LED1 亮，P1.0 输出低电平，则 LED1 灭。同时 P1.0 方波信号连接到示波器的输入端 A，通过示波器观察信号的波形图。

将程序编译生成 HEX 文件后，加载到单片机系统，系统运行时，发光二极管 D1 会闪烁；点击 Proteus 菜单栏中的 "Debug"→"Digital Oscilloscope" 调出数字示波器仿真界面，

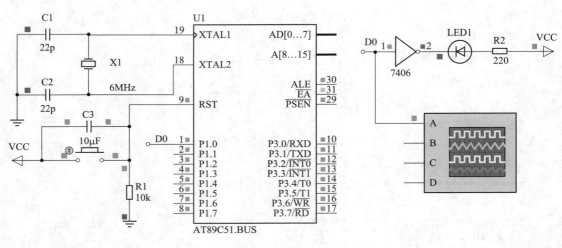

图 6-10   电路仿真图

由于只用到了输入通道 A，将数字示波器的三个输入通道 B、C、D 关闭，然后调整通道 A 的垂直电压档位，本例中调节为 0.5V/div，再调整水平控制中的时基档位，本例中水平时基分辨率设定为 0.1ms/div，修改时基档位时可以通过在示波器显示窗口中滚动鼠标滑轮进行调整，也可以水平控制中的旋钮来调整时基档位，旋钮可以进行更精确的调整。通过调整通道 A 的 Position 可以调整波形的垂直位置，通过调整水平控制中的 Position 可以调整波形的水平位移，将波形调整到适合观察的大小和位置，如图 6-11 所示，水平一个格代表 0.1ms，垂直一个格代表 0.5V。点击 "Cursors" 按钮，分别在 0 触发点右侧的第一个

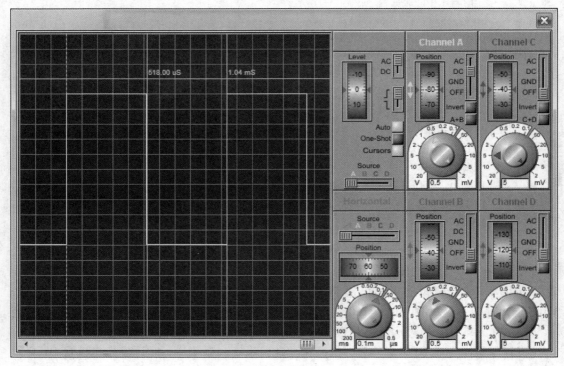

图 6-11   示波器仿真波形图

下降沿和上升沿标记时间，通过标记的时间可见下降沿时间是 $518\mu s$，上升沿时间是 $1.04ms$，也就是 P1.0 引脚大约每隔 $520\mu s$ 取反一次。这与题目中要求 $500\mu s$ 的定时时间有一定误差，大约差了 $20\mu s$，也就是 10 个机器周期。如果对定时精度要求较高，需要考虑中断响应时间及定时器 1 中断服务程序中的指令占用时间。主要包括中断响应时间（LCALL 指令）、LJMP 指令、MOV 赋初值指令、CPL 指令。可以在程序中扣除这些额外的机器周期，以提高定时精度。通过对计数初值进行修正，将 TL1 计数初值修正为 0EH，P1.0 输出的方波周期大概在 $1ms$，如图 6-12 的输出波形图所示。

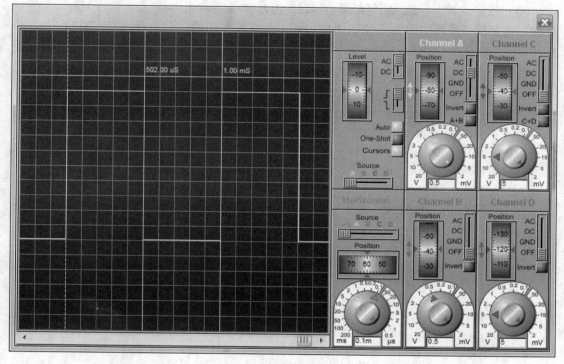

图 6-12　修正计数初值后的示波器输出波形图

6.4.2　工作方式 1 应用

例 6.2　利用定时器 T1 产生 10Hz 的方波，在 P1.0 引脚输出，晶振 f=12MHz。

（1）任务分析。根据题意，频率 10Hz，周期为 $1000/10=100ms$，只要使 P1.0 每隔 50ms 取反一次即可得到周期为 100ms 的方波，因而 T1 的定时时间为 50ms。若采用方式 0，最长定时时间 $t=2^{13}\times1\times10^{-6}s=8.192ms$，显然定时时间不能满足要求。采用方式 1，最长定时时间 $t=2^{16}\times1\times10^{-6}s=65.536ms$，满足要求。因此 M1M0=01；因是定时方式，所以 $C/\overline{T}=0$；采用软件启动 T1 开始工作，所以 GATE=0。T0 不用，可任意，一般取 0。由上分析可得到 TMOD=10H。

（2）计数初值计算。

$$机器周期\ T=12/f_{OSC}=12/(12\times10^{6})s=1\mu s$$

设初值为 X，采用工作方式 1 定时 50ms 可列出以下等式：$(2^{16}-X)\times T=50ms$，求解得到：X = 15536D = 3CB0H。

方式 1 是 16 位计数器，因此计数器的计数初值 X 的构成应为：TH1 = 3CH，TL1 = B0H。

工作方式 1 的计数初值 C 语言计算方法：由于特殊功能寄存器 TH1 和 TL1 分别占用高低 8 位计数值，可以将计数初值 X 左移 8 位（即除以 256）得到高 8 位计数值，将 X 对 256 取模即可得到计数值的低 8 位。

（3）程序设计。功能程序可采用中断方式，也可以采用查询方式实现。采用中断方式流程图与例 6.1 流程基本相同，查询方式的流程图如图 6-13 所示。

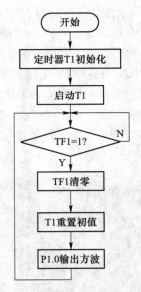

图 6-13　查询方式流程图

汇编语言程序（查询）：

```
            ORG     0000H
            LJMP    START
            ORG     0100H
START：MOV     SP,#30H       ;确立堆栈区
            MOV     TMOD,#10H     ;计数器 1 设定方式 1
            MOV     TH1,#3CH      ;设定计数初值
            MOV     TL1,#0B0H     ;
            SETB    TR1           ;启动定时器 1
LP1：  JBC     TF1,LP2       ;查询 TF1 溢出位,定时时间到
            SJMP    LP1           ;未到定时时间,继续查询
LP2：  MOV     TH1,#03CH     ;计数器重新赋初值
            MOV     TL1,#0B0H
            CPL     P1.0          ;输出方波
            SJMP    LP1
            END
```

C 语言参考程序（查询）：

```c
#include <reg51.h>
#define  uint  unsigned int
#define  Preload(65536- (uint)((50 * OSC_FREQ)/(12 * 1000)))      //延时 50ms 计数器初值
#define  OSC_FREQ(12000000)          //晶振 12M
sbit  REF_S = P1^0;                   //定义波形输出端口
void T1_init(void)                    //定时器 T1 初始化
{   TMOD = 0X10;                      //T1 工作模式 1
    TH1 = Preload/256;               //设定定时器高 8 位计数初值
    TL1 = Preload%256;               //设定定时器低 8 位计数初值
    EA = 1;                          //全局中断开
    ET1 = 1;                         //定时器 1 开中断
}
void main(void)
```

```
{   T1_init( );
    TR1 = 1;                                    //启动定时器 1
    while(1){
        while(! TF1);                           //查询 50ms 定时到
        TF1 = 0;                                //清除中断标志位
        REF_S = ! REF_S;                        //输出方波
        TH1 = Preload/256;                      //T1 重新设定初值
        TL1 = Preload%256;   }
}
```

C 语言参考程序（中断）：

```
#include <reg51. h>
#define uint    unsigned int
#define Preload    (65536- (uint)((50 * OSC_FREQ)/(12 * 1000)))    //延时 50ms 计数器初值
#define OSC_FREQ   (12000000)           //晶振 12M
sbit REF_S = P1^0;                      //定义波形输出端口
void T1_init( void)                     //定时器 T1 初始化
{   TMOD = 0X10;                        //T1 工作模式 1
    TH1 = Preload/256;                  //设定定时器高 8 位计数初值
    TL1 = Preload%256;                  //设定定时器低 8 位计数初值
    EA = 1;                             //全局中断开
    ET1 = 1;                            //定时器 1 开中断
}
void main( void)
{   T1_init( );
    TR1 = 1;                            //启动定时器 1
    while(1){   }
}
void ISR_T1( void) interrupt 3 using 1
{   TH1 = Preload/256;                  //T1 重新设定初值
    TL1 = Preload%256;                  //
    REF_S = ! REF_S;   }
```

（4）仿真。系统硬件电路仿真图如图 6-14 所示，为了直观显示 P1.0 输出的频率信号频率，添加了一个仿真计数器/定时器（COUNTER TIMER），将 P1.0 引脚连接到计数器/定时器的 CLK 端。将程序编译生成 HEX 文件后，加载到单片机系统，将仿真模型中的单片机系统时钟频率（Clock Frequency）修改为 12MHz，运行系统进行仿真。点击 Proteus 菜单栏中的 "Debug"→"VSM Counter Timer" 调出仿真计数器/定时器，将模式开关（Mode）切换到 Frequency，可见当前信号的频率是 10Hz，如图 6-15 所示；点击 Proteus 菜单栏中的 "Debug"→"Digital Oscilloscope" 调出数字示波器仿真界面，调出通道 A 的输入信号，调整波形的垂直位置和水平位置，可显示周期为 100ms 的方波，如图 6-16 的输出波形图所示。

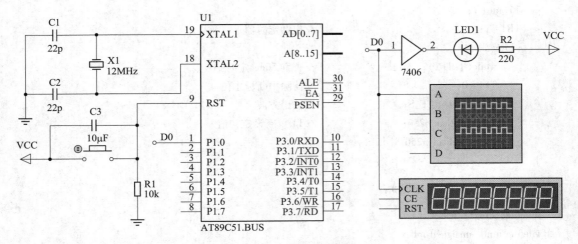

图 6-14　修改系统时钟频率

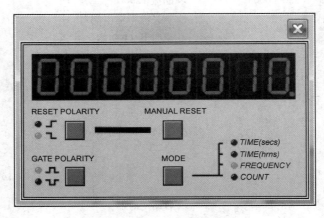

图 6-15　P1.0 频率输出图

例 6.3　利用定时器 T1 产生方波，方波周期为 1min，在 P1.0 引脚输出，晶振 f＝12MHz。

（1）任务分析。根据题意，周期为 1min，P1.0 需要每隔 30s 取反一次。由上例可知 16 位定时器最长定时 65.536ms，显然不能满足本题的定时要求，因而需要另外设定两个软件计数器来实现长定时。采用 T1 定时时间 50ms，另外设定两个软件计数器实现秒、分的计数。T1 采用方式 1，因此 M1M0＝01；因是定时方式，所以 $C/\overline{T}＝0$；采用软件启动 T1 开始工作，所以 GATE＝0。由上分析可得到 TMOD＝10H。

（2）计数初值计算。设初值为 X，采用工作方式 1 定时 50ms 可列出以下等式：$(2^{16}-X)\times T＝50ms$，求解得到：X＝15536D＝3CB0H。计数器的计数初值 X 的构成：TH1＝3CH，TL1＝B0H。另外设定两个软件计数器 R7＝30、R6＝20，R6 实现 1s 定时，R7 实现 30s 定时。

（3）程序设计。功能程序可采用中断方式，也可以采用查询方式实现。图 6-17 是采用查询方式流程图，图 6-18 与图 6-19 是采用中断方式的主程序流程图及中断服务程序流程图。

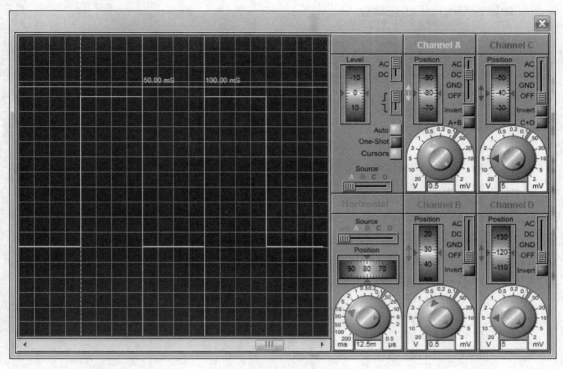

图 6-16   100ms 方波输出波形图

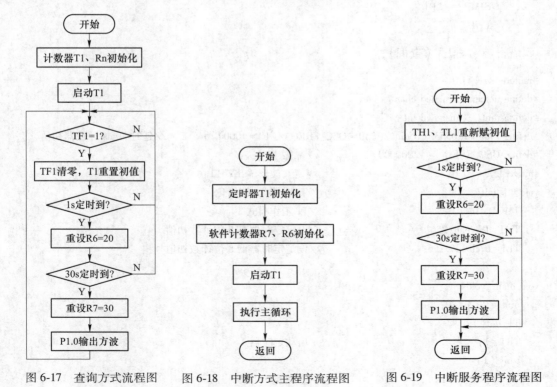

图 6-17 查询方式流程图   图 6-18 中断方式主程序流程图   图 6-19 中断服务程序流程图

汇编语言参考程序（查询）：

```
            ORG     0000H
            LJMP    START
            ORG     0100H
START:   MOV     SP,#30H          ;确立堆栈区
            MOV     TMOD,#10H        ;计数器 1 设定方式 1
            MOV     TH1,#3CH         ;设定计数初值
            MOV     TL1,#0B0H
            MOV     R7,#30           ;30s 计数器
            MOV     R6,#20           ;1s 计数器
            SETB    TR1              ;启动定时器 1
LP1:     JBC     TF1,LP2          ;查询 TF1 溢出位,定时 50ms
            SJMP    LP1              ;未到定时时间,继续查询
LP2:     MOV     TH1,#03CH        ;计数器重新赋初值
            MOV     TL1,#0B0H
            DJNZ    R6,LP1           ;1s 定时
            MOV     R6,#20           ;重置 R6
            DJNZ    R7,LP1           ;30s 定时
            MOV     R7,#30           ;重置 R7
            CPL     P1.0             ;输出方波
            SJMP    LP1
            END
```

C 语言参考程序（查询）：

```
#include <reg51. h>
#define uchar   unsigned char
#define uint    unsigned int
#define Preload(65536- (uint)((50 * OSC_FREQ)/(12 * 1000)))      //延时 50ms 计数器初值
#define OSC_FREQ  (12000000)          //晶振 12M
sbit REF_S=P1^0;                      //定义波形输出端口
void T1_init(void)                    //定时器 T1 初始化
{   TMOD=0X10;                        //T1 工作模式 1
    TH1=Preload/256;                  //设定定时器高 8 位计数初值
    TL1=Preload%256;                  //设定定时器低 8 位计数初值
}
void main(void)
{   uinti=20,j=30;
    T1_init();
    TR1=1;                            //启动定时器 1
    while(1){
        while(! TF1);                 //查询 50ms 定时
        TH1=Preload/256;              //T1 重新设定初值
```

```
            TL1 = Preload%256;
            TF1 = 0;                      //清除溢出位
            i--;
            if(i==0)                      //到1s
            |   i = 20;                   //重置计数初值
                j--;
                if(j==0)/                 //到30s
                |   j = 30;
                    REF_S =! REF_S;       //输出方波
                |   |     |   |
```

汇编语言参考程序（中断）：

```
            ORG     0000H
            LJMP    START
            ORG     0001BH
            LJMP    TIMER1
; ********* 主程序 ********************************* ;
            ORG     0100H
START:  MOV     SP,#30H          ;确立堆栈区
        MOV     TMOD,#10H        ;计数器1设定方式1
        MOV     TH1,#3CH         ;设定计数初值
        MOV     TL1,#0B0H;
        SETB    ET1              ;开定时器1中断
        SETB    EA               ;开中断
        MOV     R7,#30           ;30s计数器
        MOV     R6,#20           ;1s计数器
        SETB    TR1              ;启动定时器1
        SJMP    $                ;踏步,或完成主程序
; ********* 定时器1中断服务程序 ********************************* ;
            ORG     1000H
TIMER1:
        PUSH    ACC              ;保护现场
        PUSH    PSW
        MOV     TH1,#03CH        ;计数器重新赋初值
        MOV     TL1,#0B0H
        DJNZ    R6,LP1           ;1s定时
        MOV     R6,#20           ;到1s,重置R6
        DJNZ    R7,LP1           ;30s定时
        MOV     R7,#30           ;到30s,重置R7
        CPL     P1.0             ;输出方波
LP1:
        POP     PSW              ;恢复现场
        POP     ACC
```

```
            RETI
            END
```

C 语言参考程序（中断）：

```
#include <reg51. h>
#define   uchar   unsigned char
#define uint   unsigned int
#define Preload   (65536- (uint)((50 * OSC_FREQ)/(12 * 1000)))        //延时 50ms 计数器初值
#define OSC_FREQ   (12000000)          //晶振 12M
sbit REF_S = P1^0;                     //定义波形输出端口
uchar   i = 20,j = 30;                 //设定变量
void T1_init(void)                     //定时器 T1 初始化
{   TMOD = 0X10;                       //T1 工作模式 1
    TH1 = Preload/256;                 //设定定时器高 8 位计数初值
    TL1 = Preload%256;                 //设定定时器低 8 位计数初值
    EA = 1;                            //全局中断开
    ET1 = 1;                           //定时器 1 开中断
}
void main(void)
{   T1_init();
    TR1 = 1;                           //启动定时器 1
    while(1)
        {  }
}
//中断服务程序 interrupt n 指明对应的中断函数
void ISR_T1(void) interrupt 3 using 1
{   TH1 = Preload/256;                 //T1 重新设定初值
    TL1 = Preload%256;
    i--;
    if(i == 0)                         //到 1s
    {i = 20;                           //重置计数初值
        j--;
        if(j == 0)                     //到 30s
        {  j = 30;
            REF_S = ! REF_S;           //输出方波
    }  }  }
```

（4）仿真。系统硬件电路采用图 6-10 的电路，由于仿真时 1min 周期过长且示波器无法完全展现全部 1min 的波形，因此进行仿真时可以将半周期计数器 R7（C 语言中的变量 j）的初值由 30 修改为 2，对周期为 4s 的方波波形进行验证。将程序编译生成 HEX 文件后，加载到单片机系统，系统运行时，发光二极管 D1 每隔 4s 闪烁一次；点击 Proteus 菜单栏中的 "Debug"→"Digital Oscilloscope" 调出数字示波器仿真界面，将水平分辨率调整 0.5s/div，示波器的波形显示如图 6-20 所示，可见 A 通道信号方波的一个周期占 8 个格，周期为 4s。

在示波器波形显示界面中点击右键，选择 "Print"，可以将虚拟示波器仿真的波形及

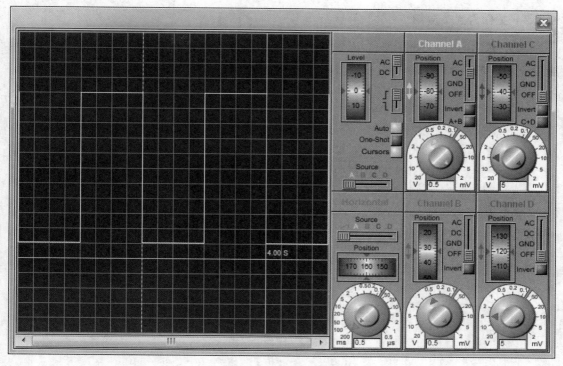

图 6-20 4s 周期方波仿真波形图

相关参数打印输出，见图 6-21 示波器波形打印输出图，输出文件提供了波形图、通道信息、垂直分辨率、水平分辨率、偏移、位置信息、触发方式等数据，可见方波周期是 4s。

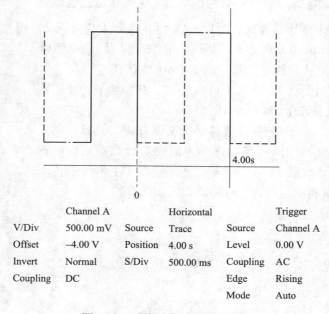

	Channel A		Horizontal		Trigger
V/Div	500.00 mV	Source	Trace	Source	Channel A
Offset	−4.00 V	Position	4.00 s	Level	0.00 V
Invert	Normal	S/Div	500.00 ms	Coupling	AC
Coupling	DC			Edge	Rising
				Mode	Auto

图 6-21 示波器波形打印输出图

6.4.3 工作方式 2 应用

例 6.4 利用单片机定时器 T1 对 P3.5 引脚的输入信号进行计数，将计数值按照二进制数在 P1 口驱动的 LED 灯上显示出来，最高计数值为 255。

（1）硬件电路设计。系统硬件电路比较简单，主要由单片机 AT89C51、绿色发光二极管 LED-GREEN、按键 BUTTON、同向驱动器 7407 组成，电路原理图如图 6-22 所示，K1 用于模拟输入信号，LED0~LED7 显示二进制计数值。

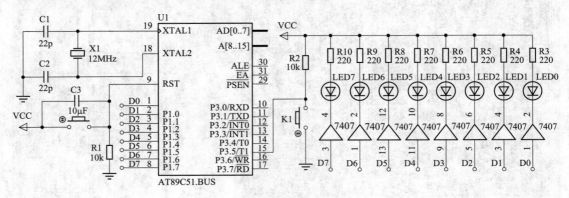

图 6-22　硬件电路图

（2）任务分析。计数器工作方式 2 是自动重装初值的 8 位计数器，其中 TH1 用于保存初值，TL1 用作 8 位计数器。系统外部信号由 T1 引脚（P3.5）输入，每发生一次负跳变计数器 TL1 加 1，当计数器计满溢出产生中断标志，TL1 重新赋初值。计数初值设为 0，则计数器可以从零累计输入信号。LED 由同向驱动器驱动，系统复位时 P1 口输出高电平，各 LED 灯初始状态是熄灭状态，也就是没有计数。由于工作在计数模式，所以 $C/\overline{T}=1$；选取工作方式 2，则 M1M0 = 10；在此采用软件启动 T1 开始工作，所以 GATE = 0。T0 不用，取 0。由上述分析可得到控制字 TMOD = 60H。

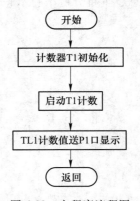

图 6-23　主程序流程图

（3）计数初值计算。T1 工作于计数模式，初值为 0，计数器 T1 的计数初值构成：TH1 = TL1 = 00H。

（4）程序设计。由于定时/计数器采用工作方式 2 具有自动重装初值的功能，因此在中断服务程序中不需要对计数器重新赋初值；主程序初始化计数器 T1 后，只需要将计数器 TL1 的计数值取出，取反后送 P1 口显示即可，主程序流程图如图 6-23 所示。

C 语言参考程序（中断）：

```
#include <reg51.h>
#define Preload  0              //计数初值 0
#define OUT P1                  //P1 口输出
void T1_init(void)             //定时器 T1 初始化
{  TMOD = 0X60;                 //T1 工作模式 2,计数器模式
```

```
    TH1 = Preload;                        //设定 T1 高 8 位计数初值
    TL1 = Preload;                        //设定 T1 低 8 位计数初值
    EA = 1;                               //全局中断开
    ET1 = 1;                              //计数器 1 开中断
}
void main( void)
{   T1_init( );
    TR1 = 1;                              //启动定时器/计数器 1
    while(1)
        {
            OUT = ~ TL1;                  //主循环,输出计数值
        }
}
```

（5）仿真。将程序编译生成 HEX 文件后，加载到单片机系统，单片机复位后，起始状态 LED0~LED7 全部熄灭，当按下 K1 键后，LED0 点亮，按下 7 次 K1 键后，系统显示状态如图 6-24 所示，LED0~LED3 点亮（8 位二进制数 00000111B），经验证，系统能够对输入信号进行计数，并通过 P1 口采用二进制进行显示。

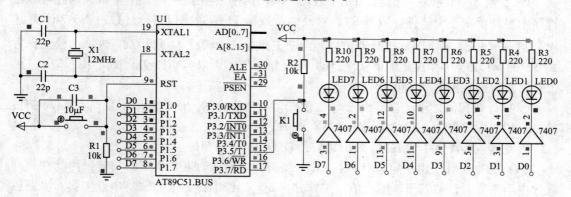

图 6-24　计数显示仿真图

例 6.5　利用定时器 T1 对外部信号进行计数，要求每计满 10 次，将 P1.0 端取反，每计满 100 次，P1.1 端取反。P1.0 引脚外接红色指示灯 LED1，P1.1 外接绿色指示灯 LED2。

（1）硬件电路设计。系统硬件电路主要由单片机 AT89C51、红色发光二极管 LED-RED、绿色发光二极管 LED-GREEN、选择开关 SW-SPDT、按键 BUTTON、同向驱动器 7407、数字示波器 OSCILLOSCOPE 组成，原理图如图 6-25 所示。单片机的晶振设定为 12MHz，P1.0 引脚通过同向驱动器 7407 控制红色二极管 LED1，单片机启动时 P1.0 输出高电平，LED1 灭。P1.1 控制绿色发光二极管 LED2。使用按键 K1 模拟外部输入信号，同时引入 100Hz 的时钟信号源作为标准输入脉冲，通过选择开关 SW1 选择输入 P3.5 的是按键脉冲还是 100Hz 脉冲信号。将 P1.0、P1.1 以及 100Hz 的脉冲信号输入虚拟示波器的 A、B、C 端，通过示波器观察信号的波形图。

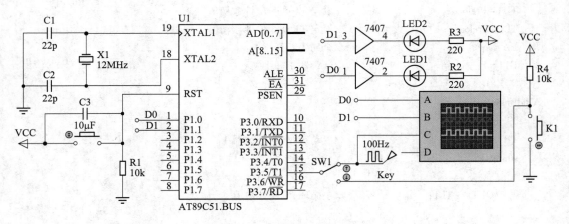

图 6-25　硬件电路原理图

（2）任务分析。计数器工作方式 2 是自动重装初值的 8 位计数器。外部信号由 T1 引脚（P3.5）输入，每发生一次负跳变计数器加 1，计数器计满溢出产生中断标志，系统功能程序可采用中断方式或查询方式进行任务处理。P3.5 输入 10 次脉冲信号，P1.0 取反 1 次，P3.5 输入 100 次脉冲信号，P1.1 取反一次。由于只用了一个计数器 T1，因此可以在程序中另外设定一个软件计数器 R7，对硬件计数器 T1 的溢出位进行计数，当 R7 计满 10 次，相当于 P3.5 输入 100 个脉冲信号。由于工作在计数模式，所以 C/$\overline{\text{T}}$=1；选取工作方式 2，则 M1M0=10；在此采用软件启动 T1 开始工作，所以 GATE=0。T0 不用，取 0。由上述分析可得到控制字 TMOD=60H。

（3）计数初值计算。T1 工作于计数模式，设初值为 X，依题意采用工作方式 2 时有：$2^8-X=10$，求解得到：X=256-10=246=0F6H。

因此计数器 T1 的计数初值 X 的构成：TH1=TL1=0F6H。

（4）程序设计。由于定时/计数器工作方式 2 具有自动重装初值的功能，因此在软件程序中不需要对计数器重新赋初值，工作方式 2 常用作串行通信的波特率发生器。本题目功能程序可采用中断方式，也可以采用查询方式实现。图 6-26 是采用查询方式流程图，图 6-27 与图 6-28 是采用中断方式的主程序流程图及中断服务程序流程图。下文给出查询方式汇编语言程序和中断方式 C 语言程序。

汇编语言参考程序（查询）：

```
        ORG   0000H
        LJMP  START
        ORG   0100H
START:  MOV   SP,#30H      ;确立堆栈区
        MOV   TMOD,#60H    ;计数器 1 设定方式 2
        MOV   TH1,#0F6H    ;设定计数初值
        MOV   TL1,#0F6H    ;
        MOV   R7,#10       ;100 次计数器
        SETB  TR1          ;启动定时器 1
LP1:    JBC   TF1,LP2      ;查询 TF1 溢出位,计数 10 次,清除 TF1
```

```
        SJMP   LP1            ;未到 10 次计数,继续查询
LP2:    CPL    P1.0           ;到 10 次数,P1.0 取反
        DJNZ   R7,LP1         ;未到 100 次,继续查询
        CPL    P1.1           ;到 100 次,P1.1 取反
        MOV    R7,#10         ;重置 R7
        SJMP   LP1
        END
```

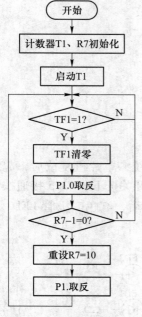

图 6-26 查询方式流程图

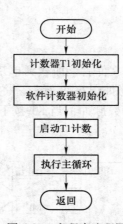

图 6-27 主程序流程图

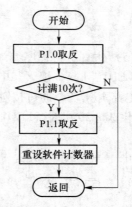

图 6-28 中断服务程序流程图

C 语言参考程序（中断）：

```
#include <reg51. h>
#define   uchar      unsigned char
#define   uint unsigned int
#define   Preload   （256-N）              //计数器初值
#define   N 10                             //计数 10 次
sbit OUT=P1^0;                             //定义输出端口
sbit OUT_P=P1^1;
uchar   i=10;
void T1_init( void)                        //定时器 T1 初始化
{   TMOD=0X60;                             //T1 工作模式 2,计数器模式
    TH1=Preload;                           //设定 T1 高 8 位计数初值
    TL1=Preload;                           //设定 T1 低 8 位计数初值
    EA=1;                                  //全局中断开
    ET1=1;                                 //计数器 1 开中断
```

```
    }
    void main(void)
    {   T1_init();
        TR1 = 1;                              //启动定时器/计数器 1
        while(1)
            {   }
    }

    //中断服务程序 interrupt 3 指明 T1 中断函数
    void ISR_T1(void) interrupt 3 using 1
    {   OUT = ! OUT;                          //输出取反
        i--;
        if(i == 0)
        {   OUT_P = ! OUT_P;
            i = 10;
        }
    }
```

（5）仿真。将程序编译生成 HEX 文件后，加载到单片机系统，单片机复位后，起始状态 LED1、LED2 熄灭。电路运行状态如图 6-29 所示，将 SW1 开关按下，P3.5 接通按键输入电路 Key 端，通过按键 K1 输入计数脉冲，当 K1 按下 10 次后，红色二极管 LED1 点亮，当按键 20 次时，LED1 熄灭。

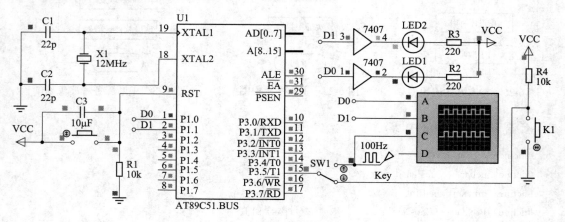

图 6-29　计数电路仿真图

为了验证 P1.1 的输出信号与外部输入信号的关系，需要连续按键 100 次，为了更快捷验证，本文将 100Hz 的时钟信号源作为一个输入信号。将选择开关 SW1 向上拨，将 100Hz 的时钟信号接入 P3.5，断开按键 Key 端输入信号。

重新运行系统进行仿真，调出数字示波器仿真界面，打开 A、B、C 三个通道，调整各波形的垂直位置和水平位置，将 C 波形信号调整到最上面作为标准信号与 A、B 信号进行对比，如图 6-30 所示。可见通道 C 信号每 10 个周期的下降沿，通道 A 信号取反一次，通道 C 信号每 100 个周期的下降沿，通道 B 信号取反一次，信号 B 的周期是信号 A 周期的 10 倍。C

信号为 100Hz 方波，通过光标标定可得 B 信号为周期 200ms 的方波，C 信号为周期 2s 的方波，验证了程序功能，系统设计满足题目要求。信号周期对比如图 6-30 所示。

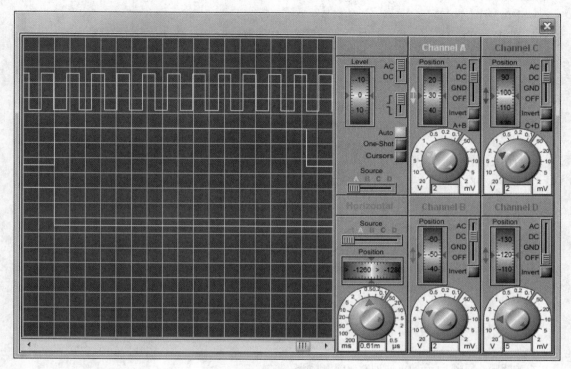

图 6-30　信号周期对比图

6.4.4　工作方式 3 应用

例 6.6　假设应用系统中已经使用了 2 个外部中断，而定时器 T1 工作于模式 2，作串行口波特率发生器用。现要求再增加一个外部中断源并由 P1.0 输出一个 5kHz 的方波。设 $f_{OSC} = 12MHz$。

（1）任务分析。MCS-51 单片机只有 2 个外部中断源，当定时器 T1 工作于模式 2 作为波特率发生器时，在不增加其他硬件开销时，可将定时器 T0 设置于模式 3 计数方式，把 T0 的引脚作附加的外部中断输入端，TL0 的计数初值为 FFH，当检测到 T0 引脚由 1 至 0 的负跳变时，TL0 立即产生溢出，申请中断，相当于边沿触发的外部中断源。T0 工作方式 3 下，TL0 作计数用，而 TH0 只能用作 8 位的定时器，TH0 占用了 TR1 和 TF1，用它来控制 P1.2 输出 5kHz 方波信号。由上述分析得到 TMOD = 00100111B = 27H。

（2）计数初值。

P1.0 的方波频率为 5kHz，故周期 $T = 1/5kHz = 0.2ms = 200\mu s$。

因此用 TH0 定时 $100\mu s$，计数初值 $TH0 = 256 - 100 \times 12/12 = 156 = 9CH$。

利用 TL0 计满溢出产生中断申请，因此 TL0 = 0FFH。

假设已计算好波特率为 4800bps，PCON = 80H，TH1 = TL1 = F3H。

（3）程序设计。

C 语言参考程序（部分功能程序）：

```
#include <reg51.h>
sbit OUT = P1^0;                    //定义输出端口
void T0T1_init(void)               //定时器 TT0、1 初始化
{   TMOD = 0X27;                    //T1 工作模式 2,定时器模式;T0 工作方式 3,计数器模式
    TH1 = 0XF3;                     //设定 T1 波特率常数
    TL1 = 0XF3;                     //设定 T1 波特率常数
    PCON = 0X80;                    //波特率位
    TL0 = 0XFF;                     //TL0 设为 0FFH,计数 1 次产生中断
    TH0 = 0X9C;                     //TH0 做 8 位定时器,设定初值 9CF,定时 100μs,产生 5kHz 方波
    IT1 = 1;                        //设置外部中断 0、1 边沿触发
    IT0 = 1;
    IE = 0X9F;                      //开放全部中断
}
void main(void)
{   T0T1_init();
    TR0 = 1;                        //启动定时器/计数器 0
    TR1 = 1;                        //启动定时器/计数器 1
    while(1)
        {
                                    //主程序
        }
}
//中断服务程序 interrupt n 指明对应的中断函数
void ISR_T0(void) interrupt 1    using  1
{
    TL0 = 0XFF;                     //TL0 重置 0FFH,通过计数产生中断信号
}
void ISR_T1(void) interrupt 3    using2
{
    TH0 = 0X9C;                     //TH0 重置为 9CF,定时 100μs
    OUT = ! OUT;                    //输出取反
}
```

6.4.5　综合应用

例 6.7　利用 T0 门控位测量位 $\overline{INT0}$ 引脚上出现的正脉冲的宽度，并将测量值的高位存入片内 61H，低位存入 60H，设晶振为 12MHz。

（1）任务分析。可以利用 T0 的门控位 GATE 来测试 P3.2 引脚上的正脉冲，如图 6-31 所示。当

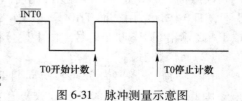

图 6-31　脉冲测量示意图

GATE = 1，只有 $\overline{INT0}$ 引脚为高电平且 TR0 置 1 时，才能启动定时/计数器 T0。即在初始化时，设置 GATE = 1，TR0 = 1，则在 P3.2 出现上升沿时开始对机器周期计数，在 P3.2 出现

下降沿后停止计数。

（2）程序设计。程序功能可以通过查询方式或者中断方式实现。查询方式流程如图 6-32 所示。T0 初始化程序将 T0 设置为方式 1，因为要多单片机时钟周期计数，所以设置为定时器工作模式，同时将 GATE 位置 1，利用 $\overline{\text{INT0}}$ 引脚的控制功能。在 P3.2 引脚的低电平时，将 TR0 置 1，做好启动 T0 的准备工作，当 P3.2 由低电平变为高电平时，则单片机系统自动启动 T0 开始工作。当查询到 P3.2 再次变为低电平时，则停止定时器 T0，取计数值。采用中断方式工作与查询方式稍有区别，T0 的初始化程序要设置外部中断 0 触发方式为边沿触发，开中断；主程序在 T0 初始化后启动 TR0，外部中断 0 服务程序如果被触发，说明已经完成脉冲宽度测量，在外部中断 0 服务程序中将 T0 计数值取出，然后重新置计数器初值。

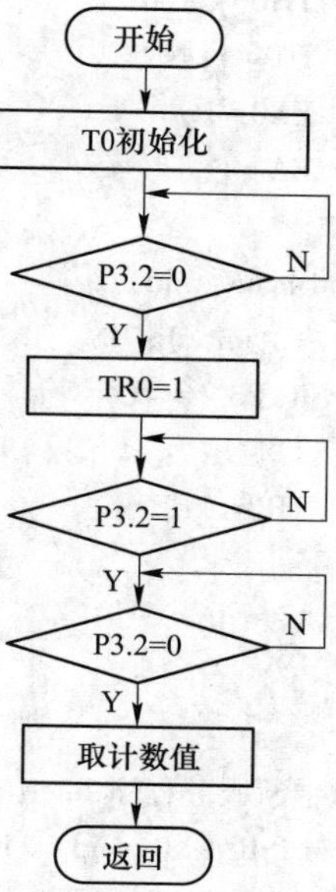

汇编语言参考程序（查询）：

图 6-32 查询方式流程图

```
        ORG   0000H
        LJMP  START
        ORG   0100H
START:  MOV   SP,#30H          ;确立堆栈区
        MOV   TMOD,#09H        ;定时器 0 设定
                               ;方式 1,GATE 置 1
        MOV   TH0,#00H         ;设定计数初值
        MOV   TL0,#00H
CHA:    JB    P3.2,CHA         ;查询下降沿
        SETB  TR0              ;TR0 置 1,准备
LP1:    JNB   P3.2,LP1         ;查询到上升沿,则 TR0=1,GATE=1,/INT0=1,启动定时器 T0
LP2:    JB    P3.2,LP2         ;查询下降沿,T0 计数结束
        CLR   TR0              ;停止计数。本行指令可删除,P3.2=0 时则 T0 停止计数
        MOV   60H,TL0          ;取计数值
        MOV   61H,TH0
        MOV   TL0,#00H
        MOV   TH0,#00H
        SJMP  CHA
        END
```

C 语言参考程序（中断）：

```
#include <reg51.h>
#include <absacc.h>
#define   uint unsigned int
uint i;                    //设定计数变量
void T0_init(void)         //定时器 T0 初始化
{  TMOD=0X09;              //T0 工作模式 1,定时器模式;GATE=1
```

```
    TL0 = 0X00;                        //TL0 设为 00H
    TH0 = 0X00;                        //TH0 设为 00H
    IT0 = 1;                           //边沿触发
    EX0 = 1;                           //开外部中断 0
    EA = 1;                            //打开中断总开关
}
void main( void)
{  T0_init( );
   if( P3^2 = = 0)
   {
    TR0 = 1;                           //启动定时器/计数器 0
   }
   while( 1)
        {   }
}
//中断服务程序 interrupt 0 指明外部中断 0 函数
void ISR_EX0( void)    interrupt 0 using 1
{   i = TH0 * 256+TL0;
    DBYTE[ 0X60] = TL0;
    DBYTE[ 0X61] = TH0;
    TH0 = 0;
    TL0 = 0;                           //TH0、TL0 重置 0
}
```

（3）仿真。在单片机 P3.2 引脚加入 100Hz 的脉冲信号，然后运行 Protues 仿真。点击 "Debug"→"8051 CPU"→"Internal（IDATA）Memory" 调出 8051 内部存储器仿真界面，找到 60H 内存空间，由图 6-33 可见 61H、60H 对应的计数值是 1388H，换算成十进制为 5000，而 12MHz 单片机时钟周期为 1μs，因此定时器 T0 获取的 P3.2 高电平脉冲时间为 5000μs，即 5ms，刚好是 100Hz 时钟的高电平时间，验证了程序功能。

6.5 思 考 题

1. MCS-51 单片机内设有几个定时/计数器，它们由哪些专用寄存器构成？

2. 单片机的定时/计数器有哪几种工作方式，各有什么特点？

3. 定时/计数器用作定时器时，其计数脉冲由谁提供，定时时间与哪些因素有关？

4. 当定时器 T0 用作方式 3 时，由于 TR1 位已被 T0 占用，如何控制定时器 T1 的开启与关闭？

5. 如何计算定时/计时器的初值？

6. 要求使用 T0，采用方式 2 定时，在 P1.0 输出周期为 400μs，占空比为 20% 的矩形脉冲。编写程序，并用 Proteus 仿真。

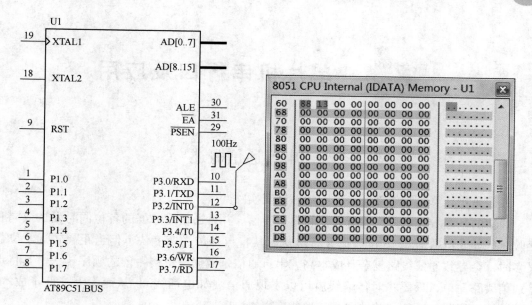

图 6-33　仿真界面

7 单片机串行口及应用

7.1 串行通信概述

通信是指计算机与外部设备之间的信息交换。

通信的基本方式可分为并行通信和串行通信。并行通信是数据的各位同时发送或同时接收，例如8位数据或16位数据并行传送。其特点是传送速度快，但当距离较远、位数又多时，会导致通信线路复杂且成本高。串行通信是数据一位接一位的顺序传送。其特点是通信线路简单，只要一对传输线就可以实现通信（如电话线），从而大大降低了成本，特别适用于远距离通信。其缺点是传送速度慢。

串行通信按同步方式可分为异步通信和同步通信。

（1）异步通信。单片机中主要采用异步通信方式。异步通信是指通信的发送和接收设备使用各自的时钟控制数据的发送和接收过程。

异步通信依靠起始位、停止位保持通信同步，数据传送按帧传输，一帧数据包含起始位、数据位、校验位和停止位。异步通信对硬件要求较低，实现起来比较简单、灵活，适用于数据的随机发送/接收，但因每个字节都要建立一次同步，即每个字符都要额外附加两位，所以工作效率较低。

1）异步通信帧格式。异步串行通信的字符帧格式如图7-1所示。每一帧按顺序依次由起始位、数据位、奇偶检验位及停止位组成。通信双方要事先约定字符的编码形式、奇偶校验形式及起始位和停止位的固定。例如，用ASCII码通信，有效数据位7位，加1个奇偶校验位、1个起始位和1个停止位，共10位。

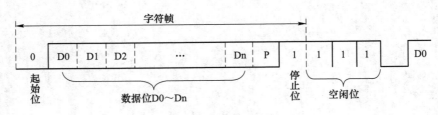

图 7-1　异步通信帧格式

各位规定如下：

① 1位起始位，规定为低电平0；

② 5~8位数据位，即要传送的有效信息，传送时低位在前、高位在后；

③ 1位奇偶校验位P，可有可无；

④ 1 位停止位，表示一帧信息的结束，规定为高电平 1，可以是 1 位、1 位半或 2 位。

⑤ 空闲位。异步传送中，字符间隔不固定。在停止位后面可以加空闲位，空闲位用高电平表示，用于等待传送。这样，接收和发送可以随时间或间断进行，而不受时间的限制。

2）波特率（baud rate）。波特率就是数据的传送速率，即每秒传送的二进制位数，单位为位/秒（bit per second，bps）。异步串行通信的传送速率一般为 50~19200bps，常用于计算机到 CRT 终端和字符打印机之间的通信、直通电报以及无线电通信的数据发送等。

（2）同步通信。同步通信是一种连续串行传送数据的通信方式，一次通信只传输一帧信息。这里的信息帧与异步通信中的字符帧不同，通常含有若干个数据字符，由同步字符、数据字符和校验字符组成。

用同步通信方式传输数据块时，将需要传送的字符顺序连接起来组成一个数据块，在数据块前面加上特殊的同步字符作为数据块的起始符号，接收端接收到同步字符后，开始接收数据块，使收/发双方同步。在数据块后面加上校验字符，用于校验通信中的错误。

同步字符是一个或两个 8 位二进制码，可以采用统一标准格式，也可以由用户自行约定。例如单个同步字符常采用 ASCII 码中的 SYN（16H）代码，双同步字符一般采用国际通用标准代码 EB90H。同步通信的收/发双方必须采用相同的同步字符。同步通信中字符间无间隔，也不用起始位和停止位，因此传送速率高，可以方便地实现某一通信协议要求的帧格式。但硬件复杂，要求接收和发送设备必须使用同一时钟。同步通信的数据格式如图 7-2 所示。

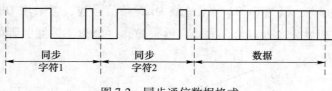

图 7-2　同步通信数据格式

（3）串行通信的制式。串行通信中包含 3 种制式：单工方式、半双工方式、全双工方式。

1）单工方式。单向传送数据，通信双方中一方固定为发送端，另一端固定为接收端，只需要 1 条数据线。

2）半双工方式。半双工方式要求通信的双方均具有发送和接收信息的能力，信道也具有双向传输性能，但是，通信的任何一方都不能同时既发送信息又接收信息，即在指定的时刻，只能沿某一个方向传送信息。

3）全双工方式。数据双向传送，且可以同时发送和接收，需要两条数据线。要求两端的通信设备具有完整和独立的发送、接收功能。

7.2　常用串行通信总线标准

单片机与 PC 机常构成主从式多机通信系统，这就要求单片机与单片机之间、单片机与 PC 机之间能够可靠的远程通信。由于单片机串行输出的是 TTL 电平，抗干扰能力较弱，因此，异步通信大部分将 TTL 电平转换为标准接口电平进行传输，以增强抗干扰，增加传输举例。完成串行通信数据收发控制的硬件设备叫做通用异步收发传输器 UART（universal asynchronous receiver/transmitter），常用的串行通信总线接口标准有 RS-232、RS-422 及 RS-485。

7.2.1　RS-232 总线标准与接口

RS-232 接口符合美国电子工业联盟（EIA）制定的低速率串行数据通信的接口标准，原始编号全称是 EIA-RS-232（简称 232，RS-232）。它被广泛用于计算机串行接口外设连接。

（1）RS-232 接口特点。

1）接口的信号电平值较高，易损坏接口电路的芯片。RS-232 的电压为负逻辑关系。即：逻辑"1"为-3~-15V，逻辑"0"为+3~+15V。而 TTL 电平为 5V 为逻辑"1"，0V 为逻辑"0"。RS-232 与 TTL 电平不兼容故需使用电平转换电路方能与 TTL 电路连接。

2）传输速率较低，在异步传输时，比特率为 20Kbps。

3）采取不平衡传输方式，即所谓单端通讯。使用 1 根信号线和 1 根信号返回线而构成共地的传输形式，这种共地传输容易产生共模干扰，所以抗噪声干扰弱。

4）点对点通讯，传输距离有限，实际应用在 15m 左右。

（2）RS-232 引脚定义。RS-232 标准总线为 25 条信号线，常采用 DB-25 或 DB-9 连接器，连接器有公头和母头之分，公头为针，母头为孔。公头连接器引脚如图 7-3 所示，引脚定义如表 7-1 所示。

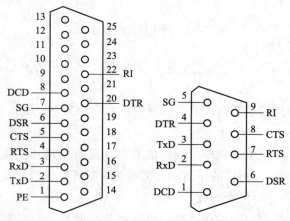

图 7-3　DB 连接器接口

表 7-1 RS-232 信号引脚定义

引	脚	定 义	引	脚	定 义
DB-25	DB-9		DB-25	DB-9	
1		屏蔽地线	14		未定义
2	3	TXD 发送数据	15		未定义
3	2	RXD 接收数据	16		未定义
4	7	RTS 请求发送	17		未定义
5	8	CTS 清除发送	18		数据接收（+）
6	6	DSR 数据准备好	19		未定义
7	5	SGND 信号地线	20	4	DTR 数据终端准备好
8	1	DCD 载波检测	21		未定义
9		发送返回（+）	22	9	RI 振铃提示
10		未定义	23		未定义
11		数据发送（-）	24		未定义
12		未定义	25		接收返回（-）
13		未定义			

（3）RS-232 接口电路转换。目前，RS-232 与 TTL 之间电平转换的集成电路很多，常用的有 MAX232 芯片。该芯片是美信（MAXIM）公司专为 RS-232 标准串口设计的单电源电平转换芯片，使用+5V 单电源供电，内部包含两路接收器和驱动器，完成 RS-232 与 TTL 电平转换，单片机与 MAX232 接口电路原理图如图 7-4 所示。

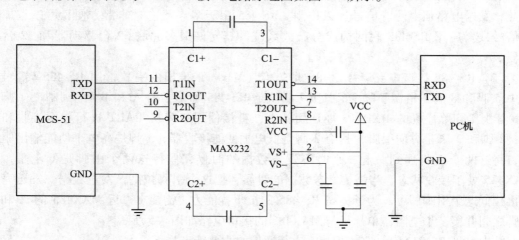

图 7-4 MAX232 转换电路原理图

MAX232 芯片第一部分是电荷泵电路。由 1、2、3、4、5、6 脚和 4 只电容构成，功能是产生+12V 和-12V 两个电源，提供给 RS-232 串口电平的需要。

第二部分是数据转换通道。由 7、8、9、10、11、12、13、14 脚构成两个数据通道。其中 13 脚（R1IN）、12 脚（R1OUT）、11 脚（T1IN）、14 脚（T1OUT）为第一数据通道。

8 脚（R2IN）、9 脚（R2OUT）、10 脚（T2IN）、7 脚（T2OUT）为第二数据通道。TTL/CMOS 数据从 11 引脚（T1IN）、10 引脚（T2IN）输入转换成 RS-232 数据从 14 脚（T1OUT）、7 脚（T2OUT）送到电脑 DB9 插头；DB9 插头的 RS-232 数据从 13 引脚（R1IN）、8 引脚（R2IN）输入转换成 TTL/CMOS 数据后从 12 引脚（R1OUT）、9 引脚（R2OUT）输出。

第三部分是供电。由 15 脚（GND）、16 脚（VCC）（+5V）构成。

7.2.2　RS-422/RS-485 总线标准与接口

（1）RS-422 与 RS-485 特点。RS-232 虽然应用广泛，但是由于推出较早，数据传输速率慢，通信距离低。RS-422 由 RS-232 发展而来，它是为了弥补 RS-232 通讯距离短、速率低的缺点而提出的，RS-422 数据信号采用差分传输方式（也称作平衡传输），将传输速率提高到 10Mbps，传输距离延长到 4000 英尺❶（速度低于 100kb/s 时），并允许在一条平衡总线上连接最多 10 个接收器。

RS-422 支持点对多的双向通信，其中一个主设备（master），其余为从设备（salve），从设备之间不能通信。RS-422 四线接口由于采用单独的发送和接收通道，可以全双工工作。

RS-485 是从 RS-422 基础上发展而来的，可以采用二线或四线方式，二线制可实现真正的多点双向通信，最高传输速率为 10Mbps，传输距离最长为 4000 英尺。RS-485 采用平衡发送和差分接收，因此具有抑制共模干扰的能力，逻辑"1"以两线间的电压差为+（2~6）V 表示；逻辑"0"以两线间的电压差为-（2~6）V 表示。该电平与 TTL 电平兼容，可方便与 TTL 电路连接。RS-485 采用半双工工作方式，任何时候只能有一点处于发送状态，因此，发送电路须由使能信号加以控制。RS-485 用于多点互连时非常方便，可以省掉许多信号线。应用 RS-485 联网构成分布式系统，其允许最多并联 32 台驱动器和 32 台接收器。

（2）RS-485 接口电路。MAX485 是美信（Maxim）推出的一款常用 RS-485 转换器。其中 5 脚和 8 脚是电源引脚；6 脚和 7 脚就是 RS-485 通信中的 A 和 B 两个引脚；1 脚和 4 脚分别接到单片机的 RXD 和 TXD 引脚上，直接使用单片机 UART 进行数据接收和发送；2 脚和 3 脚是方向引脚，其中 2 脚是低电平使能接收器，3 脚是高电平使能输出驱动器，将这两个引脚连到一起，平时不发送数据的时候，保持这两个引脚是低电平，让MAX485 处于接收状态，当需要发送数据的时候，把这个引脚拉高，发送数据，发送完毕后再拉低这个引脚即可。为了提高 RS-485 的抗干扰能力，需要在靠近 MAX485 的 A 和 B 引脚之间并接一个电阻。单片机与 MAX485 的接口电路如图 7-5 所示。

综上可见 RS-232/RS-422/RS-485 串行通信的主要特点如下：

1）RS-232：三线制、全双工、点对点通讯；

2）RS-422：四线制、全双工、点对多主从通讯（实际上还有 1 根信号地线，共 5根线）；

3）RS-485：二线式、半双工、点对多主从通讯（因四线制只能点对点，故已经淘汰）。

---

❶ 4000 英尺 = 1219.2m。

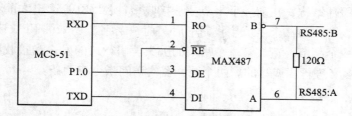

图 7-5　MAX485 转换电路原理图

7.3　MCS-51 单片机串行接口

MCS-51 单片机内部有一个功能很强的全双工串行口，可同时接收和发送数据。接收、发送数据可工作在查询方式或中断方式，使用非常灵活，能方便地与其他计算机或串行传送信息的外部设备（如打印机、CRT 终端等）实现双机、多机通信。

7.3.1　串口结构

MCS-51 系列单片机串行口主要由数据发送缓冲器、数据接收缓冲器、发送控制器、接收控制器、移位寄存器等组成，如图 7-6 所示。P3.0 是串行输入线，P3.1 是串行输出线，它有两个物理上独立的接收、发送缓冲器 SBUF（属于特殊功能寄存器），可同时发送、接收数据。发送缓冲器只能写入不能读出，接收缓冲器只能读出不能写入，两个缓冲器共用一个特殊功能寄存器字节地址（99H）。

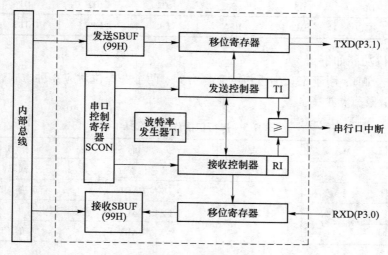

图 7-6　串行口结构

串行口发送接收的速率与波特率发生器产生的移位脉冲同频。MCS-51 系列单片机用定时器 T1 或直接用 CPU 时钟作为串口波特率发生器的输入信号，在串行接口的不同工作方式中，波特率发生器从两个输入信号中选择一个信号，产生移位脉冲来同步串口的接收和发送，移位脉冲的速率即是波特率。

接收器是双缓冲结构，在前一个字节被从接收缓冲器 SBUF 读出之前，第二字节即开始被接收。但是，若在第二个字节接收完毕后，前一个字节还未被 CPU 读取的话，第二个字就会覆盖第一个字节，造成第一个字节的丢失。串行口的发送和接收都是以特殊功能寄存器 SBUF 的名义进行读或写的。两个缓冲器的访问指令有两条：

```
MOV   SUBF,A              ;写缓冲器
MOV   A,SBUF              ;读缓冲器
```

在发送数据时，CPU 执行上述第一条指令，即把要发送的数据通过累加器传送至 SBUF，则串行口便自动启动，把数据按位向外依次输出。接收数据时，接收端一位一位地接收数据，直到把一帧数据接收完毕，送入 SBUF，然后通知 CPU，CPU 执行上述第二条指令，便可把 SBUF 中的数据读入。

7.3.2 与串口有关的寄存器

单片机串行口有关的寄存器主要有串行口控制寄存器 SCON、电源控制寄存器 PCON，以及第 5 章所介绍的中断使能寄存器 IE 和中断优先级寄存器 IP。

7.3.2.1 特殊功能寄存器 SCON

特殊功能寄存器 SCON 用于定义串行口的操作方式和控制它的某些功能，字节地址为 98H。SCON 是可以位寻址的特殊功能寄存器，位地址为 98H ~ 9FH。其各位定义如表 7-2 所示。

表 7-2 SCON 各位定义

D7	D6	D5	D4	D3	D2	D1	D0
SM0	SM1	SM2	REN	TB8	RB8	TI	RI

相应的各位功能如下：

（1）SM0、SM1：用于定义串行口的工作方式，两个选择位对应 4 种方式，如表 7-3 所示。其中 f_{OSC} 是振荡器频率。

表 7-3 串行口操作方式选择

SM0	M1	方式	功 能	波特率
0	0	0	同步移位寄存器	固定，$f_{OSC}/12$
0	1	1	8 位 UART	可变（T1 溢出率）
1	0	2	9 位 UART	固定，$f_{OSC}/64$ 或 $f_{OSC}/32$
1	1	3	9 位 UART	可变（T1 溢出率）

（2）SM2：多机通信时的控制位。当串行口以方式 2 或方式 3 接收时，如果 SM2 = 1，则只有当接收到的第 9 位数据（RB8）为 1 时，才使 RI 置 1，产生中断请求，并将接收到的前 8 位数据送入 SBUF；当接收到的第 9 位数据（RB8）为 0 时，则将接收到的前 8 位数据丢弃。而当 SM2 = 0 时，则不论第 9 位数据是 1 还是 0，都将前 8 位数据送入 SBUF 中，并使 RI 置 1，产生中断请求。在方式 1 中，若 SM2 = 1，则只有收到有效的停止位才会激活 RI。在方式 0 中，SM2 必须是 0。

（3）REN：接收允许/禁止控制位，相当于串行数据接收的开关。该位由软件置位或复位。REN＝1 允许串口接收数据，REN＝0 禁止串口接收数据。

（4）TB8：在方式 2 和方式 3 下，它是要发送数据的第 9 位，由软件置位或清零。在双机串行通信时，TB8 一般作为奇偶校验位使用；在多机串行通信中用来表示主机发送的是地址帧还是数据帧，TB8＝1 为地址帧，TB8＝0 为数据帧。在模式 0 和模式 1 中，该位不用。

（5）RB8：在方式 2 和方式 3 下，RB8 存放接收到的第 9 位数据。RB8 可以是约定的地址/数据标志位，也可以是约定的奇偶校验位。在方式 1 下，如果 SM2＝0，RB8 是接收到的停止位。在方式 0 下，不使用 RB8。

（6）TI：发送中断标志位，当一帧数据发送完毕时由硬件自动置位。TI＝1 表示发送缓冲器已空，通知 CPU 可以发送下一帧数据，TI 位的状态可供软件查询，也可申请中断。

在不同方式下，TI 的置位情况不同，方式 0 时，发送完第 8 位数据后，该位由硬件置位，而在其他方式下，发送完停止位时 TI 由硬件置位。TI 必须由软件清零。

（7）RI：接收中断标志位，在接收一帧有效数据后由硬件自动置位。RI＝1 表示一帧数据已接收完毕，并申请中断，要求 CPU 读取数据。CPU 也可以查询 RI 状态，以决定是否需要从 SBUF 中读取接收的数据。

在不同方式下，RI 的置位情况亦不同，方式 0 时，接收完第 8 位数据后，该位由硬件置位。在其他方式下，当接收到停止位时，该位由硬件置位。RI 需要通过软件清零。

SCON 所有位在复位后均被清零。

7.3.2.2 电源控制寄存器 PCON

特殊功能寄存器 PCON 地址为 87H，不可位寻址，初始化时需要进行字节传送。其各位定义如表 7-4 所示。其中，只有最高位 SMOD 与串行口的工作有关，SMOD＝1 时，波特率加倍，所以也称 SMOD 位为波特率倍增位。

表 7-4 PCON 位定义

D7	D6	D5	D4	D3	D2	D1	D0
SMOD	—	—	—	GF1	GF0	PD	IDL

GF0、GF1 为通用标志位，由软件置位、复位。

PD 为掉电方式控制位，PD＝0 时为正常方式，PD＝1 时为掉电方式，此方式是指当单片机断电时，内容 RAM 和特殊功能寄存器的内容被保存，单片机停止一切工作，掉电保护时的备用电源通过 VCC 引脚接入。当电源恢复后，系统要维持 10ms 的复位时间才能退出掉电保护状态，复位操作将重新定义特殊功能寄存器，但内部 RAM 的值不变。

IDL 为空闲方式控制位，IDL＝0 时为正常方式，IDL＝1 时为空闲方式。

7.4 串行口工作方式及波特率设置

MCS-51 系列单片机串行口有 4 种工作方式，由串行口控制寄存器 SCON 中的 SM0 和 SM1 两位编码决定。

7.4.1 方式 0

工作方式 0 为移位寄存器输入输出方式，可外接移位寄存器，以扩展 I/O 口，也可外接同步输入输出设备。在方式 0 下，波特率为 $f_{osc}/12$，此方式下每帧数据为 8 位，无起始位和停止位，且发送时低位在前，高位在后。在方式 0 下，可发送数据，也可以接收数据，发送或接收数据都是通过 RXD 引脚进行的，而 TXD 引脚则用于发送同步脉冲，每个机器周期移动一个数据。

方式 0 发送或接收完 8 位数据后由硬件置位发送中断标志 TI 或接收中断标志 RI。但 CPU 响应中断请求转入中断服务程序时并不清 TI 或 RI。因此，中断标志 TI 或 RI 必须由用户在程序中清零。以方式 0 工作时 SM2 位（多机通信制位）必须为"0"。

（1）方式 0 数据发送。在方式 0 下，当一个数据写入串行口数据 SBUF 时，就开始发送，8 位数据从 RXD 端由低位到高位逐位发送出去。当 8 位数据发送完毕时，硬件自动置中断标志 TI＝1，TI 不会自动清零，当要发送下一个数据时，需要通过软件对 TI 清零。

（2）方式 0 数据接收。方式 0 接收前，务必先置位 REN＝1，允许接收数据。而当 REN＝0 时，则禁止串行口接收数据。通过软件设置，使 REN＝1，RI＝0，启动串行口接收，此时在 TXD 端发送同步移位脉冲，8 位数据从 RXD 端由低位到高位逐位接收；当 8 位数据接收结束时，所接收的数据被装入串行口数据缓冲器 SBUF 中，硬件自动置 RI＝1，请求中断。当接收下一个数据时，需通过软件对 RI 清零。

7.4.2 方式 1

串行口工作方式 1 是波特率可变的 10 位异步通信接口，这种方式下的波特率取决于定时器 T1 的溢出速率及 SMOD 的状态。数据位由 P3.0（RXD）端接收，由 P3.1（TXD）端发送。数据传送时，低位在前，高位在后。数据帧格式如表 7-5 所示，一帧共有 10 位，其中，1 位起始位（低电平），8 位数据位（低位在前）和 1 位停止位（高电平）。

表 7-5 方式 1 的数据帧格式

起始位	D0	D1	D2	D3	D4	D5	D6	D7	停止位

（1）方式 1 发送过程。在 TI＝0 时，CPU 执行任何一条以 SBUF 为目标寄存器的指令，就启动发送过程。发送电路自动在 8 位数据前后分别添加 1 位起始位和停止位。数据由 TXD 引脚输出，此时的发送移位脉冲是由定时器/计数器 T1 送来的溢出信号经过 16 或 32 分频而取得的。一帧信号发送完后，自动维持 TXD 线为高电平，中断标志 TI 也由硬件在发送停止位时置 1，向 CPU 申请中断。

（2）方式 1 接收过程。在 RI＝0 时，当允许接收位 REN 被置位 1 时，接收器以选定波特率的 16 倍的速率采样 RXD 引脚上的电平。当检测到有从"1"到"0"的负跳变时，则启动接收过程，在接收移位脉冲的控制下，接收完一帧信息。当一帧接收完毕后，若满足 2 个条件：1）RI＝0；2）SM2＝0 或接收到的停止位为 1，则 8 位数据进入 SBUF，停止位送入 RB8，并置接收中断标志位 RI 为 1，向 CPU 发出中断请求，完成一次接收过程。否则，所接收的一帧信息将丢失，复位接收电路，并重新检测由"1"到"0"的负跳变，准备接收下一帧信息。若将数据从 SBUF 取出后，接收中断标志 RI 应由软件清零。

7.4.3 方式 2 和方式 3

串行口工作方式 2 和方式 3 都为 11 位异步通信接口,操作方式完全一样,唯一的差别是波特率不同。方式 2 的波特率是固定的,即为 $f_{OSC}/32$ 或 $f_{OSC}/64$,而方式 3 的波特率是可变的,决定于定时器 T1 的溢出率。数据帧格式如表 7-6 所示,每帧数据共 11 位,其中,最低位是起始位(0),其后是 8 位数据位(低位在先),再次是用户定义位(用于奇偶校验或者 SCON 中的 TB8 或 RB8),最后一位是停止位(1)。

表 7-6 方式 2、3 的数据帧格式

起始位	D0	D1	D2	D3	D4	D5	D6	D7	D8	停止位

(1)发送过程。TXD 引脚为发送端,共发送 9 位有效数据。在启动发送之前,需要把要发送的第 9 位数据装入 TB8,这个位可以由用户自定其功能,如可将其定义为所传送数据的奇偶检验位或多机通讯中的地址/数据标志位。执行一条以 SBUF 为目的寄存器的指令即启动数据发送,发送开始,硬件自动发送一个起始位,起始位为逻辑低电平。然后发送 8 位数据,低位先发,高位后发,接着发送第 9 位数据,即 TB8 中的数值,最后硬件自动发送停止位,停止位为逻辑高电平,同时置 TI=1,一帧数据发送结束。

(2)接收过程。接收时应先使 REN=1,当检测到 RXD 端有负跳变时,开始接收 9 位数据,送入移位寄存器。当满足以下 2 个条件:1)RI=0;2)SM2=0 或接收到的第 9 位数据为 1(SM2=1),则前 8 位数据装入 SBUF,第 9 位数据送入 RB8,由硬件置位 RI=1。否则接收的这一帧数据将丢失,也不置位 RI。

当 SM2=0 时,不管 RB8 是 0 还是 1,RI 都置 1,串口接收信息。

当 SM2=1,且 RB8=1 时,表示多机通信情况下,接收的是地址帧,此时 RI 置 1,串口接收发来的信息。

当 SM2=1,且 RB8=0 时,表示接收的是数据帧,但不是发送给本从机的,此时 RI 不置 1,因而所接收的数据帧将丢失。

7.4.4 波特率设置

波特率反映串行口传输数据的速率,它取决于振荡频率、PCON 寄存器的 SCON 位以及定时器的设定。在串行通信中,收发双方的数据传送率(波特率)要遵循一定的约定。串行口的 4 种工作方式中,方式 0 和 2 的波特率是固定的,而方式 1 和 3 的波特率是可变的,由定时器的溢出率控制。

(1)方式 0 为固定波特率:波特率=$f_{OSC}/12$。

(2)方式 2 可选 2 种波特率:波特率=$(2^{SMOD}/64) \times f_{OSC}$。

当 SMOD=1 时,波特率=$f_{OSC}/32$;

当 SMOD=0 时,波特率=$f_{OSC}/64$。

(3)方式 1、3 为可变波特率,用 T1 作波特率发生器。

波特率=$(2^{SMOD}/32) \times T1$ 溢出率,T1 溢出率为 T1 溢出一次所需时间的倒数。T1 常选用定时方式 2,即 8 位重装载初值方式,并且禁止 T1 中断。

若 T1 计数初值为 X,则每过 256−X 个机器周期,T1 产生一次溢出,溢出周期为

$(256-X) \times 12/f_{osc}$。于是：

$$方式1（或方式3）波特率 = (2^{SMOD}/32) \times f_{osc}/[(256-X) \times 12]$$

从上面的式子可以解出，T1 工作于方式 2 下初值 X 的计算公式如下：

$$X = 256 - 2^{SMOD} \times f_{osc}/(384 \times 波特率)$$

7.5　串行口应用及设计实例

7.5.1　串行口的初始化

单片机的串行口初始化后，才能进行数据的交换。其初始化内容如下：

（1）工作方式设置。设定 SCON 的 SM0、SM1 的值以选定串行口的工作方式。

（2）多机通信控制位及帧的类型设置。对于工作方式 2 或方式 3，根据需要在 TB8 中写入待发送的第 9 位数据。

（3）波特率设置。若选定的操作模式不是方式 0，需设定接收/发送的波特率。设定 SMOD 的状态，以控制波特率是否加倍。若选定工作方式 1 或方式 3，还需对定时器 T1 进行初始化以设定其溢出率。

例 7.1　假设某 MCS-51 单片机系统，串行口工作于方式 1，串行通信波特率为 4800bps，作为波特率发生器的定时器 T1 工作在方式 2 时，请求出计数初值为多少？已知晶振频率 = 12MHz。

设 SMOD = 1，则

$$X = 256 - 2^{SMOD} \times f_{osc}/(384 \times 波特率) = 242.98 \approx F3H$$

定时器和串口的初始化程序如下：

```
TMOD = 0X20;              //T1 设置方式 2
TH1 = 0XF3;               //T1 赋初值
TL1 = 0XF3;
TR1 = 1;
PCON = 0X80;              //SMOD = 1
SCON = 0X40;              //设置串口方式 1
```

上述例题中晶振为 12MHz，若定时器 T1 初值取 F3H 则实际生成的波特率会产生误差，其误差为：

$$实际波特率 = (2^{SMOD}/32) \times f_{osc}/[(256-X) \times 12] \approx 4807.69$$

$$波特率误差 = (4807.6923 - 4800)/4800 = 0.16\%$$

实际串行通信中常用 11.0592MHz 的晶振，可以产生准确的波特率。若上述例题中晶振为 11.0592MHz，则：

$$X = 256 - 2^{SMOD} \times f_{osc}/(384 \times 波特率) = 244 = F4H$$

7.5.2　串行口应用

例 7.2　用 8051 单片机串行口外接串入-并出移位寄存器 74HC164 扩展 8 位并行口。8 位并行口的每位都接一个发光二极管，要求发光二极管从右到左每间隔 1s 轮流显示，并不断循环。设发光二极管为共阳极接法，12MHz 晶振。

74HC164 是 8 位边沿触发式移位寄存器，串行输入数据，并行输出。数据通过两个输入端（A 或 B）之一串行输入；任一输入端可以用作高电平使能端，控制另一输入端的数据输入。两个输入端也可以连接在一起，或者把不用的输入端接高电平，不要悬空。时钟（CP）每次由低变高时，数据（A、B 逻辑与）输入到 Q0，原数据依次右移一位；主复位（MR）输入端上低电平将使其他所有输入端都无效，同时非同步地清除寄存器，强制所有的输出为低电平。

（1）硬件电路设计。系统硬件电路主要由单片机 AT89C51、74HC164、发光二极管 LED-GREEN 组成，电路原理图如图 7-7 所示，74HC164 并行输出信号驱动 LED1~LED8。

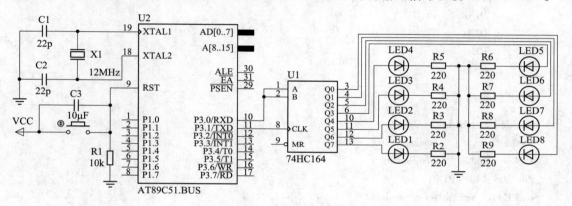

图 7-7　电路原理图

（2）任务分析。单片机串口工作于方式 0，作为移位寄存器，P3.0 由低到高依次输出 8 位串行数据，串行数据由 A、B 口进入 74HC164 后，并行数据由 Q0~Q7 端口输出，单片机输出的一个字节数据最低位进入到 Q7 位，最高位数据进入 Q0。因此，要控制 LED8 到 LED1 依次点亮，最开始输出的控制信号应为 10000000B，然后每隔 1s，控制信号按位右移输出。若要改变流水灯样式，例如从左向右显示，则可以修改样式控制字为 01H，每隔 1s 按位左移。

（3）程序设计。程序采用查询方式如流程图 7-8 所示。首先设置串口工作方式 0，然后设置流水灯样式初始控制字为 80H，接着将控制字输出到串口，由 74HC164 控制 LED 灯，延时 1s，最后更新流水灯样式控制字。

汇编语言参考程序：

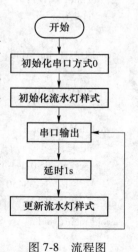

图 7-8　流程图

```
            ORG     0000H
            LJMP    START
            ORG     0100H
START:  MOV     SP,#30H        ;确立堆栈区
            MOV     SCON,#00H      ;方式 0
            MOV     A,#80H         ;控制字
```

```
OUT:     MOV     SBUF,A          ;发送控制字
         JNB     TI,$
         CLR     TI
         ACALL   DELAY
         RR      A               ;更新控制字
         SJMP    OUT
DELAY:   MOV     R7,#10          ;约 1s 延时
D1:      MOV     R6,#200
D2:      MOV     R5,#250
         DJNZ    R5,$
         DJNZ    R6,D2
         DJNZ    R7,D1
         RET
         END
```

C 语言参考程序:

```
#include <reg51. h>
#define   uchar    unsigned char
#define   uint     unsigned int
sbit CLR_LED = P1^0;
void UART_send_byte( uchar dat)        //串口发数据
{  SBUF = dat;
   while( ! TI);                       //发送完成
   TI = 0;                             //TI 清零
}
void UART_init( void)
{
   SCON = 0X00;                        //串口方式 0,移位寄存器
}
void delays( uint n)                   //延时约 500ms
{  uint i,j;
   for( i = n;i>0;i--)
       for( j = 38450;j>0;j--);
}
void main( void)
{
   uchar     style = 0X80;            //流水灯初始控制字
   UART_init( );
   while( 1)
       {
           UART_send_byte( style);     //发送数据
           delays( 2);                 //延时 1s
           style = style>>1;           //更新控制字
```

```
            if( style = = 0 )
                style = 0x80;
        }
    }
```

（4）仿真。将程序编译生成 HEX 文件后，加载到 Proteus 电路中，设置晶振 12MHz。系统运行时，发光二极管 LED8～LED1 每隔 1s 轮流显示，产生流水灯效果，系统运行效果如图 7-9（a）所示。在 μVision 环境中，程序编译通过后，点击 "Debug"→"Start/Stop Debug Session" 开始仿真，在工具栏中点击 "Serial Windows" 调出串口仿真窗口，如图 7-9（b）所示，可见串口输出的控制字依次为 80H、40H……01H。

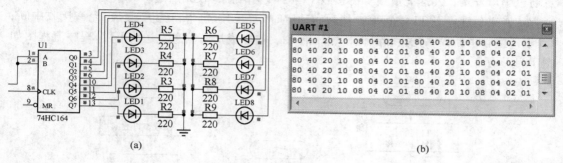

图 7-9 仿真图

（a）Proteus 仿真图；（b）μVision 串口输出图

例 7.3 如图 7-10 所示的双机通信系统，U1 实时检测拨码开关的输入信号，并将输入信号通过串口发送给 U6，U6 将接收到的数据显示在 P1 口上。作为应答，U6 将接收到的数据进行加密处理后（本例只做了取反运算），将该信息作为应答信号回送给 U1，U1 收到应答信号后将其显示在 P2 口。设置波特率为 9600，晶振为 11.0592MHz。

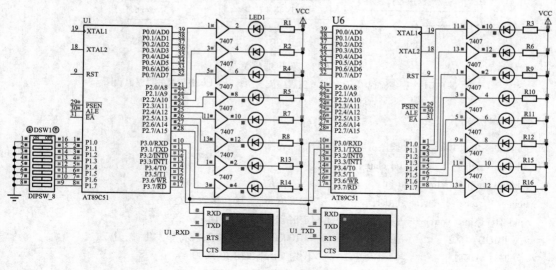

图 7-10 双机通信原理图

（1）任务分析。由于两个单片机是同样的 TTL 电压信号，可以将两个单片机的串口交叉连接，U1 的 TXD 连接 U6 和 RXD，U1 的 RXD 引脚连接 U6 的 TXD 引脚，并连接两机的接地端。采用同向驱动器 7407 驱动 LED，当单片机引脚输出低电平时点亮 LED。拨码开关接通时，P1 引脚输入低电平，该信号发送给 U6 控制相应的 LED 点亮。U6 将收到的信息取反后，通过串口回送给 U1，U1 收到该回馈信息将其发送到 P2 口显示。为了更直观查看串口通信数据情况，在 U1 的 TXD 引脚和 RXD 引脚接了两个虚拟终端 Virtual Terminal，用以显示单片机 U1 的串口发送和接收的数据。

（2）程序设计。U1 通过 T1 设置串口波特率为 9600bps，要保证 U1 和 U6 波特率相同。U1 采用查询方式，主程序首先初始化串口，然后采集拨码开关输入信息，并将该信息通过串口发送，发送完成后等待接收 U6 的回复信息，收到后送 P2 口显示。U6 采用中断方式，主程序设置 T1 波特率，然后启动定时器，初始化串口为方式 1，允许接收中断；U6 串口接收中断程序先接收数据，然后清 RI，再生成加密信息发送给 U1，程序流程图如图 7-11 所示。

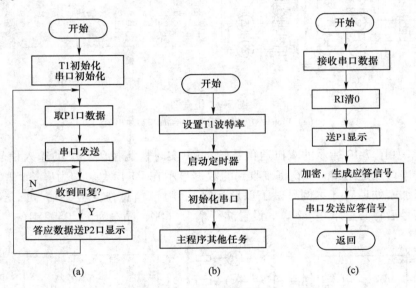

图 7-11　双机通信流程图

（a）U1 主程序流程图；（b）U6 主程序流程图；（c）U6 中断服务程序流程图

U1 参考程序：

```c
#include <reg51.h>
#define  uchar   unsigned char
#define  uint    unsigned int
uchar    receive_dat,send_dat;        //定义变量,发送和接收
void T0T1_init(void)                  //定时器 T1T0 初始化
{  TMOD=0X21;                         //00100001, T1 模式2,波特率发生器;T0 模式1
   TH1=0XFD;                          //设定 T1 计数初值,9600bps
   TL1=0XFD;
   PCON=0X00;
   EA=1;                              //全局中断开
```

```
    }
    void UART_init( void)
    {   SM0 = 0;
        SM1 = 1;                        //串口方式1
        SM2 = 1;                        //接收到停止位才取数据
        REN = 1;
    }
    void UART_send_byte( uchar dat)     //串口发数据
    {   SBUF = dat;
        while( ! TI);                   //发送完成
        TI = 0;                         //TI 清零
    }
    void UART_receive_byte( void)
    {
        while( ! RI)
        RI = 0;
        receive_dat = SBUF;
    }
    void main( void)
    {   T0T1_init( );
        TR1 = 1;
        UART_init( );
        while(1)
          {
            send_dat = P1;
            UART_send_byte( send_dat);  //发送数据
            UART_receive_byte( );       //接收数据
            P2 = receive_dat;
          }
    }
```

U6 在主程序中初始化串口、设置波特率,在串口中断服务程序中先接收串口数据,送 P1 口显示,加密处理后再发送应答数据。U6 参考程序:

```
#include <reg51. h>
#define  uchar     unsigned char
#define  uint   unsigned int
uchar    receive_dat, send_dat;
void T0T1_init( void)                   //定时器 T1T0 初始化
{
    TMOD = 0X21;                         //00100001/T1 模式 2,波特率发生器;T0 模式 1
    TH1 = 0XFD;                          //设定 T1 计数初值,9600bps
    TL1 = 0XFD;                          //
    PCON = 0X00;
```

```
        EA = 1;                          //全局中断开
    }
    void UART_init( void)
    {
        SM0 = 0;
        SM1 = 1;                          //串口方式 1
        SM2 = 1;                          //接收到停止位才取数据
        REN = 1;
        ES = 1;
    }
    void UART_send_byte( uchar dat)       //串口发数据
    {
        SBUF = dat;
        while( ! TI);                     //发送完成
        TI = 0;                           //TI 清零
    }
    void UART_receive_byte( void)
    {
        if( RI)
        {   RI = 0;
            receive_dat = SBUF;
        }
    }
    void main( void)
    {
        T0T1_init( );
        TR1 = 1;
        UART_init( );
        while( 1)
            {   }
    }
    void ISR_UART( void) interrupt 4 using 1
    {
        UART_receive_byte( );             //接收数据
        P1 = receive_dat;
        send_dat = ~ receive_dat;
        UART_send_byte( send_dat);        //发送数据
    }
```

（3）仿真。在 Keil 中建立 2 个工程项目，分别编译生成 HEX 文件后，分别加载到电路图中的 U1 和 U6 中，并设置晶振为 11.0592MHz。系统运行时，将前 3 个拨码开关接通，则 P1.0～P1.2 输入"0"信号，如图 7-10 所示，可见连接 U6 的 3 个对应 LED 灯点亮，同时连接 U1 的对应 LED 熄灭，符合系统的处理要求。点击"Proteus"中"Debug"→

"Virtual Terminal"调出虚拟终端，设置波特率为9600，8位数据位，无奇偶校验，1位停止位。虚拟终端显示界面如图7-12所示，可见U1串口发送的数据为F8H，U1串口接收到的数据为07H。F8H为采集的拨码开关信号，07H为U6接收到数据08H后，对其进行取反运算，再发送给U1的应答数据。

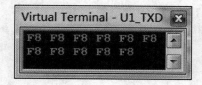 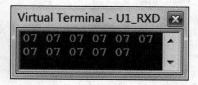

图7-12 虚拟终端仿真图

例7.4 通过8051单片机的串行口输出字符串"Hello MCS-51！I am superman."，并将其显示在虚拟终端上，设晶振为11.0592MHz。

（1）任务分析。将单片机的TXD和RXD分别连接到虚拟终端的RXD和TXD，通过单片机的TXD引脚输出字符串，在虚拟终端中显示出来。

（2）程序设计。在程序中，将需要输出的字符串存放到两个数组中，并在字符串尾部加回车换行标志符（\r代表回车，\n代表换行）。串口采用方式1，波特率设定为9600bps，主程序不停地发送字符串。

参考程序：

```c
#include <reg51.h>
#define  uchar      unsigned char
#define  uint       unsigned int
uchar     Buf[ ]="Hello MCS-51！\r\n";
uchar     Addr[ ]="I am superman.\r\n";
void delays(uint n)                //延时约500ms
{   uint i,j;
    for(i=n;i>0;i--)
        for(j=38450;j>0;j--);
}
void UART_init(void)
{
    SCON = 0x50;                   //串口方式1
    TMOD = 0x20;                   // 定时器T1使用方式2自动重载
    TH1 = 0xFD;                    //9600波特率对应的预设数,T1方式2下,TH1=TL1
    TL1 = 0xFD;
    TR1 = 1;                       //开启定时器,开始产生波特率
}
/* 发送一个字符 */
void UART_send_byte(uchar dat)
{
    SBUF = dat;                    //把数据放到SBUF中
```

```
    while( ! TI);                    //未发送完毕就等待
    TI = 0;                          //发送完毕后,要把 TI 重新置 0
}
/ * 发送一个字符串 * /
void UART_send_string( uchar * buf)
{
    while ( * buf ! ='\0')
    {
        UART_send_byte( * buf++);
    }
}
main( )
{
    UART_init( );
    while (1)
    {
        UART_send_string( Buf);
        delays(1);
        UART_send_string( Addr);
        delays(1);
    }
}
```

（3）仿真。将文件编译生成 HEX 文件后，加载到单片机系统中，设置晶振为
11.0592MHz。双击虚拟终端，进入属性编辑框，设置波特率为9600，8 位数据位，无奇偶
校验，1 位停止位。系统运行时，在虚拟终端上显示了待输出的两行字符，如图 7-13
所示。

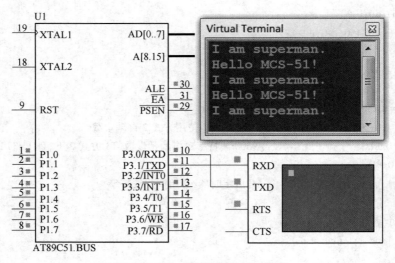

图 7-13　串口输出字符串仿真图

例 7.5 甲机将片内数据存储器 50H～5FH 单元的内容通过串口发送给乙机，乙机接收后存放到内部数据存储器 50H 单元开始的 16 个字节。数据传输正确则置 F0 标志位为 1，传输错误则置 F0 为 0。设晶振 11.0592MHz。

（1）任务分析。将甲机的 TXD 连接到乙机的 RXD，甲机的 RXD 连接到乙机的 TXD，双方通信协议设定如下：甲机先发送联络信号"55H"，乙机接收该信号后，发送数据"0AAH"作为应答信号，表示同意接收。甲机收到应答信号后发送完 16 个字节数据，然后向乙机发送一个累加校验和。校验和是通过对 16 个数据进行依次求和运算，产生一个字节的校验字符。乙机每接收一个数据也进行计算一次校验和，接收完数据块后，再接收甲机发送的校验和，并将接收到的校验和与乙机求出的校验和进行比较，将结果发送给甲机，正确发送 00H，出错则发送 0FFH。传输完成，采用 F0 标志位记录传输结果，正确将 F0 置 1，错误将 F0 清零。

（2）程序设计。甲机、乙机的运行流程图如图 7-14、图 7-15 所示。

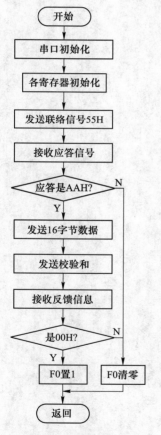

图 7-14 甲机流程图

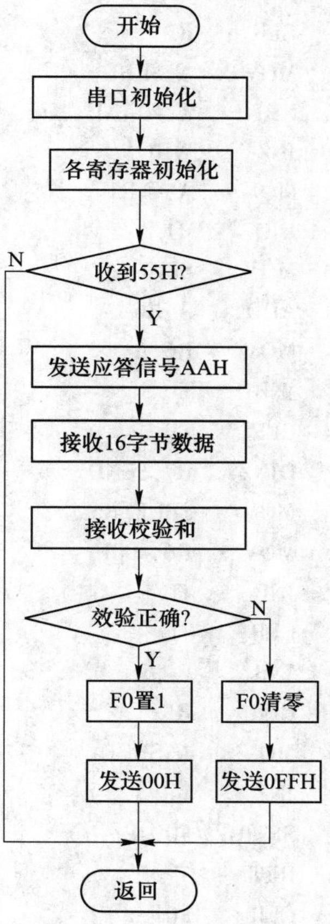

图 7-15 乙机流程图

甲机通讯子程序（汇编）：

```
        ORG     0100H
START：MOV     SP,#30H          ;确立堆栈区
```

```
        MOV     SCON,#50H          ;串口方式1
        MOV     PCON,#00H          ;
        MOV     TMOD,#20H          ; //00100000B,T1 模式 2,波特率发生器
        MOV     TH1,#0FDH          ;设定 T1 计数初值,9600bps
        MOV     TL1,#0FDH          ;
        SETB    TR1
        CLR     ES                 ;串口关中断
RPT:    MOV     R1,#50H            ;片内数据地址
        MOV     R7,#16             ;数据长度
        MOV     R6,#00H            ;校验和
        MOV     SBUF,#55H          ;联络信号
        JNB     TI,$               ;等待发送完成
        CLR     TI                 ;清 TI
        JNB     RI,$               ;接收乙号机应答
        CLR     RI
        MOV     A,SBUF
        XRL     A,#0AAH            ;判断是 AAH?
        JNZ     WRO                ;应答错误返回
SEND:   MOV     A,@R1              ;取数据,发送
        INC     R1                 ;更新指针
        MOV     SBUF,A             ;发送数据
        ADD     A,R6               ;求校验和
        MOV     R6,A
        JNB     TI,$
        CLR     TI                 ;发送完成清 TI
        DJNZ    R7,SEND            ;16 字节数据
        MOV     SBUF,R6            ;发送校验和
        MOV     R6,#00H            ;校验和清零
        JNB     TI,$
        CLR     TI
        JNB     RI,$               ;接收反馈
        CLR     RI
        MOV     A,SBUF
        JNZ     WRO                ;通讯错误,转 WRO
        SETB    F0                 ;正确,F0 = 1
        RET
WRO:    CLR     F0                 ;错误,F0 = 0
        RET
```

乙机通讯子程序（汇编）：

```
        ORG     0100H
START:  MOV     SP,#30H            ;确立堆栈区
        MOV     SCON,#50H          ;方式1
```

```
              MOV     PCON,#00H         ;
              MOV     TMOD,#20H         ;//00100000B,T1 模式 2,波特率发生器
              MOV     TH1,#0FDH         ;设定 T1 计数初值,9600bps
              MOV     TL1,#0FDH
              SETB    TR1
              CLR     ES                ;串口关中断
RPT:          MOV     R1,#50H           ;数据存放地址
              MOV     R7,#16            ;数据长度 16
              MOV     R6,#00H           ;校验和
              JNB     RI,$              ;接收甲机信号
              CLR     RI
              MOV     A,SBUF
              XRL     A,#055H           ;是联络信号 55H?
              JNZ     WRO               ;不是返回
              MOV     SBUF,#0AAH        ;发联络信号
              JNB     TI,$              ;等待发送完成
              CLR     TI                ;清 TI
RECV:         JNB     RI,$              ;接收数据
              CLR     RI
              MOV     A,SBUF
              MOV     @R1,A             ;存放数据
              INC     R1                ;更新指针
              ADD     A,R6              ;求校验和
              MOV     R6,A
              DJNZ    R7,RECV           ;16 字节数据
              JNB     RI,$              ;接收校验字
              CLR     RI
              MOV     A,SBUF
              XRL     A,R6              ;A=R6?
              MOV     R6,#00H
              JZ      RIGHT
              CLR     F0                ;错误,F0=0
              MOV     A,#0FFH           ;错误代码 0FFH
              AJMP    SENDX
RIGHT:        MOV     A,#00H            ;正确代码 00H
              SETB    F0                ;正确,F0=1
SENDX:        MOV     SBUF,A
              JNB     TI,$              ;等待发送完成
              CLR     TI                ;清 TI
WRO:          RET
```

甲机通讯程序（C 语言）:

```
#include <reg51.h>
```

```
#define    uchar      unsigned char
#define    uint       unsigned int
uchar      data * sendbuf = 0X50;              //定义指针,指向内部 RAM 50H
uchar      checksum = 0X00;                    //校验和
void UART_init( void)
{   SCON = 0X50;                               //SM0 = 0,SM1 = 1,REN = 1
    PCON = 0X00;
    TMOD = 0X20;                               //00100000B,T1 模式 2,波特率发生器
    TH1 = 0XFD;                                //设定 T1 计数初值,9600bps
    TL1 = 0XFD;
    TR1 = 1;
    ES = 0;                                    //串口关中断
}
void Sendbuf_init( void)
{
    uchar i;
    for( i = 0;i<16;i++)
    {
        sendbuf[ i ] = i;                      //内部 RAM 区赋初值
        checksum+ = sendbuf[ i ];              //计算校验和
    }
}
void UART_send_byte( uchar dat)                //串口发数据
{
    SBUF = dat;
    while( ! TI);                              //发送完成
    TI = 0;                                    //TI 清零
}
uchar   UART_receive_byte( void)
{
    uchar  i;
    while( ! RI);
    RI = 0;
    i = SBUF;
    return  i;
}
void main( void)
{
    uchar     receive_dat,k = 0;
    UART_init( );
    Sendbuf_init( );                           //初始化发送数据
```

```
    UART_send_byte(0X55);                    //发送联络信号
    receive_dat = UART_receive_byte();       //接收乙机应答信号
    if(receive_dat = = 0XAA)
    {
        while(k<16)
        {
            UART_send_byte(sendbuf[k++]);    //发送16字节数据
        }
        k = 0;
        UART_send_byte(checksum);            //发送校验和
        checksum = 0;
        receive_dat = UART_receive_byte();   //接收乙机通讯完成信号
        if(receive_dat = = 0X00)
        {
            F0 = 1;                          //通讯正确,F0 置 1
        }
        else
        {
            F0 = 0;                          //通讯错误,F0 清零
        }
    }
    else                                     //联络信号错误,F0 清零
    {
        F0 = 0;
    }
}
```

乙机通讯程序（C 语言）：

```
#include <reg51.h>
#define   uchar    unsigned char
#define   uint     unsigned int
uchar     data * savebuf = 0X50;            //定义指针,指向内部 RAM 50H
uchar     checksum = 0X00;                  //校验和
void UART_init(void)
{   SCON = 0X50;                            //SM0 = 0,SM1 = 1,REN = 1
    PCON = 0X00;
    TMOD = 0X20;                            //00100000B,T1 模式 2,波特率发生器
    TH1 = 0XFD;                             //设定 T1 计数初值,9600bps
    TL1 = 0XFD;
    TR1 = 1;
    ES = 0;                                 //串口关中断
}
```

```
void UART_send_byte(uchar dat)                      //串口发数据
{
    SBUF=dat;
    while(! TI);                                    //发送完成
    TI=0;                                           //TI 清零
}
uchar    UART_receive_byte(void)
{
    uchar   i;
    while(! RI);
    RI=0;
    i=SBUF;
    return   i;
}
void main(void)
{
    uchar     receive_dat,k=0;
    UART_init();
    receive_dat=UART_receive_byte();                //接收联络信号
    if(receive_dat==0X55)
    {
        UART_send_byte(0XAA);//发送应答信号
        while(k<16)
        {
            savebuf[k]=UART_receive_byte();         //接收 16 字节数据
            checksum+=savebuf[k];                   //计算校验和
            k++;
        }
        k=0;
        receive_dat=UART_receive_byte();            //接收校验和
        if(checksum==receive_dat)
        {
            F0=1;                                   //校验正确,F0 置 1,发送 00H
            UART_send_byte(0x00);
        }
        else
        {
            F0=0;                                   //校验错误,F0 清零,发送 0FFH
            UART_send_byte(0xFF);
        }
        checksum=0X0;
    }
}
```

（3）仿真。为了方便观测甲机和乙机的数据发送情况，将两个虚拟终端的 RXD 分别接到单片机的 TXD 引脚。在 Keil 中分别建立甲机和乙机项目文件，并将程序分别编译，在"Options for Target"设置项中，点击"Output"选项，在"Name of Executable"中填入文件名，例如 75A. omf，编译后可以同时生成 . omf 文件和 . HEX 文件。采用 . omf 文件进行仿真时，增加了源代码和变量的观测窗口。设置单片机晶振为 11.0592MHz，双击虚拟终端，设置波特率为 9600，8 位数据位，无奇偶校验，1 位停止位。系统运行仿真如图 7-16 所示，在甲机的虚拟终端上显示了依次输出的信息为 55H（联络信号）、01～0F（16 字节数据）、78H（校验和），在乙机的虚拟终端依次显示了 AAH（应答信号），00H（通讯正确信号），与甲乙两机设定的通讯协议相符。同时，甲机内部 RAM 区 50H～5FH 的数据发送到了乙机的 RAM 区，验证了程序功能。

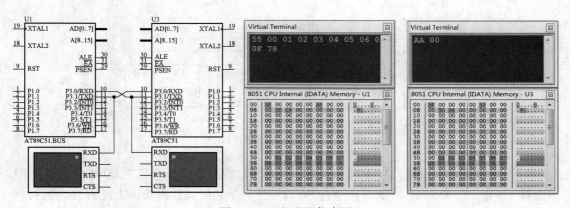

图 7-16　双机通讯仿真图

7.5.3　多机通信

在分布式系统中，往往采用一台主机和多台从机实现主从式通信。其中主机发送的信息可以被各个从机接收，实现全双工通信，而各从机之间智能通过主机交换信息，从机与从机之间不能互相直接通信。

串行口控制寄存器 SCON 中，设有多处理机通信位 SM2。当串行口以方式 2 或方式 3 接收时，若 SM2＝1，只有当接收到的第 9 位数据（RB8）为 1 时，才将数据送入接收缓冲器 SBUF，并使 RI 置 1，申请中断，否则数据将被丢弃；若 SM2＝0，则无论第 9 位数据 RB8 是 1 还是 0，都能将数据装入 SBUF，并且产生中断。利用这一特性，可实现主机与多个从机之间的串行通信。

实现多机通信的步骤如下：

（1）系统初始化时，将所有从机中的 SM2 位均设置为 1，并允许串行口接收中断。

（2）主机先向所有从机发出所选从机的地址，在主机发地址时，置第 9 位数据（TB8）为 1，表示主机发送的是地址帧。

（3）各从机接收主机发出的地址信息，与自己的地址比较，如果相同，将本机的 SM2

清零，继续接收主机发来的命令或数据，响应中断；如果从机接收的地址与自己的地址不同，则保持 SM2 不变，对主机送来的数据不予接收，等待主机的下一次点名；被选中的从机可以向主机回送本机地址作为应答消息。

（4）主机收到从机发来的回复消息，将第 9 位数据（TB8）清零，发送命令或数据帧。各从机由于 SM2 置 1，将不会响应主机发来的第 9 位数据（RB8）为 0 的信息。这样，保证实现主机与从机间一对一的通信。

例 7.6 多机通讯。如图 7-17 所示的多机通信系统，包括 1 个主机，3 个从机。主机通过 3 个按键将片内数据缓冲区单元的内容分别发送给 1~3 号从机。按 1 号键盘，从机 1 显示数字 1，按 2 号键，从机 2 显示数字 2，按 3 号键，从机 3 显示数字 3；未按键，从机不显示。设晶振为 11.0592MHz。

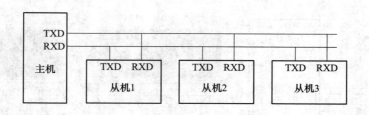

图 7-17　多机通信逻辑连接图

（1）硬件设计。放置 U0、U1、U2、U3 共四个总线型单片机，其中 U0 作为主机在 P1 口连接 3 个按键，U1~U3 作为从机通过 P0 口各接一个共阳极数码管，主机的 TXD 连接到各从机的 RXD，主机的 RXD 连接到各从机的 TXD。为了观察串口通信主机和从机之间的数据传输情况，在串口线上连接了两个虚拟终端接收串口总线上的数据，硬件电路原理图连接如图 7-18 所示。

需要注意的是，由于在本系统的仿真电路中有多个单片机，单片机模型中默认的总线标志都是 AD[0..7]，为了区分各个单片机的 P0 口总线，可以在单片机的 P0 口总线中分别用 AD1[0..7] 或 ADB[0..7] 加以区别，相应的在各分支线上用网络标号 AD10、AD11、…、ADB0、ADB1 等加以区分。

（2）程序设计。由于是主从式的通信系统，因此通信过程是由主机发起，本例设计了一个比较简单的通信协议，通信过程如下：

1）主机按下按键，发送从机地址；

2）从机接收主机发来的地址帧，与本机地址比较，是发送给本机的，则回送本机地址作为应答信号；

3）主机收到从机发来的确认信号，再把要显示的数据发送给从机；

4）从机接收数据后显示。

在具体程序设计时，串口设置为工作模式 3，波特率设置为 9600bps，定时器 T1 工作在方式 2，串口初始化时 SM2、REN 都设置为 1。

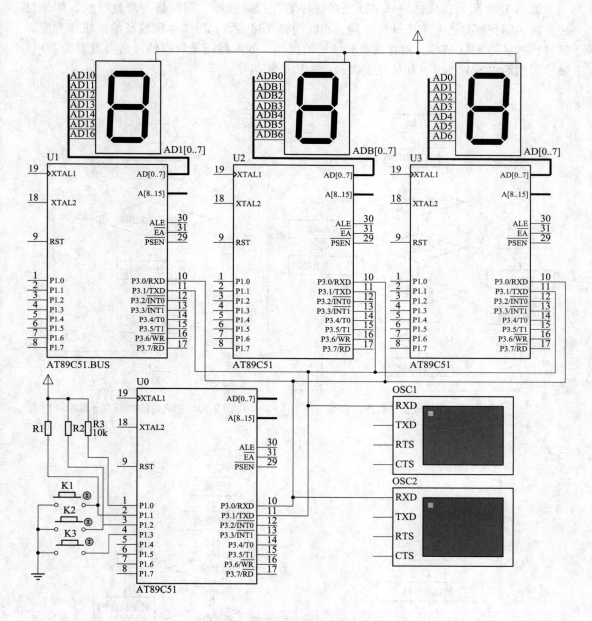

图 7-18　多机通信系统电路原理图

　　如图 7-19 所示，主机主程序首先初始化串口，允许串口接收中断，然后查询按键，当查询到有键按下时，将 TB8 置 1 （表示发送地址帧），发送对应按键的从机地址，否则继续查询按键。

　　如图 7-20 所示，主机串口中断服务程序首先接收数据，判断是否与发出的地址相符，如果相符则把 TB8 置为 0 （表示发送数据帧），然后发送对应从机的数据显示信息。

　　如图 7-21 所示，从机主程序首先初始化串口，允许串口接收中断，完成其他任务。

如图 7-22 所示，从机串口中断服务程序首先接收数据，判断是否是地址帧，如果是地址帧，则判断是否与本机地址相同，相同则将 TB8 置 1，回送本机地址给主机作为应答信号，然后将 SM2 清零，准备接收后续的数据帧。如果判断是数据帧，则将数据送 P0 口显示，然后将 SM2 置 1，初始化下次通信的地址帧信号。

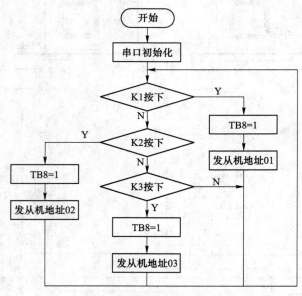

图 7-19　主机通信主程序流程图

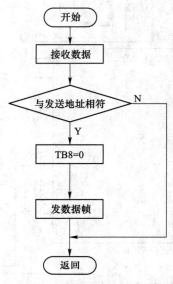

图 7-20　主机通信中断服务程序流程图

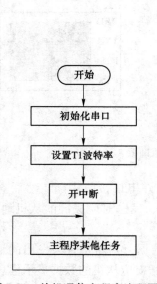

图 7-21　从机通信主程序流程图

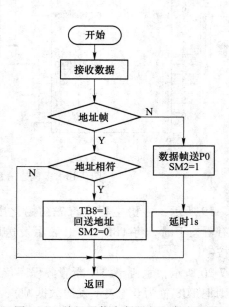

图 7-22　从机通信中断服务程序流程图

主机程序（C 语言）：

```
#include <reg51. h>
#define    uchar      unsigned char
#define    uint       unsigned int
#define    addr_c10   X01                          //定义从机地址
#define    addr_c20   X02
#define    addr_c30   X03
sbit key1 = P1^1;                                  //定义按键
sbit key2 = P1^2;
sbit key3 = P1^3;
uchar     sendbuf[ ] = {0xc0,0xf9,0xa4,0xb0,0x99,0x92,0x82,0xf8,0x80,0x90};
                                    //定义显示代码区 7 段码数字 0-9,共阴极 LED
uchar     addrc = 0;
uchar     receive_dat;
void UART_init( void)
{
    SCON = 0XF0;                    // SM0/SM1/SM2/REN/TB8/RB8/TI/RI
    PCON = 0X00;
    TMOD = 0X20;                    //00100000B,T1 模式 2,波特率发生器
    TH1 = 0XFD;                     //设定 T1 计数初值,9600bps
    TL1 = 0XFD;
    TR1 = 1;                        //启动定时器 T1
    ES = 1;                         //串口开中断
    EA = 1;                         
}
void UART_send_byte( uchar dat)     //串口发数据
{
  SBUF = dat;
    while( ! TI);                   //发送完成
    TI = 0;                         //TI 清零
}
void main( void)
{
    UART_init( );
    while( 1)
    {
        if( key1 = = 0)
        {
            while( key1 = = 0);
            addrc = addr_c1;
            TB8 = 1;
            UART_send_byte( addrc);   //发出从机地址
```

```
            }
        if( key2 = = 0)
        {
            while( key2 = = 0) ;
            addrc = addr_c2;
            TB8 = 1;
            UART_send_byte( addrc) ;        //发出从机地址
        }
        if( key3 = = 0)
        {
            while( key3 = = 0) ;
            addrc = addr_c3;
            TB8 = 1;
            UART_send_byte( addrc) ;        //发出从机地址
        }
    }
}
void ISR_UART( void)  interrupt 4 using 1
{
    if( RI)
    {
        RI = 0;
        receive_dat = SBUF;
        if( receive_dat = = addrc)          //回馈信号与发送地址一致
        {
            TB8 = 0;                        //发送数据帧标志
            UART_send_byte( sendbuf[ addrc]) ;
        }
    }
}
```

1 号从机程序：

```
#include <reg51. h>
#define  uchar      unsigned char
#define  uint       unsigned int
#define  addrc      0X01
uchar      receive_dat;
void UART_init( void)
{
    SCON = 0XF0;                             //SM0/SM1/SM2/REN/TB8/RB8/TI/RI
    PCON = 0X00;
    TMOD = 0X20;                             //00100000B,T1 模式 2,波特率发生器
```

```
    TH1 = 0XFD;                          //设定 T1 计数初值,9600bps
    TL1 = 0XFD;
    TR1 = 1;
    ES = 1;                              //串口开中断
    EA = 1;
}
void UART_send_byte(uchar dat)          //串口发数据
{
    SBUF = dat;
    while( ! TI);                        //发送完成
    TI = 0;                              //TI 清零
}
void Delayms(uint ms)                   //延时子程序(以 ms 为单位进行延迟)
{   uint x,y;
    for(x = 0;x< = ms;x++)
    {    for(y = 0;y< = 120;y++);    }
}
void main(void)
{
    UART_init();
    while(1);
}
void ISR_UART(void) interrupt 4
{
    if(RI)
    {
        RI = 0;
        receive_dat = SBUF;             //接收数据
        if(RB8)                         //判断是否地址帧
        {
            if(addrc = = receive_dat)   //地址相符
            {
                TB8 = 1;                //主机发送地址信号,SM2 = 1,接收时需要 TB8 = 1 才接收
                UART_send_byte(addrc);  //回送地址
                SM2 = 0;                //修改 SM2,为后续接收数据帧做准备
            }
        }
        else                            //如果是数据帧,送 P0 口
        {
            P0 = receive_dat;
            SM2 = 1;                    //为下一次通信做准备,先接收地址帧
```

```
        Delayms(1000);              //显示延时
        P0=0XFF;                    //恢复熄灭
    }
  }
}
```

  2 号从机、3 号从机与 1 号从机程序相同，只需要把 addrc 定义为 0X02 和 0X03。

  （3）仿真。在 μVision 中分别建立 7.6a. uvproj、7.6b. uvproj、7.6c. uvproj、7.6d. uvproj 4 个项目工程文件，其中 7.6a 是主机项目文件，7.6b~7.6d 对应 1 号~3 号从机项目文件，再建立 1 个多项目管理文件 7.6m. uvmpw 来管理系统中的 4 个工程文件，如图 7-23、图 7-24 所示。

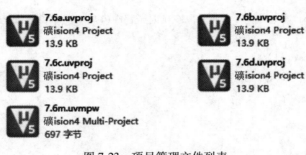

图 7-23 项目管理文件列表

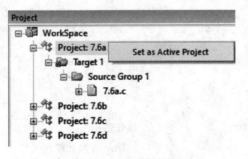

图 7-24 多项目管理空间

  编写主机和各从机的源程序，然后将源程序添加到各自的项目文件中，例如在 7.6a 项目工程中添加主程序 7.6a. c。在 Project：7.6a 项目上单击右键，左键点击 "Set as Active Project"，将 7.6a. uvproj 设置为当前活动工程，然后进行编译，则 μVision 对 7.6a. uvproj 进行编译并生成 HEX 文件。分别对多项目管理中的每个项目进行编译，加载到电路原理图中的 U1~U4 中，并设置晶振为 11.0592MHz。启动仿真后，各从机 LED 没有显示，当按下主机按键 K1，则 1 号从机显示 1，1s 后熄灭；如果按下 K2，则 2 号从机显示数字 2，1s 后熄灭；如果按下 K3，则 3 号从机显示数字 3，1s 后熄灭。按下 K2 时的系统仿真如图 7-25 所示，分析虚拟终端串口数据可见，当按下 K2 时，主机先发出地址信号 "02"，2 号从机收到地址信号，返回确认信号 "02"，接着主机发出七段码 2（即十六进制数 A4），2 号从机收到数据帧后送到 P0 口显示。

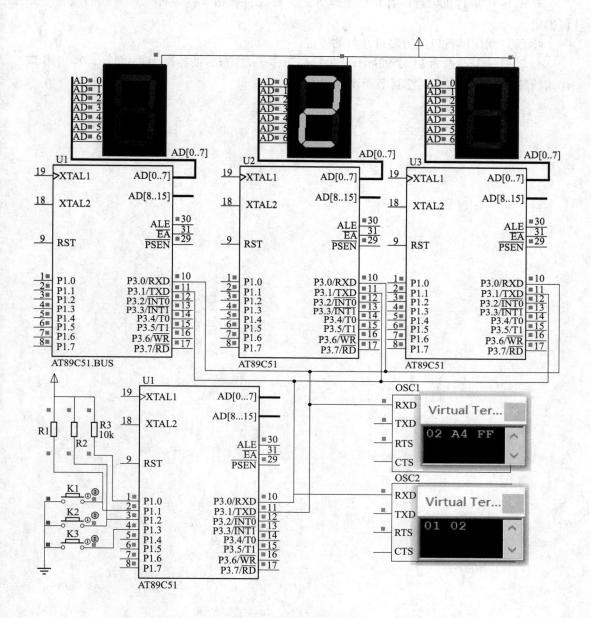

图 7-25   K2 按下仿真图

7.6   思 考 题

1. 试述串行通信与并行通信的优缺点和用途分别是什么，什么是异步通信，它有几种帧格式？

2. 简述串行口接收和发送数据的过程。

3. MCS-51 单片机串行口有几种工作方式，有几种帧格式，各种工作方式的波特率如何确定？

4. 简述利用串行口进行多机通信的原理。

5. 若晶体振荡器为 11.0592MHz，串行口工作于方式 1，波特率为 4800bps，写出用 T1 作为波特率发生器的方式控制字和计数初值。

8 单片机的系统扩展与接口技术

MCS-51 系列单片机内部集成了 CPU、存储器、I/O 口、定时器/计数器、中断系统等基本的硬件资源，已经具备了一定的控制功能，但相对于较复杂的应用系统，片内集成的存储器容量较小，内部资源有限，此时需要在单片机外加相应的芯片、电路扩展存储器以满足控制系统的要求。同时，为了便于单片机应用于不同场合，需要通过接口接入不同的外围芯片、电路、设备等。因此，单片机的系统扩展主要指数据存储器、程序存储器、I/O 接口的扩展。

8.1 系统扩展原则

单片机系统扩展总体上来说有两种方法，一种是采用单片机三总线原则的并行扩展方法，另一种是采用 SPI 或 I²C 总线的串行扩展法。

8.1.1 并行扩展

CPU 通过地址总线 AB(address bus)、数据总线 DB(data bus) 和控制总线 CB(control bus) 与外部交换信息，数据总线传送指令码和数据信息，地址总线传送地址信息，控制总线传送各种控制信号，MCS-51 单片机系统扩展接口如图 8-1 所示。

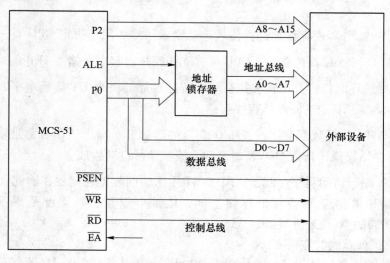

图 8-1 系统扩展总线结构

(1) 地址总线 A0~A15。地址总线用于传送单片机送出的地址信号，以便进行存储单元和 I/O 端口的选择。地址总线是单向的，只能由单片机向外发送信息。地址总线的数量决定了可访问的存储单元的数量，如 n 位地址可产生 2^n 个连续地址编码，寻址范围为 2^n 个地址单元。51 单片机的地址总线是 16 位，可寻址范围为 $2^{16} = 64KB$，即外部最大可以扩展 64KB 存储器。

单片机的 16 为地址总线 A0~A15，其中 P0 口提供低 8 位 A0~A7，P2 口提供高 8 位 A8~A15。P0 口是低 8 位地址和 8 位数据的分时传送复用口，因此 P0 口输出的低 8 位地址信号必须用地址锁存器锁存，分离数据信息和地址信息。P2 口具有输出锁存功能，不需要再外加锁存器。注意，P0 口、P2 口在系统扩展中用作地址总线后，便不能再作为一般 I/O 口使用。

（2）数据总线 D0~D7。数据总线用于单片机与存储单元及 I/O 口之间传送数据，是双向总线，其位数与单片机处理数据的长度一致。51 单片机数据总线由 P0 口提供，其宽度为 8 位，数据用 D0~D7 表示。P0 口为三态双向口，是系统中使用最为频繁的通道，所有单片机与外部交换的数据、指令、信息通过 P0 口传送。

数据总线通常要连接到多个外围芯片上，而在同一时间里只能有一个有效的数据传送通道。哪个芯片的数据有效，则由地址线控制各个芯片的片选线来选择。

（3）控制总线。控制总线包括片外系统扩展用的控制线和扩展芯片反馈给单片机的信号控制线，任意一根都是单向的，总体来看是双向总线。常用的控制总线有：ALE、$\overline{PSEN}$、$\overline{EA}$、$\overline{WR}$、$\overline{RD}$ 等。

1）ALE：地址锁存的输出信号。用于锁存 P0 口输出的低 8 位地址信息，以实现低 8 位地址和 8 位数据的分离。在单片机并行总线扩展中，P0 口的输出端增加了一个地址锁存器（一般使用 74LS373）。

2）$\overline{PSEN}$：片外程序存储器的读选通信号，是输出信号，用于从程序存储器中读取指令或数据。

3）$\overline{EA}$：片内/外程序存储器选择信号，是输入信号，用于决定 CPU 首先从片内还是片外执行程序。当 $\overline{EA}$ 接高电平时，CPU 可首先访问片内程序存储器 4KB 的地址范围，当 PC 值超出 4KB 地址时，将自动转去执行片外程序存储器。当 $\overline{EA}$ 接低电平时，无论片内是否有程序存储器，只能访问片外程序存储器。

4）$\overline{RD}$、$\overline{WR}$：片外数据存储器或 I/O 端口的读选通、写选通信号，是输出信号。当执行片外数据存储器操作指令 MOVX 时，两个控制信号自动生成。

由于 $\overline{PSEN}$ 用于访问程序存储器，$\overline{RD}$、$\overline{WR}$ 用于访问数据存储器，因此，51 单片机片外程序存储器和数据存储器两个存储空间，地址可以重叠，地址范围都是 0000H~0FFFFH，用相同的 16 位地址线 A0~A15 访问。

（4）系统扩展总线的连接方法。

1）数据线的连接。外扩芯片的数据线 D0~D7 与单片机的 D0~D7 直接连接，低位对低位，高位对高位。

2）控制线的连接。单片机的 $\overline{PSEN}$ 信号连接 ROM 的输出允许端 $\overline{OE}$；$\overline{RD}$、$\overline{WR}$ 连接 RAM 或 I/O 口的读写控制信号，一般读信号为 $\overline{OE}$ 或 $\overline{RD}$，写信号为 $\overline{WR}$ 或 $\overline{WE}$。

3）地址线的连接。外部芯片通常有 N 根地址线和一个片选线 $\overline{CE}$。N 根地址线用来标识芯片内的存储单元或端口，成为片内寻址，片选线用来设定该芯片可以工作。因此地址线的连接包括片内 N 条地址线的连接和片选线的连接。

片内地址线连接：芯片从低位到高位依次连接单片机的 A0~A15。

片选线的连接：片选线的连接有三种方法，如图 8-2 所示。

① 当系统中只有一个芯片，将芯片的片选线接地，使得它一直处于选中状态。

② 线选法，将单片机剩余的某根高位地址线接到 $\overline{CE}$。

③ 译码法，将单片机剩余的高位地址线进行译码，译码器的输出连接到 $\overline{CE}$。译码可采用部分译码或全译码。部分译码是用片内寻址剩下的高位地址线中的几根进行译码；全译码就是用片内寻址剩下的全部高位地址线进行译码。该方法要增加地址译码器。

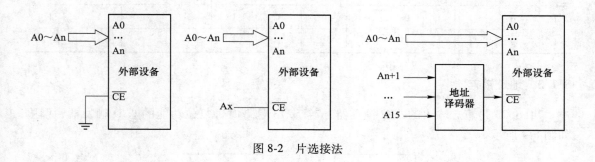

图 8-2 片选接法

8.1.2 地址译码器

常用的译码器有 74LS138（3-8 译码器）、74LS139（双 2-4 译码器）、74LS154（4-16 译码器），常用图 8-3 为 74LS138、74LS139 的引脚图。此处仅介绍 74LS138 译码器，E1、$\overline{E2}$、$\overline{E3}$ 为使能端，当 E1 = 1，$\overline{E2} = \overline{E3} = 0$ 时，译码器才能正常工作。A、B、C 为译码器的 3 个输入端，$\overline{Y0} \sim \overline{Y7}$ 为译码器的 8 个输出端，输出低电平有效。正常情况下，8 个输出端只有一个为低电平，其余都是高电平。其逻辑功能如表 8-1 所示。

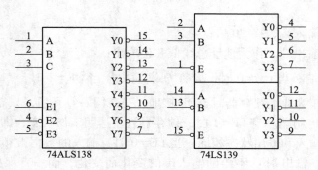

图 8-3 芯片引脚图

表 8-1　74LS138 译码器逻辑功能表

输　入					输　出							
E1	$\overline{E2+E3}$	C	B	A	$\overline{Y7}$	$\overline{Y6}$	$\overline{Y5}$	$\overline{Y4}$	$\overline{Y3}$	$\overline{Y2}$	$\overline{Y1}$	$\overline{Y0}$
0	X	X	X	X	1	1	1	1	1	1	1	1
X	1	X	X	X	1	1	1	1	1	1	1	1
1	0	0	0	0	1	1	1	1	1	1	1	0
1	0	0	0	1	1	1	1	1	1	1	0	1
1	0	0	1	0	1	1	1	1	1	0	1	1
1	0	0	1	1	1	1	1	1	0	1	1	1
1	0	1	0	0	1	1	1	0	1	1	1	1
1	0	1	0	1	1	1	0	1	1	1	1	1
1	0	1	1	0	1	0	1	1	1	1	1	1
1	0	1	1	1	0	1	1	1	1	1	1	1

8.1.3　地址锁存器

　　74LS373 是三态输出的八 D 锁存器，74LS273 是带时钟复位功能的八 D 触发器，引脚如图 8-4 所示。

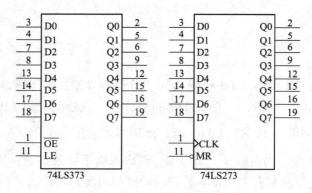

图 8-4　地址锁存器引脚图

　　D0～D7：数据输入端，接 P0 口；

　　Q0～Q7：数据输出端，作为地址总线低 8 位输出；

　　$\overline{OE}$：三态门控端。当 $\overline{OE}=0$ 时，允许 Q 端输出；当 $\overline{OE}=1$ 时，三态门关闭，输出 Q 对外呈高阻状态。作为地址锁存器时，$\overline{OE}$ 接地，三态门一直开通，只需控制 LE。

　　LE：锁存允许控制端。当 LE=1 时，锁存器处于透明工作状态，即其输出状态随输入端的变化而变化，输入和输出状态相同；当 LE=0 时，输入的数据被锁存，此时锁存器的输入端是高阻状态，输出端 Q 不再随输入端的变化而变化，而一直保持锁存前的数值不变。74LS373 的控制功能如表 8-2 所示。

表 8-2 74LS373 控制功能表

控制端		输入、输出	
$\overline{OE}$	LE	D	Q
0	1	1	1
0	1	0	0
0	0	X	Q_0
1	X	X	高阻态

对于 74LS273 来说，1 引脚是复位引脚，当 $\overline{MR}=0$ 时，Q = 0；当 $\overline{MR}=1$ 时，在 CLK 的上升沿，将 D 的状态锁存到 Q 端。

8.1.4 总线驱动器

单片机扩展系统中，三总线上常连接很多负载，但是总线驱动接口的能力有限，故常需要通过连接总线驱动器驱动电路，从而使负载正常工作。其中 74LS244 和 74LS245 是常用的 2 种总线驱动器，芯片的引脚如图 8-5 所示。

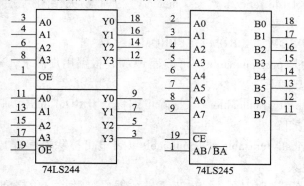

图 8-5 总线驱动器

74LS244 为单向三态数据缓冲器，该缓冲器内部包含 8 个三态缓冲单元，它们被分为 2 组，每组 4 个单元，分别由门控信号 $\overline{OE}$（低电平有效）确定。74LS244 没有锁存的功能。

74LS245 是 8 路同相三态总线收发器，可双向传输数据，既可以输出，也可以输入数据。当片选端 $\overline{CE}$ 为低电平有效时，AB/$\overline{BA}$ = "1"，信号由 A 向 B 传输（发送）；当 AB/$\overline{BA}$ = "0"，信号由 B 向 A 传输（接收）。当 CE 为高电平时，A、B 均为高阻态。

8.2 存储器的扩展

存储器是用于存储信息的部件，可以使微型计算机对信息有记忆功能，这样才能把要计算和处理的数据、程序存入计算机。

ROM 是 read only memory（只读存储器）的缩写，里面数据在正常应用的时候只能读，不能写，存储速度不如 RAM。

RAM 是 random access memory（随机存取存储器）的缩写，随时读写，速度快，但是断电丢失信息。

（1）RAM 主要分为两大类：SRAM 和 DRAM。

SRAM 为静态 RAM（static RAM/SRAM），静态指的不需要刷新电路，数据不会丢失，SRAM 速度非常快，是目前读写最快的存储设备，但是它也非常昂贵，所以只在要求很苛刻的地方使用，譬如 CPU 的一级缓冲，二级缓冲。

DRAM 为动态 RAM（dynamic RAM/DRAM），动态指的每隔一段时间就要刷新一次数据，才能保存数据，DRAM 保留数据的时间很短，速度也比 SRAM 慢，不过它还是比任何的 ROM 都要快，但从价格上来说 DRAM 相比 SRAM 要便宜很多，计算机内存就是 DRAM 的。RAM 价格相比 ROM 和 FLASH 要高。

SDRAM 是同步（S 指的是 synchronous）DRAM，同步是指内存工作需要同步时钟，内部的命令的发送与数据的传输都以它为基准。SDRAM 有一个同步接口，在响应控制输入前会等待一个时钟信号，这样就能和计算机的系统总线同步；DDR、DDR2、DDR3、DDR4 都属于 SDRAM，DDR 是 double date rate 的意思。

NVRAM（non-volatile random access memory）是非易失性随机访问存储器，指断电后仍能保持数据的一种 RAM。

（2）ROM 分为 PROM、EPROM、EEPROM。

PROM：（P 指的是 programmable）可编程 ROM，根据用户需求，来写入内容，但是只能写一次，就不能再改变了；

EPROM：erasable programmable（可擦除可编程），PROM 的升级版，可以多次编程更改，只能使用紫外线擦除；

EEPROM：electrically erasable programmable（带电可擦除可编程）升级版，可以多次编程更改，使用电擦除。

（3）FLASH 存储器又称闪存，掉电不丢失数据，容量大，价格便宜。它结合了 ROM 和 RAM 的长处，不仅具备电子可擦除可编程（EEPROM）的性能，还不会断电丢失数据同时可以快速读取数据（NVRAM 的优势），U 盘和 MP3 里用的就是这种存储器。

FLASH 又可分为 NAND FLASH 和 NOR FLASH，NOR FLASH 读取速度比 NAND FLASH 快，但是容量不如 NAND FLASH，价格上也更高，但是 NOR FLASH 可以芯片内执行，这样应用程序可以直接在 flash 闪存内运行，不必再把代码读到系统 RAM 中。NAND FLASH 密度更大，可以作为大数据的存储。

8.2.1　数据存储器扩展

数据存储器 RAM 用来存放各种数据，比如系统参数、中间结果、现场采集数据等。

按照三总线原则，CPU 向 RAM 提供三种信号总线。8051 单片机扩展片外数据存储器的地址线由 P0 口和 P2 口提供的，最大可扩展 64KB。译码法有线选法和全地址译码法。控制线需要连接 $\overline{RD}$、$\overline{WR}$。读信号 $\overline{RD}$ 接数据存储器的输出允许 $\overline{OE}$，写信号 $\overline{WR}$ 接数据存储器的写允许信号 $\overline{WE}$，ALE 接地址锁存器的锁存信号。8051 单片机与 RAM 的连接示意图如图 8-6 所示。

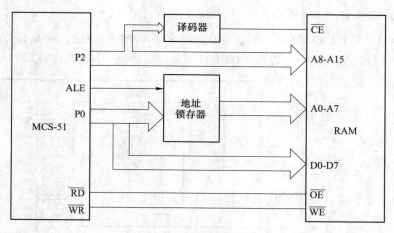

图 8-6 数据存储器扩展接线图

常用的 SRAM（静态 RAM）有 6116（2K×8 bit）、6264（8K×8 bit）等，它们的引脚排列如图 8-7 所示。

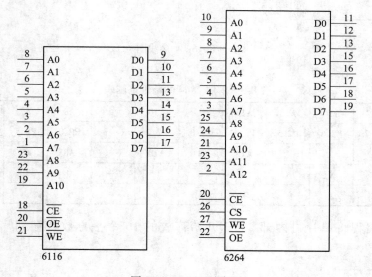

图 8-7 SRAM 引脚图

A0~A12：13 根地址线，8051 的低 8 位地址线经锁存器 74LS373 接至 A0~A7，高五位地址线 P2.0~P2.4 接至 A8~A12；

D0~D7：8 根可输入输出的数据线，直接与 P0 口相连；

$\overline{CE}$：片选线，直接接地，表示一直选中；也可以利用 P2 口剩余的高位地址线作芯片选择线，或者接译码器后输出选择信号；

CS：片选线，接高电平+5V；

$\overline{OE}$：输出允许线，与 8051 的数据存储器读信号 $\overline{RD}$ 直接相连；

$\overline{WE}$：写允许线，低电平有效，与 8051 的数据存储器写信号 $\overline{WR}$ 相连。

8051 扩展 6264 如图 8-8 所示，6264 地址范围的确定：

由于 $\overline{CE}=0$，则 P2.4～P2.0（A12～A0）决定了 6264 的地址，将高位未用的 P2.7～P2.5 设为 0，则 6264 的地址范围为 0000H～1FFFH，其地址分布如表 8-3 所示。

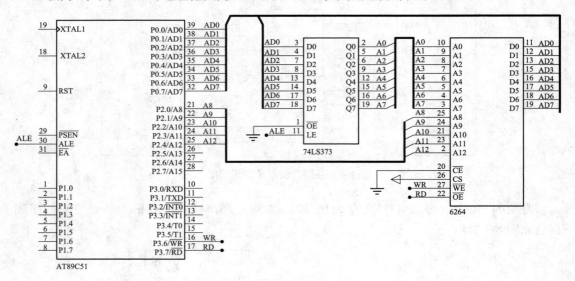

图 8-8　6264 接线图

表 8-3　扩展 2864 的地址范围表

地址	A15	A14	A13	A12	A11	A10	…	A8	A7	…	A0
8051	P2.7	P2.6	P2.5	P2.4	P2.3	P2.2	…	P2.0	P0.7	…	P0.0
6264				A12	A11	A10	…	A8	A7	…	A0
首址	X	X	X	0	0	0	…	0	0	…	0
末址	X	X	X	1	1	1	…	1	1	…	1

例 8.1　编程将单片机内部 200H 开始存放的 16 个平方数转存到片外 RAM 200H 存放。

汇编语言程序：

```
       ORG    0000H
       AJMP   MAIN
       ORG    0100H
MAIN:
       MOV    DPTR,#TAB     ;表格首地址
       MOV    R7,#16        ;计数器
LL:
       MOV    A,#0
       MOVC   A,@A+DPTR     ;查表,取数
       MOVX   @DPTR,A       ;送外部RAM
       INC    DPTR
```

```
        DJNZ    R7,LL
        SJMP    $
        ORG     200H
TAB:                         ;表格
        DB 0,1,4,9,16,25,36,49,64,81,100,121,144,169,196,225;平方数值表
        END
```

C 语言参考程序：

```
#include " reg51. h"
#include <absacc. h>
#define   uchar    unsigned char
uchar   code    cdata[16]={0,1,4,9,16,25,36,49,64,81,100,121,144,169,196,225};
void main( )
    {
    uchar  i;
    for(i=0;i<16;i++)
    XBYTE[0x200+i]=cdata[i];   //从 0x200 开始存放
    while(1);
    }
```

在 Keil 中输入程序，编译后生成 . hex 文件，在 Proteus 中加载到单片机系统。点击 "Debug"→"Start VSM Debugging" 进行仿真，调出 6264 存储器，如图 8-9 所示，可见程序运行后，在 0200H 单元存了 00、01 等 16 个平方数。

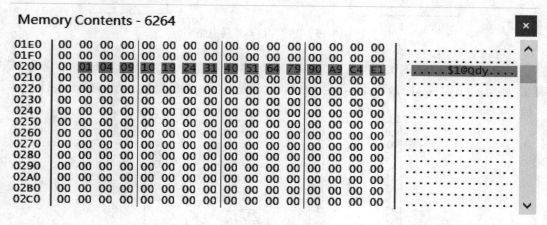

图 8-9　6264 仿真图

8.2.2　EPROM 扩展

程序存储器是用于存放程序和表格常数的。MCS-51 单片机的 8031 无内部程序存储器 ROM，8051/8071 只有 4KB 的片内 ROM 或 EPROM，当容量不够时，必须扩展片外的程序存储器才能构成一个完整的单片机应用系统。

MCS-51 单片机有 16 条地址线，最大寻址范围为 64KB（0000H～FFFFH）。进行扩展时，特别注意引脚 $\overline{EA}$ 的用法。当 $\overline{EA}$ 接高电平时，先访问片内程序存储器的地址范围 0000H～0FFFH（4KB），超过 4K 后访问片外程序存储器的地址范围 1000H～FFFFH（60KB）；当 $\overline{EA}$ 接低电平时，无论片内是否有程序存储器，只访问片外程序存储器 0000H～FFFFH（64KB）。

MCS-51 单片机外部扩展程序存储器的基本硬件连接电路如图 8-10 所示。其中，P0 口（P0.0～P0.7）经地址锁存器接程序存储器的低 8 为地址线 A0～A7，P2 口（P2.0～P2.7）直接接到程序存储器的高 8 位地址线 A8～A15；P0 口（P0.0～P0.7）直接接程序存储器的 8 位数据线 P0 口 D0～D7；片外程序存储器选通信号 $\overline{PSEN}$ 接程序存储器的输出允许信号 $\overline{OE}$，地址锁存允许信号 ALE 接地址锁存器的锁存信号。

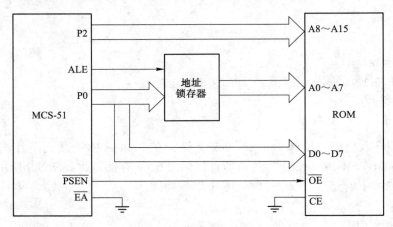

图 8-10　程序存储器扩展电路

27128 是容量为 16KB 的 8 位 EPROM，它有 14 根地址线 A0～A13，2764 的容量为 8K，有 13 根地址线 A0～A12，两者接线完全相同，只是多了 1 根地址线，引脚如图 8-11 所示。

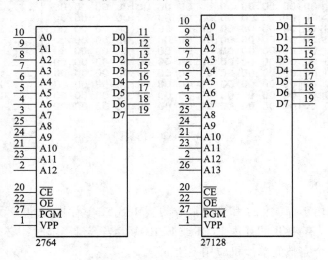

图 8-11　2764 与 27128 引脚图

A0~A13：14 根地址线输入端，其中低 8 位 A0~A7 通过锁存器 74LS373 与单片机的 P0 口连接，高 6 位 A8~A13 直接与 P2 口的 P2.0~P2.5 连接，锁存器的锁存使能端 G 与单片机 ALE 相连。

O0~O7：8 根数据线，与单片机的 P0 口相连。

$\overline{CE}$：片选信号输入线，"0" 有效。只有当 $\overline{CE}$ 为低电平时，27128 才被选中，否则不工作。只扩展一片 27128 时，其 $\overline{CE}$ 可直接接地，表示它一直被选中，也可以通过余下的高位地址线译码后接 $\overline{CE}$。

$\overline{PGM}$：编程脉冲输入线。

$\overline{OE}$：读选通信号输入线，"0" 有效，接单片机的读选通信号 $\overline{PSEN}$，用于读取程序存储器中的程序或常数。

Vpp：编程电源输入线。

MCS-8051 扩展 27128，按照三总线的扩展原则，连线如图 8-12 所示。

数据总线：单片机 P0 口接 27128 的 D0~D7。

地址总线：低 8 位由 74LS373 锁存 P0 口地址，高 6 位由 P2.0~P2.5 提供，共 14 位地址线。

控制总线：单片机的 $\overline{PSEN}$ 接 27128 的 $\overline{OE}$，ALE 接 LE 引脚。27128 的 $\overline{CE}$ 接地使能。

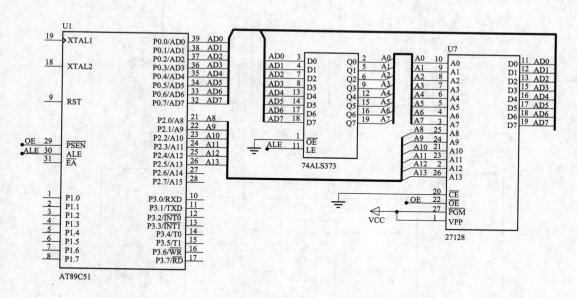

图 8-12　EPROM 扩展接口电路

27128 的地址分配如表 8-4 所示。14 根地址线可以寻址 $2^{14} = 16 \times 1024$ 个存储单元，即 16KB。单片机的高 2 位地址线与扩展存储器片内存储单元寻址无关，可取 0 或 1，为了满足程序存储器扩展必须从单片机复位后的地址即指针 PC = 0000H 开始的要求，A15、A14 取 0，因此 27128 的地址范围是 0000H~3FFFH，共 16KB 的容量。

表 8-4　扩展 27128 的地址范围表

地址	A15	A14	A13	A12	A11	A10	...	A8	A7	...	A0
8051	P2.7	P2.6	P2.5	P2.4	P2.3	P2.2	...	P2.0	P0.7	...	P0.0
27128			A13	A12	A11	A10	...	A8	A7	...	A0
首址	X	X	0	0	0	0	...	0	0	...	0
末址	X	X	1	1	1	1	...	1	1	...	1

8.2.3　E²PROM 扩展

E²PROM 同 EPROM 一样可以在线读出其中的信息，也可以在线擦除和编程。既可以用作程序存储器，也可以用作数据存储器。常用 E²PROM 芯片有 2816A（2K×8bit）、2864A（8K×8bit），它们的管脚图如图 8-13 所示，2864 与 MCS-51 单片机接线如图 8-14 所示。

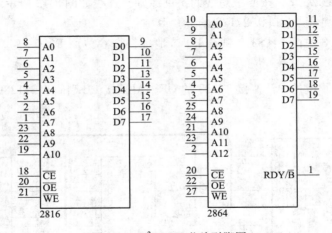

图 8-13　E²PROM 芯片引脚图

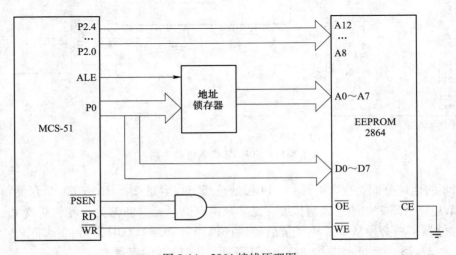

图 8-14　2864 接线原理图

A0～A12：13 根地址线，8051 的低 8 位地址线经锁存器 74LS373 接至 A0～A7，高五位地址线 P2.0～P2.4 接至 A8～A12。

D0～D7：8 根可输入输出的数据线，直接与 P0 口相连。

$\overline{CE}$：片选线，如果接地，表示一直选中。

$\overline{OE}$：读允许线，8051 的程序存储器读选通信号 $\overline{PSEN}$ 和数据存储器读信号 $\overline{RD}$ 经过"与"操作后，与 2864 的读允许信号直接相连，只要两者其中一个为低电平，就可以对 2864 进行读操作，使得 2864 既可以当数据存储器使用，也可以当程序存储器使用。

$\overline{WE}$：写允许线，低电平有效，与 8051 的数据存储器写信号 $\overline{WR}$ 相连，只要执行外部数据存储器写操作指令 MOVX @DPTR，A，就可以将数据写入 2864 的存储单元。

2864A 地址范围的确定：

由于 $\overline{CE}=0$，则 P2.4～P2.0、P0.7～P2.0（A12-A0）决定了 2864 的地址，将高位未用的 P2.7～P2.5 设为 0，则 2864 的地址范围为：0000H～1FFFH，其地址分布如表 8-5 所示。

表 8-5　扩展 2864 的地址范围表

地址	A15	A14	A13	A12	A11	A10	…	A8	A7	…	A0
8051	P2.7	P2.6	P2.5	P2.4	P2.3	P2.2	…	P2.0	P0.7	…	P0.0
2864				A12	A11	A10	…	A8	A7	…	A0
首址	X	X	X	0	0	0	…	0	0	…	0
末址	X	X	X	1	1	1	…	1	1	…	1

8.2.4　多存储器扩展技术

有时需要将程序存储器和数据存储器一起进行扩展，需要注意的是同类型的存储器地址范围不能重叠，程序存储器和数据存储器地址范围可以重叠。访问程序存储器使用 MOVC 类指令，产生 $\overline{PSEN}$；访问外部 RAM 的指令是 MOVX 指令，它产生有效的 $\overline{WR}$、$\overline{RD}$ 控制信号。

例 8.2　采用译码器 74LS138 扩展 16KB RAM（6264）和 16KB EPROM（2764）。

分析：单个 RAM 和 ROM 芯片地址为 8KB，每个芯片需要 13 根地址线，系统需要扩展 2 片 6264 和 2764。系统通过全译码进行芯片选择。芯片片内地址由 P2.4～P2.0、P0.7～P0.0（A12～A0）决定，芯片片间地址由译码器输出选择，如表 8-6 所示，具体接线如图 8-15 所示。由此可得到各个芯片的地址为：

6264（1）：0000H～1FFFH

6264（2）：2000H～3FFFH

2764（1）：0000H～1FFFH

2764（2）：2000H～3FFFH

P2.7～P2.5 参与全译码，分别接译码器 74LS373 的 C、B、A 三个输入信号，译码输出 Y0、Y1 分别接 2764 和 6264 的片选引脚。

表 8-6　各芯片地址范围表

地址	A15	A14	A13	A12	A11	A10	…	A8	A7	…	A0
8051	P2.7	P2.6	P2.5	P2.4	P2.3	P2.2	…	P2.0	P0.7	…	P0.0
6264(1)	0	0	0	X	X	X	X	X	X	X	X
6264(2)	0	0	1	X	X	X	X	X	X	X	X
2764(1)	0	0	0	X	X	X	X	X	X	X	X
2764(2)	0	0	1	X	X	X	X	X	X	X	X

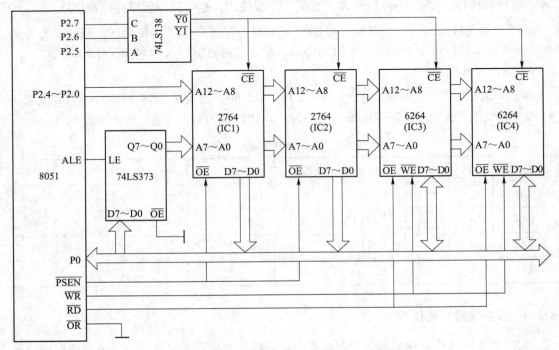

图 8-15　多存储器扩展接线图

8.3　I/O 接口技术

MCS-51 系列单片机共有 4 个 8 位的 I/O 口。但在外部扩展程序存储器、数据存储器时，P0 口用于低位地址线和数据线，P2 口用于高位地址线，P3 口常用于第二功能，只有 P1 口是空闲的。在实际应用系统中，单片机的 I/O 口常需要扩展，以便和外设进行信息交互。

51 单片机片所有扩展的 I/O 口均与片外 RAM 存储器统一编址，I/O 芯片根据地址线的选择方式不同，占用一个或多个片外 RAM 地址，且不能与片外 RAM 的地址发生冲突。对片外 I/O 口的输入输出操作指令与访问片外 RAM 的指令相同，即：

```
MOVX   @DPTR,A
MOVX   @Ri,A
MOVX   A,@DPTR
MOVX   A,@Ri
```

8.3.1 简单的 I/O 口扩展

当应用系统需要扩展的 I/O 数量较少时，可采用 TTL 或 CMOS 型锁存器、三态缓冲器作并行 I/O 口扩展芯片，一般通过 P0 口进行扩展，用 $\overline{\text{WR}}$、$\overline{\text{RD}}$ 作为输入、输出的控制信号。

例 8.3 采用输入输出扩展接口芯片扩展按键和显示器。

选用 74LS244 作为扩展的输入口，外接 8 个拨码开关，74LS273 作为扩展输出口，外接 8 个 LED 发光二极管。P0 口为 8 位数据线，既能从 74LS244 输入数据，又能把数据传送给 74LS273 输出。74LS244 为双 4 位三态门缓冲器，使能端 $\overline{\text{OE}}$ 为低电平有效选通；74LS273 为 8D 触发器，清除端 $\overline{\text{MR}}$ 低电平有效；CLK 端是时钟信号，在 CLK 上升沿 D 端数据送至 Q 端，无上升沿时，输出端 Q 保持不变。

输入控制信号由 P2.1 和 $\overline{\text{RD}}$ 相或决定，当二者同时为低电平时，选通 74LS244，74LS244 的地址为 0FDFFH。按键没有按下，上拉电阻将输入拉成高电平；按下按键，输入为低电平。$\overline{\text{OE}}$ 为低电平有效的使能端，为高电平时，输出为高阻态，此时缓冲器对数据总线不产生影响；为低电平时，按键状态通过缓冲器输入。

输出控制信号由 P2.0 和 $\overline{\text{WR}}$ 相或决定，其输出接到时钟信号 CLK 上，当使用外部 RAM 访问指令 MOVX 时，产生控制信号将 P0 口数据写入 74LS273，74LS273 的地址是 0FEFFH。输出电路中，LED 通过限流电阻接至 5V 电源，输出线为 0 对应的 LED 二极管亮。

系统仿真效果如图 8-16 所示，当拨码开关按下后，对应的 LED 灯就会点亮。

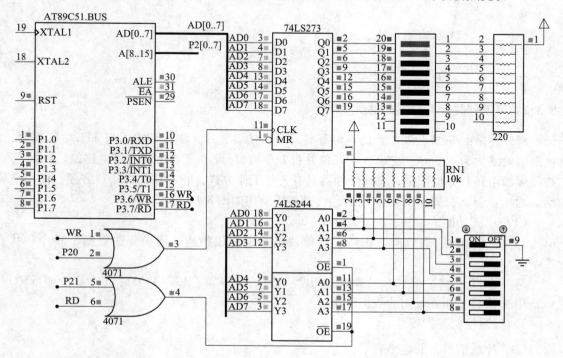

图 8-16 I/O 扩展接线图

汇编语言程序：

```
        ORG     0000H
        AJMP    MAIN
        ORG     0100H
MAIN:
        MOV     DPTR,#0FDFFH
        MOVX    A,@DPTR          ;读入按键状态
        NOP
        MOV     DPTR,#0FEFFH
        MOVX    @DPTR,A          ;输出状态
        NOP
        SJMP    MAIN
        END
```

C 语言参考程序：

```
#include "reg51.h"
#include <absacc.h>
#define  KEY     XBYTE[0XFDFF]
#define  LED     XBYTE[0XFEFF]
void main()
{
    while(1)
        {
            LED=KEY;
        }
}
```

8.3.2 可编程并行 I/O 接口芯片 8255

8255A 是由 Intel 公司生产的可编程并行 I/O 接口芯片，输入和输出与 TTL 电平兼容，电源电流最大为 120mA。它有 3 个 8 位并行 I/O 接口，2 个工作方式控制电路，1 个读/写控制逻辑电路和 8 位数据，总线缓冲器具有 3 种工作方式，它与单片机接口方便，使用灵活，通用性强，引脚如图 8-17 所示，内部逻辑结构如图 8-18 所示。

（1）引脚功能。

1）D7~D0：三态双向数据线，与单片机数据总线相连，用来传送数据、命令和状态字。

2）PA 口（PA7~PA0）、PB 口（PB7~PB0）、PC 口（PC7~PC0）：3 个 8 位并行I/O口，用于 8255A 与外设间的数据传送。

3）读写控制逻辑线。

$\overline{\text{CS}}$：片选信号，低电平有效；

$\overline{\text{RD}}$：读信号，低电平有效，接单片机的读信号，允许数据从 8255A 读出至 CPU；

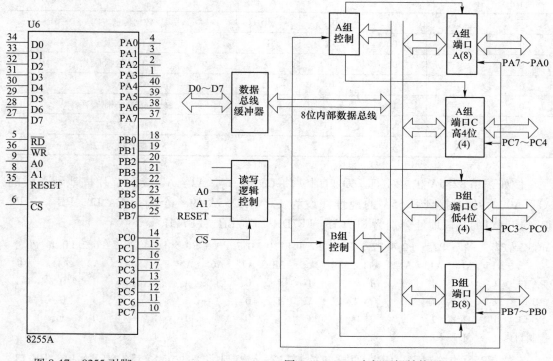

图 8-17　8255 引脚　　　　　　　　图 8-18　8255 内部逻辑结构图

$\overline{WR}$：写信号，低电平有效，接单片机的写信号，允许 CPU 输出数据至 8255A；

A1、A0：端口选择信号，接单片机的地址总线，当 8255A 被选中时，2 位的 4 种组合 00、01、10、11 分别是 PA、PB、PC 和控制口地址；

RESET：复位信号，高电平有效，一般与单片机的复位相连，复位后，8255A 所有内部寄存器清零，所有口被置成输入方式。

（2）端口地址。通常 PA 口、PB 口作为输入输出口，PC 口既可作为输入输出口，也可在软件的控制下，分为 2 个 4 位的端口，作为端口 A、B 选通方式操作时的状态控制信号。

一片 8255A 共需 4 个端口地址——PA 口、PB 口、PC 口和一个控制口。控制口用来设置控制字，PA、PB、PC 有自己独立的口地址。在实际应用中，端口地址通常由 $\overline{CS}$、A1、A0 共同确定，一般情况下，A1、A0 接单片机低位地址总线的 A1、A0，$\overline{CS}$ 根据实际系统地址分配情况连接高位地址线。各端口的工作状态与控制信号的关系如表 8-7 所示。

表 8-7　8255A 的端口工作状态

$\overline{CS}$	A1	A0	$\overline{RD}$	$\overline{WR}$	数据传送方向
0	0	0	0	1	PA 口→数据总线
0	0	0	1	0	PA 口←数据总线
0	0	1	0	1	PB 口→数据总线
0	0	1	1	0	PB 口←数据总线

$\overline{\text{CS}}$	A1	A0	$\overline{\text{RD}}$	$\overline{\text{WR}}$	数据传送方向
0	1	0	0	1	PC 口→数据总线
0	1	0	1	0	PC 口←数据总线
0	1	1	0	1	无效
0	1	1	1	0	数据总线→控制寄存器
0	X	X	1	1	数据总线为三态
1	X	X	X	X	数据总线为三态

例如，用 8255A 扩展并行 I/O 口时，将 $\overline{\text{CS}}$ 接 A7，A1、A0 接至单片机地址总线的 A1、A0，其他没接到 8255A 的地址线设为 1，则 8255A 的 4 个端口 PA 口、PB 口、PC 口、控制口的端口地址分别为 FF7CH、FF7DH、FF7EH、FF7FH。

MCS-51	P2.7	P2.6	P2.5	P2.4	P2.3	P2.2	P2.1	P2.0	P0.7	P0.6	P0.5	P0.4	P0.3	P0.2	P0.1	P0.0
	A15	A14	A13	A12	A11	A10	A9	A8	A7	A6	A5	A4	A3	A2	A1	A0
PA 口	1	1	1	1	1	1	1	1	0	1	1	1	1	1	0	0
PB 口	1	1	1	1	1	1	1	1	0	1	1	1	1	1	0	1
PC 口	1	1	1	1	1	1	1	1	0	1	1	1	1	1	1	0
控制口	1	1	1	1	1	1	1	1	0	1	1	1	1	1	1	1

（3）8255 的控制字。CPU 通过向控制口写入控制字来决定 8255A 的 PA 口、PB 口、PC 口的工作方式。8255 有 2 个控制字：工作方式控制字和 PC 口置/复位控制字，不同控制字的识别是通过特征位 D7 位标识的，控制字的格式如图 8-19、图 8-20 所示。

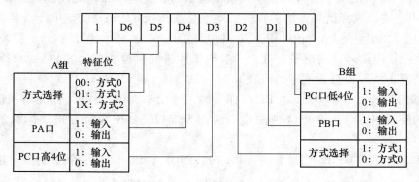

图 8-19　工作方式控制字

最高位为控制字的特征位，D7 为 1 表示该控制字为工作方式控制字。可见 PA 口有 3 种工作方式，PB 口有 2 种工作方式，PC 口只有 1 种工作方式 0。各 I/O 口的输入/输出的定义位为 0 时，作为输出口使用；为 1 时，作为输入口使用。

例如，写入工作方式控制字 95H，可将 8255A 编程为：A 口方式 0 输入，B 口方式 1 输出，C 口的上半部分（PC7~PC4）输出，C 口的下半部分（PC3~PC0）输入。

PC 口置/复位控制字可以将 PC 口某位置 1 或清零，使 PC 口具有位操作功能，而不影响其他位的状态，该控制字的特征位 D7=0。D3~D1 表示要进行要操作的位，D0 表示置位或复位操作，0 为复位，1 为置位。

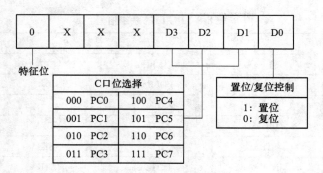

图 8-20 C 口置/复位控制字

例如，07H 写入控制口，是 PC3 置 1，08H 写入控制口，PC4 清零。

（4）8255A 的工作方式。8255A 有 3 种工作方式：方式 0、方式 1、方式 2。方式的选择是通过写控制字的方式实现的。

1）方式 0（基本输入/输出方式）。方式 0 中，3 个端口都可以由程序设置为输入或输出，但不能既作输入又作输出。作为输出口时，输出数据有锁存；作为输入口时，输入数据不锁存，数据仅被缓冲。方式 0 适用于无条件传送方式，CPU 通过读写指令直接对外设进行操作，不用任何应答联络信号。这种方式要求外设随时是准备好的，如键盘、显示器。方式 0 中，也可以采用查询传送方式，用于需要联络控制信号的系统中，此时，将 PA、PB 口作为数据输入口或输出口，人为地定义 PC 口为控制信号，提供外设状态、外设选通信号，为 PA、PB 口的数据输入/输出操作服务。

2）方式 1（选通输入/输出方式）。PA、PB 口都可以单独设置为方式 1，作为数据的输入或输出口，而 PC 口自动提供固定关系的选通信号和应答信号，专为 PA 口、PB 口的数据输入/输出操作服务。此时，3 个端口被分为 2 组，即 A 组和 B 组。A 组包括 A 口和 PC7~PC4，A 口可由编程设定为输入或输出，PC7~PC4 作为输入/输出操作的选通信号和应答信号。B 组包括 B 口和 PC3~PC0，这时 C 口作为 8255A 和外设或 CPU 之间传送某些状态信息及中断请求信号。CPU 可通过写控制字独立定义任一组为方式 1 输入或输出。每个数据端口输出和输入均有锁存功能。方式 1 适用于查询或中断方式的数据传送。

3）方式 2（双向输入/输出方式）。只有 A 组可使用方式 2，此时 PA 口为双向输入/输出口，PC 口的高五位（PC7~PC3）为 PA 口的控制联络位。此时，PA 口为 8 位双向数据口，既能发送数据，又能接收数据，CPU 通过 PA 口能够与外设进行双向通信。PB 口不能再工作在方式 2，但仍可工作在方式 0 或方式 1。

PC 口在方式 1 和方式 2 时，8255 内部规定的联络信号如表 8-8 所示。

输入时的应答联络信号：

$\overline{STB}$：选通输入，低电平有效。是由输入设备送来的输入信号。

IBF：输入缓冲器满，高电平有效。表示数据已送入输入锁存器，可作为送出的状态信号。

INTR：中断请求信号，高电平有效，由 8255A 输出，向 CPU 发中断请求。

INTE A：口中断允许信号，由 PC4 的置位/复位来控制。

INTE B：由 PC2 的置位/复位来控制。

表 8-8　PC 口的联络信号

C 口	方式 1		方式 2	
	输入	输出	输入	输出
PC7	I/O	/OBFA	×	/OBFA
PC6	I/O	/ACKA	×	/ACKA
PC5	IBFA	I/O	IBFA	×
PC4	/STBA	I/O	/STBA	×
PC3	INTRA	INTRA	INTRA	INTRA
PC2	/STBB	/ACKB	I/O	I/O
PC1	IBFB	/OBFB	I/O	I/O
PC0	INTRB	INTRB	I/O	I/O

输出时的应答联络信号：

$\overline{OBF}$：输出缓冲器满信号，低电平有效，是 8255A 输出给输出设备的联络信号。表示 CPU 已把输出数据送到指定端口，外设可以将数据取走。

$\overline{ACK}$：外设响应信号，低电平有效。表示 CPU 输出给 8255A 的数据已由输出设备取走。

INTR：中断请求信号，高电平有效。表示数据已被外设取走，请求 CPU 继续输出数据。

INTE A：由 PC6 的置位/复位来控制。

INTE B：由 PC2 的置位/复位来控制。

与单片机的接口只需要一个 8 位的地址锁存器和一个地址译码器（有时可以不用）。锁存器用来锁存 P0 口输出的低 8 位地址信息，地址译码器用来确定扩展芯片的片选端。这样，8255A 的输出可与键盘、显示器及其他扩展原件连接，从而实现单片机与各种外部设备的连接。图 8-21 为 8255A 与单片机 8051 的接口电路。

8255A 的 8 根数据线 D7~D0 直接接单片机的数据总线 P0 口，控制线的 RD、WR 接单片机的 $\overline{RD}$、$\overline{WR}$，复位线 RESET 与单片机的复位端相连，接到复位电路。

P0.7、P0.1、P0.0 经锁存器 74LS373 后分别接至 $\overline{CS}$、A1、A0，构成 8255A 的端口地址。将单片机其余无关地址线设为 1，则 8255A 的 PA、PB、PC 及控制口的端口地址分别为：FF7CH、FF7DH、FF7EH、FF7FH。

例 8.4　8255A 与单片机的硬件连接电路如图 8-22 所示，PA 口用作输出口，接 8 个 LED 发光二极管，PB 口作输入口，接 8 个按键开关，PC 口不用，都工作在方式 0。要实现"按下任意键，对应的 LED 灯发光"。

汇编语言程序：

```
PORTA   EQU     0FF7CH
PORTB   EQU     0FF7DH
PORTC   EQU     0FF7EH
```

```
COMMD   EQU     0FF7FH
ORG     0000H
AJMP    MAIN
ORG     0100H
MAIN:
MOV     A,#82H            ;控制字
MOV     DPTR,#COMMD
MOVX    @DPTR,A
LOOP:
MOV     DPTR,#PORTB
MOVX    A,@DPTR           ;取按键状态
MOV     DPTR,#PORTA
MOVX    @DPTR,A           ;输出按键状态
SJMP    LOOP
END
```

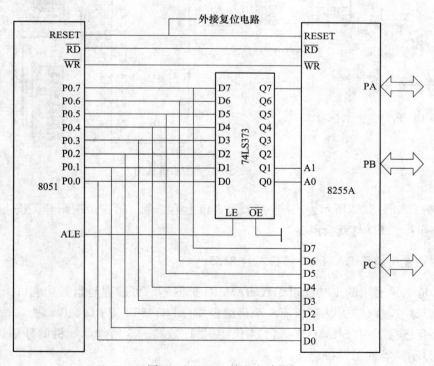

图 8-21　8255A 接口电路图

C 语言参考程序：

```
#include "reg51.h"
#include <absacc.h>
#define   uchar     unsigned char
#define   PORTA     0XFF7C
#define   PORTB     0XFF7D
```

```
#define    PORTC        0XFF7E
#define    COMMD        0XFF7F
void main( )
{
      XBYTE[COMMD] = 0X82;
      while(1)
          {
          XBYTE[PORTA] = XBYTE[PORTB];
          }
}
```

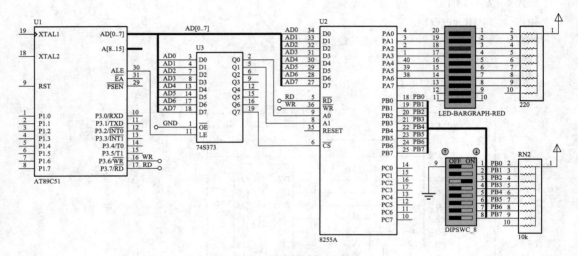

图 8-22   8255A 按键指示仿真图

系统仿真如图 8-22 所示，当接到 8255PB 口上第二个、第三个拨码开关按下后，对应的 PA 口上两个 LED 灯就会点亮。

8.3.3   多功能可编程 RAM/IO 接口芯片 8155

8155 是一种通用的多功能可编程 RAM/IO 扩展器，可编程是指其功能可由计算机的指令来加以改变。8155 片内不仅有 3 个可编程并行 I/O 接口（A 口、B 口为 8 位、C 口为 6 位），而且还有 256B SRAM 和一个 14 位定时/计数器，常用作单片机的外部扩展接口，与键盘、显示器等外围设备连接。

（1）引脚功能。8155 芯片内部结构如图 8-23 所示，片内资源有：

1）256 字节的静态 RAM（地址为××00H～××FFH）；

2）两个可编程的 8 位并行 I/O 口 PA、PB；

3）一个可编程的 6 位并行 I/O 口 PC；

4）一个可编程的 14 位减法计数器 TC。

8155 引脚功能说明如下：

RST：复位信号输入端，高电平有效。复位后，3 个 I/O 口均为输入方式。

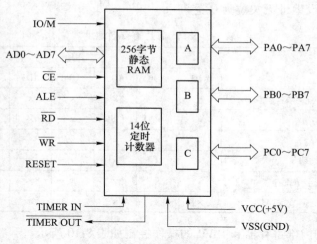

图 8-23　8155 内部结构

AD0~AD7：三态的地址/数据总线。与单片机的低 8 位地址/数据总线（P0 口）相连。单片机与 8155 之间的地址、数据、命令与状态信息都是通过这个总线口传送的。

$\overline{RD}$：读选通信号，控制对 8155 的读操作，低电平有效。

$\overline{WR}$：写选通信号，控制对 8155 的写操作，低电平有效。

$\overline{CE}$：片选信号线，低电平有效。

IO/$\overline{M}$：8155 的 RAM 存储器或 I/O 口选择线。当 IO/$\overline{M}$ = 0 时，则选择 8155 的片内 RAM，AD0~AD7 上地址为 8155 中 RAM 单元的地址（00H~FFH）；当 IO/$\overline{M}$ = 1 时，选择 8155 的 I/O 口，AD0~AD7 上的地址为 8155 I/O 口的地址。

ALE：地址锁存信号。8155 内部设有地址锁存器，在 ALE 的下降沿将单片机 P0 口输出的低 8 位地址信息及 $\overline{CE}$，IO/$\overline{M}$ 的状态都锁存到 8155 内部锁存器。因此，P0 口输出的低 8 位地址信号不需外接锁存器。

PA0~PA7：8 位通用 I/O 口，其输入、输出的流向可由程序控制。

PB0~PB7：8 位通用 I/O 口，功能同 A 口。

PC0~PC5：有两个作用，既可作为通用的 I/O 口，也可作为 PA 口和 PB 口的控制信号线，这些可通过程序控制。

TIMER IN：定时/计数器脉冲输入端。

TIMER OUT：定时/计数器输出端。

VCC：+5V 电源。

（2）8155 的地址编码及工作方式。在单片机应用系统中，8155 是按外部数据存储器统一编址的，为 16 位地址，其高 8 位由片选线 $\overline{CE}$ 提供，$\overline{CE}$ = 0，选中该片。

当 $\overline{CE}$ = 0，IO/$\overline{M}$ = 0 时，选中 8155 片内 RAM，这时 8155 只能作片外 RAM 使用，其 RAM 的低 8 位编址为 00H~FFH；当 $\overline{CE}$ = 0，IO/$\overline{M}$ = 1 时，选中 8155 的 I/O 口，其端口地址的低 8 位由 AD7~AD0 确定，如表 8-9 所示。这时，A、B、C 口的口地址低 8 位分别为

01H、02H、03H（设地址无关位为0）。

表8-9　8155芯片寄存器地址

名　称	地　址							
	AD7	AD6	AD5	AD4	AD3	AD2	AD1	AD0
命令字寄存器、状态字寄存器	×	×	×	×	×	0	0	0
PA口寄存器	×	×	×	×	×	0	0	1
PB口寄存器	×	×	×	×	×	0	1	0
PC口寄存器	×	×	×	×	×	0	1	1
定时器/计数器低字节寄存器	×	×	×	×	×	1	0	0
定时器/计数器高低字节寄存器	×	×	×	×	×	1	0	1

CPU对8155的内部寄存器和RAM的操作控制如表8-10所示。

表8-10　CPU对8155的操作控制

控制信号				操　作
$\overline{CE}$	IO/$\overline{M}$	$\overline{RD}$	$\overline{WR}$	
0	0	0	1	读RAM单元（地址为××00H~××FFH）
0	0	1	0	写RAM单元（地址为××00H~××FFH）
0	1	0	1	读内部寄存器
0	1	1	0	写内部寄存器
1	×	×	×	无操作

8155的A口、B口可工作于基本I/O方式或选通I/O方式。C口可工作于基本I/O方式，也可作为A口、B口在选通工作方式时的状态控制信号线。当C口作为状态控制信号时，其每位线的作用如下：

PC0：AINTR（A口中断请求线）。

PC1：ABF（A口缓冲器满信号）。

PC2：$\overline{ASTB}$（A口选通信号）。

PC3：BINTR（B口中断请求线）。

PC4：BBF（B口缓冲器满信号）。

PC5：$\overline{BSTB}$（B口选通信号）。

8155的I/O工作方式选择是通过对8155内部命令寄存器设定控制字实现的。命令寄存器只能写入，不能读出，命令寄存器的格式如图8-24所示。

在ALT1~ALT4的不同方式下，A口、B口及C口的各位工作方式如下：

ALT1：A口，B口为基本输入/输出，C口为输入方式。

ALT2：A口，B口为基本输入/输出，C口为输出方式。

ALT3：A口为选通输入/输出，B口为基本输入/输出。PC0为AINTR，PC1为ABF，PC2为$\overline{ASTB}$，PC3~PC5为输出。

ALT4：A口、B口为选通输入/输出。PC0为AINTR，PC1为ABF，PC2为$\overline{ASTB}$，

PC3 为 BINTR，PC4 为 BBF，PC5 为 $\overline{BSTB}$。

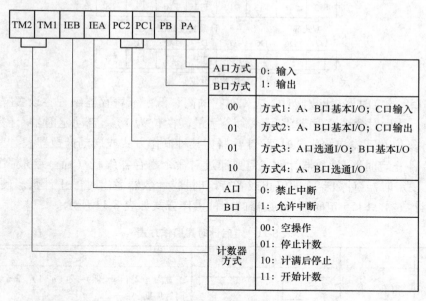

图 8-24   8155 命令寄存器格式

8155 内还有一个状态寄存器，用于锁存输入/输出口和定时/计数器的当前状态，供 CPU 查询用。状态寄存器的端口地址与命令寄存器相同，低 8 位也是 00H，状态寄存器的内容只能读出不能写入。所以可以认为 8155 的 I/O 口地址 00H 是命令/状态寄存器，对其写入时作为命令寄存器；而对其读出时，则作为状态寄存器。

状态寄存器的格式如图 8-25 所示。

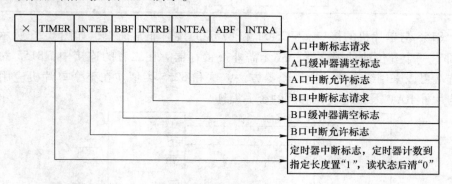

图 8-25   8155 状态寄存器格式

（3）8155 的定时/计数器。8155 内部的定时/计数器实际上是一个 14 位的减法计数器，它对 TIMER IN 端输入脉冲进行减 1 计数，当计数结束（即减 1 计数"回 0"）时，由 TIMER OUT 端输出方波或脉冲。当 TIMER IN 接外部脉冲时，为计数方式；接系统时钟时，可作为定时方式。

定时/计数器由 2 个 8 位寄存器构成，其中的低 14 位组成计数器，剩下的 2 个高位（M2，M1）用于定义输出方式。其格式如下：

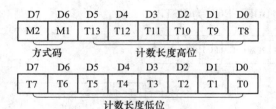

使用 8155 的定时器/计数器时，应先对它的高、低字节寄存器编程，设置操作方式和计数初值 n，然后对命令寄存器编程（命令字最高两位为 1），启动定时器/计数器计数。注意：硬件复位并不能初始化定时器/计数器为某种操作方式或启动计数器。

若需要停止定时器/计数器计数，需要通过对命令寄存器编程（命令字最高两位为 01 或者 10），使定时器/计数器立即停止或者待定时器/计数器溢出时停止计数。硬件复位停止定时器/计数器。8155 定时器/计数器的 4 种操作方式如表 8-11 所示。

表 8-11　定时计时器操作方式

M2 M1	方　式	TIMER OUT 输出波形	说　　明
0　0	单负方波	⎍	宽为 $n/2$ 个（n 偶）或（$n-1$）/2 个（n 奇）TI 时钟周期
0　1	连续方波	⎍⎍	低电平宽 $n/2$ 个（n 偶）或（$n-1$）/2 个（n 奇）TI 时钟周期；高电平宽 $n/2$ 个（n 偶）或（$n+1$）/2 个（n 奇）TI 时钟周期，自动恢复初值
1　0	单负脉冲	⎍	计数溢出时输出一个宽一个 TI 时钟周期负脉冲
1　1	连续脉冲	⎍⎍	每次计数溢出时输出一个宽一个 TI 时钟周期负脉冲并自动恢复初值

（4）8155 与单片机的接口。MCS-51 和 8155 的接口非常简单，如图 8-26 所示，因为 8155 内部有一个 8 位地址锁存器，故无需外接锁存器。在二者的连接中，8155 的地址译码即片选端可以采用线选法、全译码等方法，这和 8255 类似。在整个单片机应用系统中要考虑与片外 RAM 及其他接口芯片的统一编址。

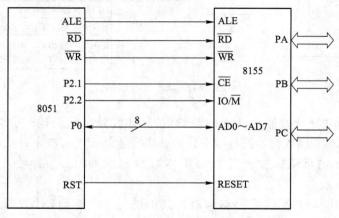

图 8-26　8155 与单片机接口电路图

8.4 显示器接口

在单片机应用系统中，常需要使用显示器显示运行的中间结果及状态信息。其中常用的显示器主要有发光二极管显示器（LED 显示器）和液晶显示器（LCD 显示器）。

8.4.1 七段 LED 显示器

七段 LED 显示器由 8 个发光二极管组成，其中 7 个发光二极管排成 8 字型，另一个小圆点发光二极管作为小数点。数码管的引脚配置如图 8-27（a）所示，a～g 为数码显示字段，dp 为小数点显示字段，外部管脚与显示字段对应。根据接线方式不同，LED 数码管可以分为共阴极结构和共阳极结构，如图 8-27（b）（c）所示。共阴极为公共端 COM，一起接地，共阳极为公共端 COM，一起接电源+5V。

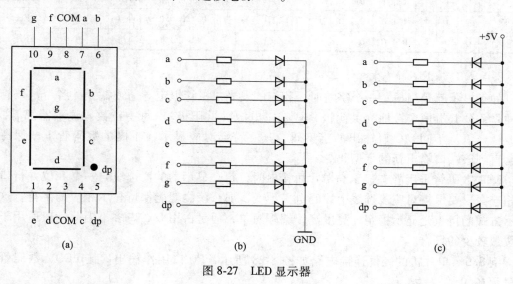

图 8-27　LED 显示器

对共阴极 LED 显示器，当某个发光二极管的阳极接高电平 1 时，对应的二极管点亮，这样，一个字节的显示数据（称为字型码）与 LED 显示器各段的关系可得出常用的字型码，如表 8-12 所示。

表 8-12　7 段 LED 字型码表

字符	共 阴 极									共 阳 极								
	dp	g	f	e	d	c	b	a	段码	dp	g	f	e	d	c	b	a	段码
0	0	0	1	1	1	1	1	1	3FH	1	1	0	0	0	0	0	0	C0H
1	0	0	0	0	0	1	1	0	06H	1	1	1	1	1	0	0	1	F9H
2	0	1	0	1	1	0	1	1	5BH	1	0	1	0	0	1	0	0	A4H
3	0	1	0	0	1	1	1	1	4FH	1	0	1	1	0	0	0	0	B0H
4	0	1	1	0	0	1	1	0	66H	1	0	0	1	1	0	0	1	99H
5	0	1	1	0	1	1	0	1	6DH	1	0	0	1	0	0	1	0	92H

字符	共 阴 极									共 阳 极								
	dp	g	f	e	d	c	b	a	段码	dp	g	f	e	d	c	b	a	段码
6	0	1	1	1	1	1	0	1	7DH	1	0	0	0	0	0	1	0	82H
7	0	0	0	0	0	1	1	1	07H	1	1	1	1	1	0	0	0	F8H
8	0	1	1	1	1	1	1	1	7FH	1	0	0	0	0	0	0	0	80H
9	0	1	1	0	1	1	1	1	6FH	1	0	0	1	0	0	0	0	90H
A	0	1	1	1	0	1	1	1	77H	1	0	0	0	1	0	0	0	88H
b	0	1	1	1	1	1	0	0	7CH	1	0	0	0	0	0	1	1	83H
C	0	0	1	1	1	0	0	1	39H	1	1	0	0	0	1	1	0	C6H
d	0	1	0	1	1	1	1	0	5EH	1	0	1	0	0	0	0	1	A1H
E	0	1	1	1	1	0	0	1	79H	1	0	0	0	0	1	1	0	86H
F	0	1	1	1	0	0	0	1	71H	1	0	0	0	1	1	1	0	8EH
熄灭	0	0	0	0	0	0	0	0	00H	1	1	1	1	1	1	1	1	FFH

8.4.1.1　LED 静态接口

静态显示就是当显示一个字符时，相应的发光二极管恒定导通或截止，各个数码管相互独立，公共端恒定接地（共阴极）或接正电源（共阳极）。每一位数码显示器都需要 8 个 I/O 口，从不同 I/O 口输出的字型码，其字符会对应显示在不同的数码管上，保持不变，直到该端口输出新的字型码。

LED 数码管采用静态显示与单片机接口时，每个显示器的段选线与一个 8 位并行口对应相连，只要保持对应段选线上段码电平不变，那么该位就能保持显示相应的字符。这种显示方式的特点是显示稳定、亮度高，编程简单，但是占用 I/O 口多，因此一般适用于显示位数较少的场合。

例 8.5　单片机的硬件连接电路如图 8-28 所示，P0 口用作输出口接 LED，数码管循环显示 0~9。

分析：将段码送到 P0 口，显示一段时间后，再取下一个数字送到 P0 口显示。系统仿真结果如图 8-28 所示。

汇编语言程序：

```
        ORG     00H
        AJMP    START
START:  MOV     DPTR,#TABLE      ;指针指向表头地址
S1:     MOV     A,#00H           ;设置地址偏移量
        MOVC    A,@A+DPTR        ;查表取得段码,送 A 存储
        CJNE    A,#55H,S2        ;判断段码是否为结束符
        LJMP    START
S2:     MOV     P0,A             ;段码送 LED 显示
        LCALL   DELAY            ;指针加 1
        INC     DPTR
```

```
         LJMP    S1
DELAY： MOV     R7,#5                    ;延时 500ms
DLS1：  MOV     R6,#200
DLS2：  MOV     R5,#248
         NOP
DLS3：  DJNZ    R5,DLS3
         DJNZ    R6,DLS2
         DJNZ    R7,DLS1
         RET
TABLE：DB      0c0h,0f9h,0a4h,0b0h,99h,92h,82h,0f8h,80h,90h   ;段码表
         DB      55H                        ;结束符
         END
```

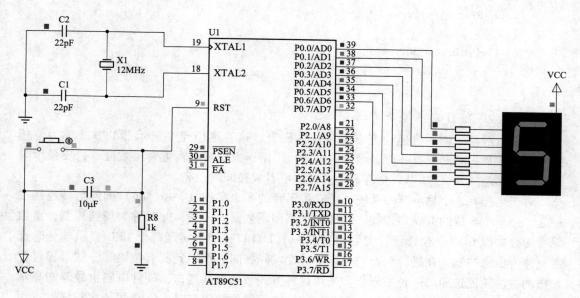

图 8-28 LED 显示电路图

C 语言程序：

```
#include "reg51. h"
#define uchar unsigned char        //数据类型宏定义
#define uint unsigned int
#define LED   P0
//共阳数码管编码表
uchar code seg[ ] ={0xc0,0xf9,0xa4,0xb0,0x99,0x92,0x82,0xf8,0x80,0x90,0x55};
void Delayms(uint);
void main(void)
{
uchar i;
while(1)
```

```
        {
            LED = seg[i];                    //数据显示
            Delayms(500);                    //延时
            i++;
            if(seg[i] == 0x55)i=0;           //当 i=10 时,i=0
        }

    }
    //延时子程序(晶振 12MHz,12 个振荡周期,以 ms 为单位进行延迟)
    void Delayms(uint ms)
    {
        uint x,y;
        for(x=0;x<ms;x++)
        {
            for(y=0;y<=120;y++);
        }
    }
```

8.4.1.2　LED 动态显示接口

动态显示是一位一位地轮流点亮各位数码管,这种逐位点亮显示器的方式称为位扫描。虽然在某一时刻只有一位显示器被点亮,但由于人眼具有视觉暂留效应,只要显示时间间隔足够短(1ms 左右),全部显示器就能够看成被同时点亮。

对于连接有 8 个显示器的系统,所有数码管的 8 个字段(a~g、dp)的同名端连接在一起,由一个 8 位的 I/O 口控制,实现显示字型码数据的传送,此时称为段选控制;而数码管的公共端 COM(位选线)分别由另外一个 I/O 口控制,实现每个 LED 显示器分时选通,称为位选控制。在进行动态扫描显示时,段码将同时作用到所有数码管,然后通过位扫描的方法轮流选通每一位数码管。采用这种方式节省 I/O 端口,硬件电路也较静态显示方式简单,但其亮度不如静态显示方式,并且在显示位数较多时,CPU 要依次扫描,占用CPU 较多的时间。

例 8.6　如图 8-29 所示的动态显示电路,P0 口接 74LS244 输出段码,P2 口通过驱动器 74LS04 输出位选码,在 6 位 LED 数码管上显示 0~5。流程图如图 8-30 所示。

汇编语言程序:

```
        ORG    0000H
        AJMP   START
        ORG    0100H
START:
        MOV    R0,#00H            ;显示首地址
        MOV    DPTR,#DISPTAB      ;段码表
        MOV    R2,#01H            ;位选码,从最低位开始显示
DISP:
        MOV    P2,R2             ;送位选码
```

```
        MOV     A,R0
        MOVC    A,@A+DPTR
        MOV     P0,A                    ;送段选码
        LCALL   DL1ms
        INCR0
        MOV     A,R2
        JB      ACC.5,DISP1             ;6位显示完?
        RL      A
        MOV     R2,A
        SJMP    DISP
DISP1:
        SJMP    START
DISPTAB:
        DB 3FH,06H,5BH,4FH,66H,6DH,7DH,07H,7FH,67H,77H,7CH,39H,5EH,79H,71H
DL1ms:  MOV     R6,#2       ;1个机器周期
DLS1:   MOV     R5,#248     ;1个机器周期
        NOP                 ;1个机器周期
DLS2:   DJNZ    R5,DLS2     ;2个机器周期
        DJNZ    R6,DLS1     ;2个机器周期
        RET                 ;2个机器周期
        END
```

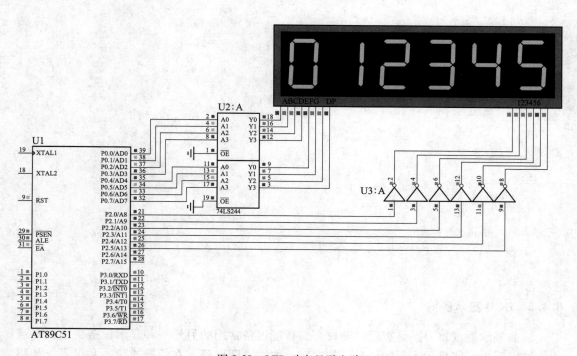

图 8-29 LED 动态显示电路

C 语言程序：

```c
#include <reg51. h>
#include <intrins. h>
#define uchar unsigned char
#define uint unsigned int
uchar   codeTAB[ ] = {0X3F,0X06,0X5B,0X4F,0X66,0X6D,
0X7D,0X07,0X7F,0X67,0X77,0X7C,0X39,0X5E,0X79,0X71};
uchar   dispbuf[ ] = {0,1,2,3,4,5};
void delay( uint ms)
{
    uint x,y;
    for( x = 0;x<ms;x++)
    {
        for( y = 0;y< = 120;y++);
    }
}

void display( )
{
    uchar i,j;
    j = 0X01;                    //位选码
    for( i = 0;i<6;i++)
    {
        P2 = j;
        P0 = codeTAB[ dispbuf[ i] ];    //输出段选码
        delay( 2);
        P0 = 0X00;               //消隐
    j = _crol_( j,1);            //位选码左移 1 位
    }
}
void main( )
{
    while( 1)
    {
        display( );
    }
}
```

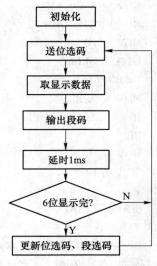

图 8-30   动态显示流程图

8.4.2   LCD 显示器

液晶显示器（LCD）是智能仪器仪表、智能设备常用的另外一种显示设备，消耗电流小，控制简单，能显示大量的信息，如文字、曲线、图形等，在便携式仪器和设备，如移动电话、计算器等场合得到广泛应用。

8.4.2.1　LCD1602 引脚功能简介

LCD1602 是一种典型的字符型液晶显示模块，主要用于显示字母、数字、符号等点阵式的液晶模块，能够同时显示 16×2 即 32 个字符。它内部的字符发生存储器中已存储了 160 个不同的点阵字符图形，可显示 192 种字符，每一个字符都有一个固定的代码，比如大写英文字母"A"的代码是 01000001B(41H)，故显示时模块把地址 41H 中的点阵字符图形显示出来，就可以看到"A"。

LCD1602 采用标准的 14 脚（无背光）或 16 脚（带背光）接口，各引脚接口说明如表 8-13 所示。

表 8-13　LCD1602 引脚接口说明

编号	符号	引脚功能	编号	符号	引脚功能
1	VSS	电源地	9	D2	数据
2	VDD	电源正极	10	D3	数据
3	VL	液晶显示偏压	11	D4	数据
4	RS	数据/命令选择	12	D5	数据
5	R/W	读/写选择	13	D6	数据
6	E	使能信号	14	D7	数据
7	D0	数据	15	BLA	背光源正极
8	D1	数据	16	BLK	背光源负极

其中，VL 为液晶显示器对比度调整端，接正电源时对比度最弱，接地时对比度最高，对比度过高时可以通过一个 10K 的电位器调整对比度。

RS 为寄存器选择，高电平时，D0～D7 与数据寄存器通信，低电平时，D0～D7 与指令寄存器通信。

R/W 为读写信号线，高电平时进行读操作，低电平时进行写操作。当 RS 和 R/W 共同为低电平时可以写入指令或者显示地址，当 RS 为低电平 R/W 为高电平时可以读忙信号，当 RS 为高电平 R/W 为低电平时可以写入数据。

E 端为使能端，当 E 端由高电平跳变成低电平时，D0～D7 数据被读入 LCD。

D0～D7 为 8 位双向数据线。

8.4.2.2　LCD1602 的指令功能

1602 液晶模块内部控制器共有 11 条控制指令，如表 8-14 所示。

指令 1：清显示，指令码 01H，光标复位到地址 00H 位置。

指令 2：光标复位，光标返回到地址 00H。

指令 3：光标和显示模式设置。I/D：光标移动方向，高电平右移，低电平左移；S：屏幕上所有文字是否左移或者右移。高电平表示有效，低电平则无效。

指令 4：显示开关控制。D：控制整体显示的开与关，高电平表示开显示，低电平表示关显示；C：控制光标的开与关，高电平表示有光标，低电平表示无光标；B：控制光标是否闪烁，高电平闪烁，低电平不闪烁。

指令 5：光标或显示移位。S/C：高电平时移动显示的文字，低电平时移动光标。

表 8-14　LCD1602 控制指令表

序号	指　令	RS	R/W	D7	D6	D5	D4	D3	D2	D1	D0
1	清显示	0	0	0	0	0	0	0	0	0	1
2	光标返回	0	0	0	0	0	0	0	0	1	*
3	置输入模式	0	0	0	0	0	0	0	1	I/D	S
4	显示开/关控制	0	0	0	0	0	0	1	D	C	B
5	光标或字符移位	0	0	0	0	0	1	S/C	R/L	*	*
6	置功能	0	0	0	0	1	DL	N	F	*	*
7	置字符发生存贮器（CGRAM）地址	0	0	0	1	字符发生存贮器地址					
8	置数据存贮器（DDRAM）地址	0	0	1	显示数据存贮器地址						
9	读忙标志或地址	0	1	BF	计数器地址						
10	写数到 CGRAM 或 DDRAM	1	0	要写的数据内容							
11	从 CGRAM 或 DDRAM 读数	1	1	读出的数据内容							

指令 6：功能设置命令。DL：高电平时为 8 位总线，低电平时为 4 位总线；N：低电平时为单行显示，高电平时双行显示；F：低电平时显示 5×7 的点阵字符，高电平时显示 5×10 的点阵字符。

指令 9：读忙信号和光标地址。BF：为忙标志位，高电平表示忙，此时模块不能接收命令或者数据，如果为低电平表示不忙。

1602 液晶显示带有 80 字节的 RAM 缓冲区，第一行字符显示地址为 00H～27H，第二行字符显示地址为 40H～67H，可分为上下两部分各 16 个字符进行显示。在 LCD1602 的 DDRAM 设置指令中，默认了 D7＝1；所以当单行显示时，首行 D6～D0＝00H～27H，第一个字的地址为 000 0000B，D7 位默认为 1，则首行地址是 0×80；当采用两行显示时，首行 D6～D0＝00H～27H，次行 D6～D0＝40H～67H，第一个地址 40H＝100 0000B，由于 D7 默认为 1，就是 1100 0000，所以第二行地址为 0xC0。

LCD 模块接口有数据总线、数据和指令读写线。如果数据总线直接和微控制器相连，读/写信号和微控制器的读写信号相连，称为总线控制方式；如果 LCD 模块的 R/W、RS 引脚直接与单片机的 I/O 口相连，则称为 I/O 控制方式。

例 8.7　图 8-31 为采用 I/O 控制方式连接，RS、R/W、E 三个引脚分别连接到 P2.0～P2.2，VEE 连接滑动变阻器以调节背光亮度，D0～D7 通过上拉电阻连接到 P0 口，在液晶屏幕上输出字符。

C 语言程序：

```
/************************************************
* Description：LCD1602 显示字符,数字(IO 控制)
/************************************************ /
#include <reg51. h>
#include <intrins. h>
#define uchar unsigned char
#define uint unsigned int
```

```
#define LCD1602        P0
sbit rs = P2^0;
sbit rw = P2^1;
sbit e = P2^2;
/ ************************************************ /
void check_busy(void);
void write_command(uchar com);
void write_data(uchar dat);
void LCD_initial(void);
void string(uchar ad ,uchar * s);
void lcd_test(void);
void delay(uint);
void main(void)
{
LCD_initial();
while(1)
    {
    string(0x80," Hello,world!");
    string(0xc0," You are welcome!");
    delay(100);
    write_command(0x01);//清屏
    delay(100);
    }
}
//1ms 延时程序
void delay(uint ms)
{
    uint x,y;
    for(x=0;x<ms;x++)
    {
        for(y=0;y<=120;y++);
    }
}
//查忙程序
void check_busy(void)
{
uchar dt;
do
{
dt=0xff;
e=0;
rs=0;
rw=1;                          //设置读命令
```

```
        e = 1;
        dt = LCD1602;
    } while( dt&0x80 );
    e = 0;
}
//写控制指令
void write_command( uchar com )
{
    check_busy( );
    e = 0;
    rs = 0;
    rw = 0;
    LCD1602 = com;
    e = 1;
    _nop_( );
    e = 0;
    delay( 1 );
}
//写数据指令
void write_data( uchar dat )
{
    check_busy( );
    e = 0;
    rs = 1;
    rw = 0;
    LCD1602 = dat;
    e = 1;
    _nop_( );
    e = 0;
    delay( 1 );
}
//液晶屏初始化
void LCD_initial( void )
{
    write_command( 0x38 );//8 位总线,双行显示,5X7 的点阵字符
    write_command( 0x0C );//开整体显示,光标关,无黑块
    write_command( 0x06 );//光标右移
    write_command( 0x01 );//清屏
    delay( 1 );
}
//输出字符串
void string( uchar ad,uchar * s )
{
```

```
write_command(ad);
while( * s>0)
    {
    write_data( * s++);
    delay(100);
    }
}
```

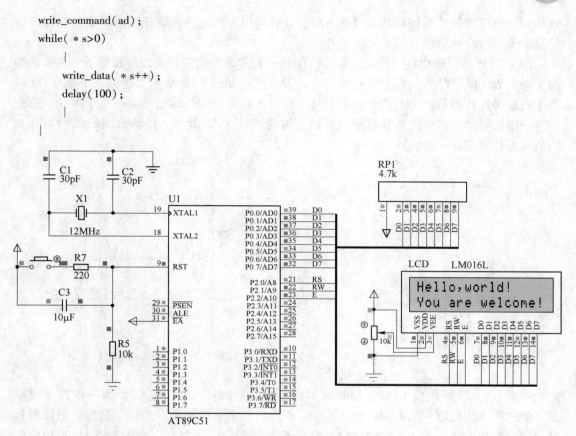

图 8-31　LCD1602 接线图

8.5　键盘接口

　　键盘是由若干个按键组成的，是向系统提供操作人员的干预命令及数据的接口设备。在单片机应用能够系统中，为了控制系统的工作状态，以及向系统中输入数据时，键盘是不可缺少的输入设备，它是实现人机对话的纽带。如：复位用的复位键、功能转换用的功能键、数据输入用的数字键盘等。

　　键盘按其结构形式可分为编码键盘和非编码键盘两种。

　　编码键盘通过硬件的方法产生键码，一般具有去抖动和多键、窜键保护电路，能自动识别按下的键并产生相应的键码值，以并行或串行的方式发送给 CPU，它接口简单，响应速度快，但需要专门的硬件电路。

　　非编码键盘通过软件的方法产生键码，它不需要专用的硬件电路，结构简单、成本低廉，但响应速度不如编码键盘快。为了减少复杂程度，节省单片机的 I/O 接口，在单片机应用系统中广泛采用非编码键盘。

8.5.1　键盘工作原理

　　键盘是由按键构成的，每一个按键都被赋予特定的功能，它们通过接口电路与单片机连接，当所设置的功能键或数字键按下时，计算机应用系统完成该按键所设定的功能，键信息输入是与软件结构密切相关的过程。

（1）去抖动。单片机中使用的键盘按键是一种常开型按钮开关，没有按下时，按键的两个触点处于断开状态，按下键时才闭合，开关电路如图 8-32 所示。按键按下或释放时，由于机械弹性作用的影响，闭合时不会马上稳定地接通，断开时也不会一下子断开，总会伴有一定的抖动，然后才达到稳定，其抖动波形如图 8-33 所示。抖动时间的长短与开关的机械特性有关，一般为 5~10ms。

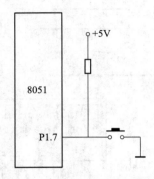

图 8-32　开关按键电路图

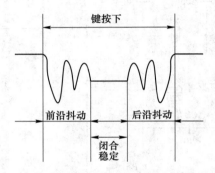

图 8-33　按键抖动波形示意图

在触点抖动过程中，CPU 会接收到不稳定的电平信号，会引起 CPU 对一次按下键或断开键进行多次处理，从而导致判断出错，因此，必须对按键采取去抖动措施。消除键抖动有硬件和软件两种方法，在键数较少时，可使用硬件去抖动，当键数较多时，采用软件去抖动。

硬件去抖方法：如滤波防抖电路、由 RS 触发器构成的双稳态去抖动电路。图 8-34 所示是一种双稳态 R-S 触发器构成的去抖动电路，触点抖动不会对其产生任何影响。按键没有按下时，A＝0，B＝1，输出 Q＝1；按键按下时产生抖动。当开关没有稳定到达 B 端时，因与非门 D 输出为 0 反馈到与非门 C 的输入端，封锁了与非门 C，双稳态电路的状态不会改变，输出保持为 1，输出 Q 端不会产生抖动的波形；当开关稳定到达 B 端时，因为 A＝

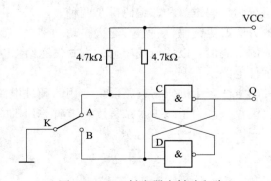

图 8-34　R-S 触发器去抖动电路

1，B=0，使 Q=0，双稳态电路状态发生翻转。当释放按键时，在开关没有稳定到达 A 端时，因 Q=0，封锁了与非门 D，双稳态电路状态不变，状态 Q 保持不变，消除了后沿的抖动波形；当开关稳定到达 A 端时，因 A=0，B=1，使 Q=1，双稳态电路状态发生翻转，输出 Q 重新返回原来的状态。可见，键盘输出经 R-S 触发器后，输出为规范的矩形波。

软件去抖法：在 CPU 检测到有按键按下时，先调用执行一段延时 10ms 左右的子程序，再检测此按键，若仍为按下状态电平，则 CPU 确认该键确实按下。同理，在检测到该键释放后也要延时 10ms 左右之后确认该键释放，才能转入键处理程序，从而消除抖动的影响。

（2）连击当按键在一次被按下的过程中，其相应程序被多次执行的现象称为连击。通常情况不允许连击，消除连击的方法：

方法 1：当判断出某按键被按下时，立刻转去执行该键相应的功能，然后判断按键被释放后才能返回。

方法 2：当判断出某按键被按下时，不立刻转去执行该键相应的功能，而是等待判断出该按键被释放后，再转去执行相应程序，然后返回。

8.5.2 独立式按键

独立式按键电路图如图 8-35 所示，上拉电阻保证了按键断开时，I/O 端口线有确定的高电平，当 I/O 口内部有上拉电阻时，外电路可以不接上拉电阻。独立式键盘的软件设计可采用中断或查询。中断方式下，按键通常连接到外部中断源，比如 INT0 或 INT1。编写软件程序时，需在主程序中将相应的中断允许打开，为中断服务做准备，各个按键的功能应在相应的中断子程序中完成；利用查询方式工作时，应先逐位查询每根 I/O 端口线的输入状态，假设某根 I/O 端口线的输入为低电平，可以确认该 I/O 口线所对应的按键已按下，继而转向该键的功能处理程序。

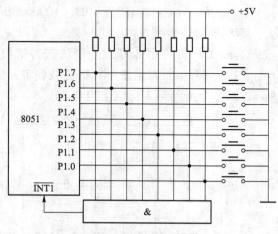

图 8-35 独立式按键电路图

8.5.3 矩阵式键盘

矩阵式键盘又称为行列式键盘。单片机系统中，当按键较多时，为了少占用 I/O 端口线，常采用矩阵式键盘。用 I/O 口线组成行、列结构，按键位于行线列线的交叉点，行列线分别连在按键开关的两端，行列线可以通过上拉电阻接电源，在无按键时处于高电平状态。

（1）矩阵式键盘的识别。

矩阵式键盘采用行列电路结构，列线为输入口，行线为输出口，当没有按键按下时，所有行线与列线断开，列线处于高电平状态；当有键按下时，该键对应的行、列线将短接导通，列线电平将由与其相连的行线电平决定。

矩阵式键盘的识别常采用逐行扫描法和线反转法。

逐行扫描法包括两步。第一步，粗扫描，判断有无键按下：从所有行线输出 0（称为全扫描字），然后读入列线输入口的状态，如果没有键按下，列线输入应该全部为 1，若有某个键按下，则列线输入为非全 1 信号；第二步，细扫描，判断哪个键按下：确认有键按下后，从第 0 行开始逐行输出 0（其余行为 1）进行扫描。每扫描一行都要读入列线状态，读入的列线全 1 时说明按键不在该列，有 0 则能判断出按下的键在哪一列。为防止双键或多键同时按下，可以逐行扫描到最后一行，若发现仅有一个按键，则为有效键，否则全部作废。

线反转法在硬件上要求行线和列线外接上拉电阻，并将行线和列线都并接到并行口上。第一步，将行线作为输出线，列线作为输入线。置输出线全部为 0，读入列线的值，此时列线中呈低电平 0 的为按键所在列，如果全部都不是 0，则没有按键按下。第二步，将行线和列线的输入、输出关系互换，即将列线作为输出线，行线作为输入线。置输出线全部为 0，此时行线呈低电平的为按键所在的行。这样，就可以确定了按键的行列位置。

（2）矩阵式键盘的编码。矩阵式键盘中，按键的位置由行号和列号唯一确定，这个编码称为键值。分别对行号和列号进行二进制编码，然后将两值合成一个字节，高 4 位是行号，低 4 位是列号。如图 8-36 中的 8 号键，位于第 2 行，第 0 列，按行列值编码高 4 位为 4（0100），低 4 位为 0（0000），合成一个字节编码为 40H（01000000B）。可见，这种编码方法键值不连续，跳跃性大，不利于散转指令对按键进行处理。因此，实际应用中多采用按顺序依次编号的方法对按键进行编码，可用计算或查表法获得键值，此时键值与键号一致，计算公式为：键值 = 行首值 + 列号。行首值由一行的键数确定，如 4×4 键盘每一行是 4 个按键，则行首值每次变 4，从第 0 行到第 3 行依次为 0、4、8、12。

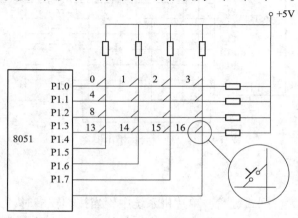

图 8-36　矩阵式键盘电路图

（3）矩阵式键盘程序设计。按键识别程序常被设计成函数或子程序，扫描法按键识别过程如下：

1）粗扫描，判别有无键被按下。行线送出扫描字 00H，读入列线状态，列线全部为 1 说明没有键被按下，反之说明有键按下。

2）延时抖动。当检测到有键按下后，软件延时 10ms 再次检测按键状态，再次检测仍有按键按下，则确认按键状态，否则认为是按键抖动，程序返回。

3）细扫描，计算键值。确定有键按下时，采用逐行扫描方法确定哪个键被按下。根据事先定义将按键的键值送入键值变量中保持。在返回键盘的键值前还需要检测按键是否释放，这样可以避免连击现象的出现，保证每次按键只做一次处理。

4）按键处理。根据按键的编码值，进行相应按键的功能处理。

例 8.8 利用 4×4 16 位键盘和一个 7 段数码管构成简单的输入显示系统，实现键盘输入和数码管显示。

（1）硬件电路。利用 P1 口接 4×4 矩阵键盘，P2 口接一个共阳极 7 段数码管，硬件电路如图 8-37 所示，当按下 6 号按键时，LED 上显示数字 6。其中 P1 口外接上拉电阻，P1.0~P1.3 作为行线，P1.4~P1.7 作为列线。

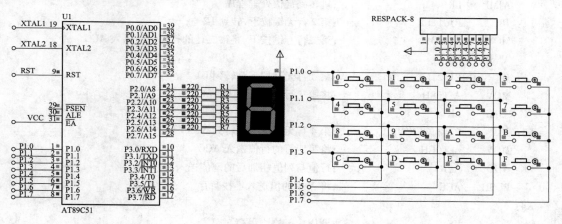

图 8-37 4×4 键盘电路图

（2）程序设计。程序流程如图 8-38 所示。首先进行键盘粗扫描，当检测到有键按下，延时去抖动，然后再次扫描，确认按键，进行行列扫描，计算键值，等待键释放后，显示键值。

汇编语言程序：

```
ORG   0000H
AJMP  START
START：
    MOV    DPTR,#TABLE      ;将表头放入 DPTR
    LCALL  KEY              ;调用键盘扫描程序
    MOVC   A,@ A+DPTR       ;查表后将键值送入 ACC
    MOV    P2,A             ;将 ACC 值送入 P0 口
```

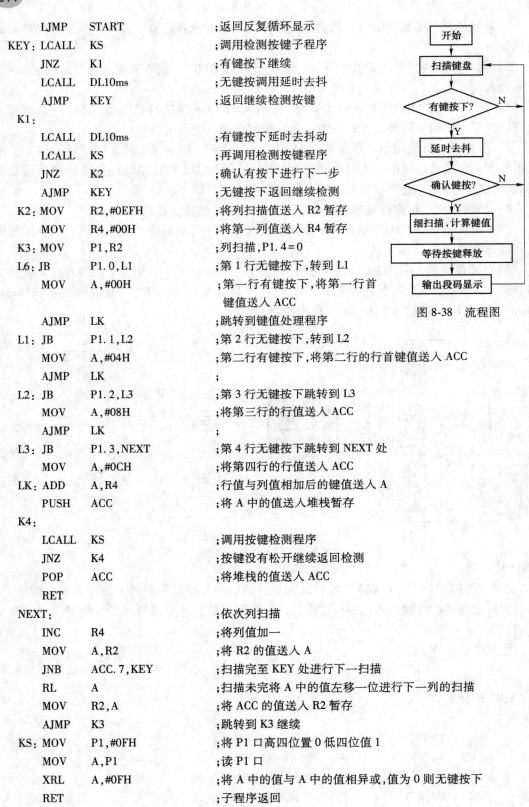

图 8-38　流程图

	LJMP	START	;返回反复循环显示
KEY：	LCALL	KS	;调用检测按键子程序
	JNZ	K1	;有键按下继续
	LCALL	DL10ms	;无键按调用延时去抖
	AJMP	KEY	;返回继续检测按键
K1：			
	LCALL	DL10ms	;有键按下延时去抖动
	LCALL	KS	;再调用检测按键程序
	JNZ	K2	;确认有按下进行下一步
	AJMP	KEY	;无键按下返回继续检测
K2：	MOV	R2,#0EFH	;将列扫描值送入 R2 暂存
	MOV	R4,#00H	;将第一列值送入 R4 暂存
K3：	MOV	P1,R2	;列扫描,P1.4＝0
L6：	JB	P1.0,L1	;第 1 行无键按下,转到 L1
	MOV	A,#00H	;第一行有键按下,将第一行首
			键值送入 ACC
	AJMP	LK	;跳转到键值处理程序
L1：	JB	P1.1,L2	;第 2 行无键按下,转到 L2
	MOV	A,#04H	;第二行有键按下,将第二行的行首键值送入 ACC
	AJMP	LK	;
L2：	JB	P1.2,L3	;第 3 行无键按下跳转到 L3
	MOV	A,#08H	;将第三行的行值送入 ACC
	AJMP	LK	;
L3：	JB	P1.3,NEXT	;第 4 行无键按下跳转到 NEXT 处
	MOV	A,#0CH	;将第四行的行值送入 ACC
LK：	ADD	A,R4	;行值与列值相加后的键值送入 A
	PUSH	ACC	;将 A 中的值送入堆栈暂存
K4：			
	LCALL	KS	;调用按键检测程序
	JNZ	K4	;按键没有松开继续返回检测
	POP	ACC	;将堆栈的值送入 ACC
	RET		
NEXT：			;依次列扫描
	INC	R4	;将列值加一
	MOV	A,R2	;将 R2 的值送入 A
	JNB	ACC.7,KEY	;扫描完至 KEY 处进行下一扫描
	RL	A	;扫描未完将 A 中的值左移一位进行下一列的扫描
	MOV	R2,A	;将 ACC 的值送入 R2 暂存
	AJMP	K3	;跳转到 K3 继续
KS：	MOV	P1,#0FH	;将 P1 口高四位置 0 低四位值 1
	MOV	A,P1	;读 P1 口
	XRL	A,#0FH	;将 A 中的值与 A 中的值相异或,值为 0 则无键按下
	RET		;子程序返回

```
DL10ms:                          ;10ms 延时去抖动子程序
        MOV    R6,#20     ;1 个机器周期
DLS1:   MOV    R5,#248    ;1 个机器周期
        NOP               ;1 个机器周期
DLS2:   DJNZ   R5,DLS2    ;2 个机器周期
        DJNZ   R6,DLS1    ;2 个机器周期
        RET               ;2 个机器周期
TABLE:                           ;七段显示器数据定义
    DB  0C0H,0F9H,0A4H,0B0H,99H ,92H,  82H, 0F8H,80H,  90H; 0-9
    DB  88H,  83H,  0C6H,  0A1H,86H ,8EH; A-F
    END
```

C 语言程序：

```c
#include <reg51.h>
#include<intrins.h>
#define uchar unsigned char
#define uint unsigned   int
/ ****************** 引脚定义 ****************** /
#define LED       P2
#define KEYPAD  P1
/ ****************** 函数声明 ****************** /
void delayms(uint);
uchar keyscan(void);
/ *************** 共阳数码管编码表 *************** /
uchar code seg[ ] = {0xc0,0xf9,0xa4,0xb0,0x99,0x92,0x82,0xf8,0x80,0x90,0x88,0x83,0xc6,0xa1,
0x86,0x8e};
/ ****************** 主函数 ****************** /
void main(void)
{
uchar key;
while(1)
    {
    key=keyscan();
    if(key!=16)
        LED=seg[key];
    }
}
/ ****************** 延时函数 ****************** /
void delayms(uint ms)
{
    uint x,y;
    for(x=0;x<ms;x++)
    {
```

```
            for(y=0;y<=120;y++);
        }
}
/ ******************** 键盘处理 ******************** /
uchar keyscan(void)
{
uchar    k=16;                              //k=16 表示未检测到按键
uchar    m,n,in;
KEYPAD=0xf0;                                //扫描所有行
if((KEYPAD&0xf0)! =0xf0)
    {
        delayms(10);                        //去抖动
        if((KEYPAD&0xf0)! =0xf0)            //确定有键按下
        {
            for(m=0;m<4;m++)                //行扫描
            {
            KEYPAD=~(0x01<<m);              //逐行扫描,逐行输出 0
             for(n=0;n<4;n++)               //逐列读入
                {
                in=KEYPAD;
                in=in>>(4+n);               //读入列,高 4 位,移到最低位
                if((in&0x01)= =0)
                    {
                    k=n+m*4;break;          //计算键值
                    }
                }
            if(k! =16){break;}              //有效按键,返回
            }
        while((KEYPAD&0xf0)! =0xf0);        //等待按键抬起
        }
        else
            k=16;
    }
return(k);
}
```

8.5.4   8255 扩展键盘显示器实例

单片机的实际控制系统中,往往需要同时使用键盘和显示器,为了节省 I/O 口线,可将键盘和显示器放在一起,构成实用的键盘、显示电路。

例 8.9   用 8255A 扩展并行键盘与显示器接口,PA 口通过驱动器 74LS245 接共阴极 LED 段选码,PB 口输出 LED 位选码,同时作为键盘的列输出信号,PC 接键盘行输入信号,电路如图 8-39 所示。系统在启动时显示 0~7,当有按键时,按键值显示在最左侧,

其余位自动右移，实现按键信息累计显示。

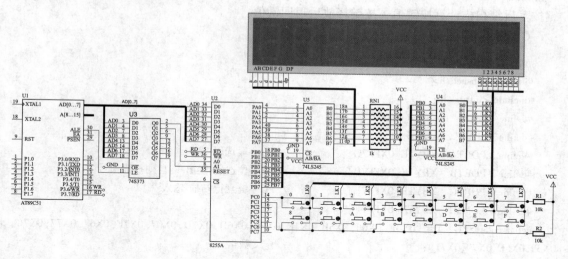

图 8-39 8255 键盘显示器接口电路图

（1）端口地址。将 8255 的 $\overline{CS}$ 接单片机 A7，A1、A0 接至单片机地址总线的 A1、A0，其他没接到 8255A 的地址线设为 1，则 8255A 的 4 个端口 PA 口、PB 口、PC 口、控制口的端口地址分别为 FF7CH、FF7DH、FF7EH、FF7FH。

（2）软件设计。软件流程如图 8-40 所示。图 8-40（a）是主程序，8255 首先初始化，然后进行按键扫描，检测到按键更新缓冲区，然后调用显示子程序。图 8-40（b）是显示程序，首先关闭 PB 消隐 LED，然后将缓存区段码送 PA 口，PB 输出对应位码，依次显示

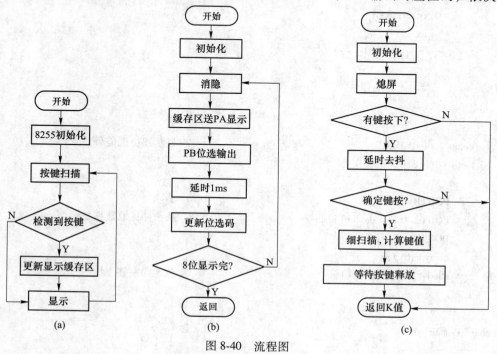

图 8-40 流程图

8 位。图 8-40（c）是按键扫描程序，初始化后熄屏，然后粗扫描，延时去抖动，确认有键按下后细扫描计算按键值，按键释放后返回键值。

C 语言参考程序：

```
#include "reg51.h"
#include <absacc.h>
#include <intrins.h>
#define   uchar   unsigned char
#define   uint    unsigned int
#define   PORTA  XBYTE[0XFF7C]        //PA---段选码-输出
#define   PORTB  XBYTE[0XFF7D]        //PB---位选码-输出-键盘列扫描信号
#define   PORTC  XBYTE[0XFF7E]        //PC---键盘行扫描-输入
#define   COMMD  XBYTE[0XFF7F]
uchar code SEG[] = {0X3F,0X06,0X5B,0X4F,0X66,0X6D,0X7D,0X07,0X7F,0X67,0X77,0X7C,
0X39,0X5E,0X79,0X71};                 //定义数组
uchar     data dspbuf[] = {0,1,2,3,4,5,6,7};
void      init8255()
{
    //10001001  初始化 PA、PB 方式 0,输出;PC 输入
    COMMD = 0X89;
}
void delayms(uint ms)
{
    uint x,y;
    for(x=0;x<ms;x++)
    {
        for(y=0;y<=120;y++);
    }
}
void disp()
{
    uchar i,slled=0XFE;                          //显示器位选信号
    for(i=0;i<8;i++)
    {
        PORTB = 0XFF;                            //消隐
        PORTA = SEG[dspbuf[i]];                  //从缓冲区取数据显示
        PORTB = slled;
        delayms(1);
        slled = _crol_(slled,1);                 //位选码左移 1 位
    }
}
uchar keyscan(void)
{
```

```
        uchar k = 16;                                  //k = 16 表示未检测到按键
        uchar slkey = 0XFE;                            //键盘列扫描信号
        uchar   m,in;
        PORTA = 0X00;                                  //熄灭
        PORTB = 0X00;                                  //粗扫描
        in = (PORTC&0x03);
        if( in! = 0X03)
            {
                delayms(10);
                if((PORTC&0x03)! = 0X03)               //确认按键
                {
                    for(m = 0;m<8;m++)                 //细扫描,求键值
                    {
                        uchar   in1;
                        PORTB = slkey;                 //列扫描
                        in1 = (PORTC&0x03);            //读入 C 口 PC1/PC0
                        switch(in1)
                            {
                            case(0x02):k = m;break;    //第一行键值与列值相等
                            case(0x01):k = m+8;break;  //第二行键值等于列值+8
                            default:
                                { k = 16;   break;}
                            }
                        slkey = _crol_(slkey,1);       //扫描字左移 1 位
                        if(k! = 16) break;             //检测到按键,跳出
                    }
                }
                while((PORTC&0x03)! = 0X03);           //等待按键抬起
            }
        else
            k = 16;
        return(k);
}
void main()
{
    uchar   kpad;
    init8255();
    while(1)
        {
            kpad = keyscan();
            if(kpad! = 16)                             //检测到按键,更新缓冲区
                {
                    dspbuf[7] = dspbuf[6];
```

```
                    dspbuf[ 6 ] = dspbuf[ 5 ];
                    dspbuf[ 5 ] = dspbuf[ 4 ];
                    dspbuf[ 4 ] = dspbuf[ 3 ];
                    dspbuf[ 3 ] = dspbuf[ 2 ];
                    dspbuf[ 2 ] = dspbuf[ 1 ];
                    dspbuf[ 1 ] = dspbuf[ 0 ];
                    dspbuf[ 0 ] = kpad;
                }
            disp( );
        }
    }
```

（3）仿真。将程序在 KEIL C 中编译后，在 Proteus 中加载 HEX 文件到 AT89C51 CPU 中，运行电路原理图进行仿真，如图 8-41 所示。系统在启动时显示 0~7，当连线按下 "1" 和 "F" 按键后，LED 显示 F1012345，按键值显示在最左侧，其余位自动右移，实现按键信息累计显示。

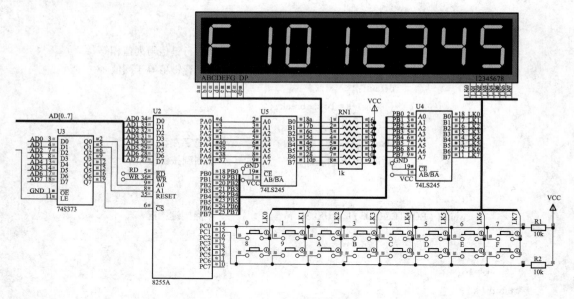

图 8-41　按键显示仿真图

8.6　A/D　接　口

在自动控制系统中，被控或被测量对象通常是一些连续变化的模拟量，这些量需要转换为单片机能处理的数字信号；单片机的处理结果，也常需要转换成模拟量驱动相应的执行机构，实现对被控制对象的控制。能实现模拟量转换为数字量的设备称为模数转换器 ADC；相反，能实现数字量转换为模拟量的设备称为数模转换器 DAC。

ADC 是一种能把输入模拟电压变成与它成正比数字量的器件。按其原理可分为积分型、逐次逼近型、并行比较型/串并行型、Σ-Δ 调制型、电容阵列逐次比较型及压频变换型。

8.6.1 AD 转换器的主要技术指标

描述 AD 转换器的性能指标有分辨率、转换速率、量化误差及输出数字量格式等。

（1）分辨率（resolution）：指数字量变化一个最小量时模拟信号的变化量，定义为满刻度与 2^n 的比值。分辨率又称精度，通常以数字信号的位数来表示。

（2）转换速率（conversion rate）：是指完成一次从模拟转换到数字的 AD 转换所需的时间的倒数。积分型 AD 的转换时间是毫秒级属低速 AD，逐次比较型 AD 是微秒级属中速 AD，全并行/串并行型 AD 可达到纳秒级。采样时间则是另外一个概念，是指两次转换的间隔。为了保证转换的正确完成，采样速率（sample rate）必须小于或等于转换速率。因此有人习惯上将转换速率在数值上等同于采样速率也是可以接受的。常用单位是 ksps 和 Msps，表示每秒采样千/百万次（kilo/million samples per second）。

（3）量化误差（quantizing error）。由于 AD 的有限分辨率而引起的误差，即有限分辨率 AD 的阶梯状转移特性曲线与无限分辨率 AD（理想 AD）的转移特性曲线（直线）之间的最大偏差。通常是 1 个或半个最小数字量的模拟变化量，表示为 1LSB、1/2LSB。

（4）偏移误差（offset error）。输入信号为零时输出信号不为零的值，可外接电位器调至最小。

（5）满刻度误差（full scale error）。满度输出时对应的输入信号与理想输入信号值之差。

8.6.2 ADC0809

8.6.2.1 ADC0809 的内部结构及引脚

ADC0809 是一种 8 路模拟输入的 8 位逐次逼近式 A/D 转换器件，由八路模拟开关、8 位 A/D 转换器、三态输出锁存器和地址锁存译码器组成，如图 8-42 所示。

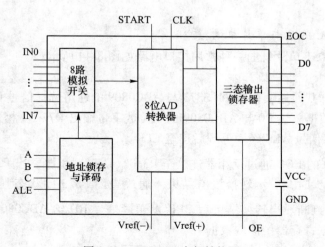

图 8-42　ADC0809 内部结构图

　　ADC0809 片内 8 路模拟开关根据地址译码信号来选择 8 路模拟输入，共用一个 A/D 转换器进行转换。地址锁存译码电路完成对 A、B、C 三个地址位进行锁存和译码，其译码输出用于选择某个通道与 8 位 A/D 转换器接通，完成该路模拟信号的转换，三态输出锁存器用于存放和输出转换后的数字量，当 OE 引脚变为高电平时，就可以从三态输出锁存器中取出 A/D 转换结果。

　　ADC0809 是 28 条引脚的 DIP 封装，引脚图如图 8-43 所示，其引脚功能如下所述：

　　IN0~IN7：8 路模拟输入通道，用于输入被转换的模拟电压。

　　D7~D0：8 位数字量输出。

　　A、B、C：模拟输入通道地址选择线。

　　ALE：地址锁存允许，高电平有效，当出现由低电平跳变为高电平时将通道地址锁存至地址锁存器，经译码后控制 8 路模拟开关工作。

　　START：启动 A/D 转换信号，上升沿使芯片内部复位，为 A/D 转换作准备，下降沿时启动一次 A/D 转换。

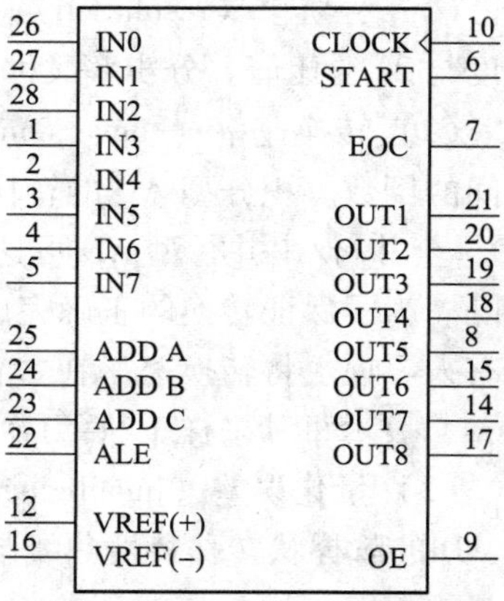

　　EOC：转换结束信号，START 的上升沿使 EOC 变为低电平，表示 A/D 转换正在进行，A/D 转换结束，EOC 变为高电平，用于向单片机申请中断或查询。

图 8-43　ADC0809 引脚图

　　OE：输出允许信号，高电平有效，此时打开输出三态门，将转换后的数字量送到数据总线。

　　CLK：时钟输入，可由单片机地址锁存信号 ALE 分频得到，要求频率范围在 10kHz~1280kHz，典型值为 640kHz。

　　VCC：+5V 电源输入线。

　　GND：地线。

　　Vref（+）、Vref（-）：参考电压输入线，用于内部 D/A 转换，一般 Vref（+）接 +5V。

8.6.2.2　ADC0809 与单片机的接口

ADC0809 与 8051 单片机的一种常用接口电路如图 8-44 所示。

具体连接为：

（1）P0.2~P0.0 通过锁存器 74LS373 与 ADC0809 的通道选择信号 C、B、A 相连。

（2）8051 的数据总线 P0 与 ADC0809 的 8 位数字量输出 D7~D0 相连。

（3）地址锁存信号 ALE 经 2 分频后连至 CLK。

（4）ADC0809 的 EOC 通过反相器连接至 P3.3（$\overline{INT1}$）引脚。当 P3.3=0 时，表示转换结束；当 P3.3=1 时，表示转换没有结束。通过查询 P3.3 的状态判断是否转换结束，或者通过中断进行判断。当转换结束后 CPU 发送读信号 $\overline{RD}$ 给 ADC0809 的输出允许控制信号 OE，从其数据寄存器中读取数据。

（5）START 与 ALE 信号由 P2.7 与 8051 的 $\overline{WR}$ 进行或非运算后产生。启动 A/D 转换

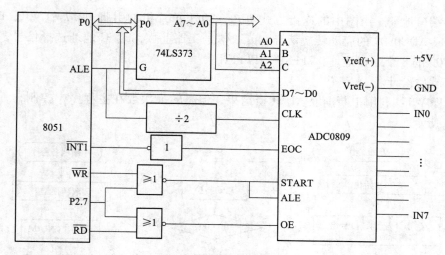

图 8-44   ADC0809 接口电路

时，只要 P2.7=0，而其他地址线可取任意值，如果没有使用到的地址线均取 1，则 8 路模拟量输入通道地址为：7FF8H~7FFFFH。

（6）OE 由 P2.7 与 8051 的 $\overline{\text{RD}}$ 进行或非运算后产生。当查询到 P3.3=0，即 A/D 转换结束后，向 ADC0809 发出允许输出信号 OE。

对 ADC0809 的 IN0 通道进行读写用 MOVX 指令实现：

```
MOV      DPTR,#07FF8H      ;选择通道 IN0
MOVX     @DPTR,A           ;WR 信号有效,启动 A/D 转换
MOVX     A,@DPTR           ;RD 信号有效,CPU 从数据线上读取数据
```

8.6.2.3　转换数据传送的方式

A/D 转换后的数据采取哪种方式传送给单片机取决于如何确认 A/D 转换完成。通常可采用以下三种方式：

（1）定时传送方式。对于一种特定的 A/D 转换器来说，其转换时间是已知的、固定的。比如，ADC0809 的转换时间为 $128\mu s$，可根据这个时间来设计一个延时子程序。单片机启动 A/D 转换后就调用这个延时子程序，使转换器有足够的时间进行转换，然后读取转换结果即可。

（2）查询方式。将转换结束信号 EOC 连至 I/O 口线上，启动 A/D 转换后，不断查询这位的状态，当查询到它转换为有效电平后进行后续操作。当 EOC 为低电平时，表示转换没有结束，继续查询；当 EOC 变为高电平时，表示转换结束，可读取转换结果。

（3）中断方式。把转换结束信号 EOC 作为中断请求信号，经反相器接至外部中断 $\overline{\text{INT0}}$ 或 $\overline{\text{INT1}}$ 端口上。A/D 转换结束后，EOC 变为高电平，反相后为低电平，向单片机提出中断申请。单片机响应中断请求后，在中断服务程序中读取转换结果。

例 8.10　单片机 A/D 转换硬件连接如图 8-45 所示，要求对 8 路模拟量输入信号进行检测，并将采集的数据存入片内数据存储器 40H~47H 单元。

（1）端口地址。由图中的连接方式可知，8051 单片机的引脚 P2.7 和 $\overline{WR}$、$\overline{RD}$ 信号的组合形成 ADC0809 的启动转换信合、读取信号，加上 A、B、C 地址选择信号，可以得到 ADC0809 的 8 个端口地址：7FF8H～7FFFH。

（2）软件设计。

示例程序 1：利用中断读取 AD 转换结果，但是转换次数在主程序中控制，程序流程如图 8-45 所示。

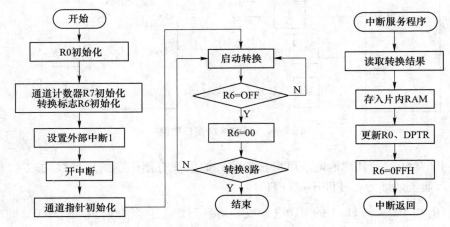

图 8-45　中断方式 1 程序流程图

```
        ORG     0000H
        LJMP    START
        ORG     0013H
        LJMP    INT_R1
        ORG     0100H
START:
        MOV     SP,#60H             ;设堆栈指针
        MOV     R0,#40H             ;设片内 RAM 首地址
        MOV     R7,#08              ;通道计数器
        MOV     R6,#00H             ;存放 A/D 转换标志字
        SETB    IT1                 ;外部中断 1 为边沿触发
        SETB    EX1                 ;开放外部中断 1
        SETB    EA                  ;开 CPU 中断
        MOV     DPTR,#7FF8H         ;指向 ADC0809 的通道 IN0
LOOP:
        MOVX    @DPTR,A             ;启动 A/D 转换
WAIT:
        CJNE    R6,#0FFH,WAIT       ;单路转换未结束,等待
        MOV     R6,#00H             ;A/D 转换后,清除标志位
        DJNZ    R7,LOOP             ;采样 8 路
        SJMP    $
```

;利用中断方式读取单路转换结果
INT_R1:
    MOVX   A,@ DPTR   ;读 A/D 转换结果
    MOV   @ R0,A   ;存入片内 RAM 单元
    INC   R0   ;指向下一个存储单元
    INC   DPTR   ;下一个转换通道
    MOV   R6,#0FFH   ;置 A/D 转换结束标志
    RETI   ;中断返回
    END

    示例程序2：利用中断读取 AD 转换结果，主程序进行初始化后启动 AD 转换，转换次数在中断服务程序中控制，程序流程如图 8-46（a）所示。

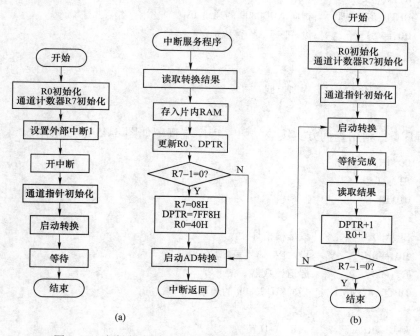

(a)   (b)

图 8-46　中断方式2程序流程图(a)和 查询方式流程图(b)

    ORG   0000H
    LJMP   START
    ORG   0013H
    LJMP   INT_R1
    ORG   0100H
START：
    MOV   SP,#60H   ;设堆栈指针
    MOV   R0,#40H   ;设片内 RAM 首地址
    MOV   R7,#08   ;通道计数器
    SETB   IT1   ;外部中断 1 为边沿触发
    SETB   EX1   ;开放外部中断 1

```
    SETB    EA                  ;开 CPU 中断
    MOV     DPTR,#7FF8H         ;指向 ADC0809 的通道 IN0
    MOVX    @DPTR,A             ;启动 A/D 转换
WAIT:
    SJMP    $
INT_R1:
    MOVX    A,@DPTR             ;读 A/D 转换结果
    MOV     @R0,A               ;存入片内 RAM 单元
    INC     R0                  ;指向下一个存储单元
    INC     DPTR                ;下一个转换通道
    DJNZ    R7,LOOPZ            ;采样 8 路
    MOV     R7,#08
    MOV     DPTR,#7FF8H         ;指向 ADC0809 的通道 IN0
    MOV     R0,#40H             ;设片内 RAM 首地址
LOOPZ:
    MOVX    @DPTR,A
    RETI                        ;中断返回
    END
```

示例程序 3：利用查询方式读取结果，程序流程图如图 8-45（b）所示。

```
    ORG     0000H
    LJMP    START
    ORG     0100H
START:
    MOV     SP,#60H             ;设堆栈指针
    MOV     R0,#40H             ;设片内 RAM 首地址
    MOV     R7,#08              ;通道计数器
    MOV     DPTR,#7FF8H         ;指向 ADC0809 的通道 IN0
LOOP:
    MOVX    @DPTR,A             ;启动 A/D 转换
WAIT:
    JB      P3.3,WAIT           ;等待转换结束
    MOVX    A,@DPTR             ;读取转换结果
    MOV     @R0,A               ;存入片内 RAM
    INC     R0
    INC     DPTR
    DJNZ    R7,LOOP             ;采集 8 个通道
    SJMP    $
    END
```

（3）仿真。将程序在 KEIL C 中编译后，在 Proteus 中加载 HEX 文件到 AT89C51 CPU 中，运行电路原理图进行仿真，如图 8-47 所示。由于仿真时单片机 ALE 信号限制，对 ADC0809 的 CLOCK 信号，直接使用一个 500KHz 的时钟信号作为输入，模拟信号共有 8

路输入，其中 4 路模拟输入电压由滑动变阻器产生，另外 4 路输入直流电压信号。仿真时调节滑动变阻器分别输入 2.5V、1.25V、5V 信号等。为了验证仿真结果，在仿真电路中增加了 8 个虚拟电压表，直接测量 ADC0809 输入的 8 路输入电压。

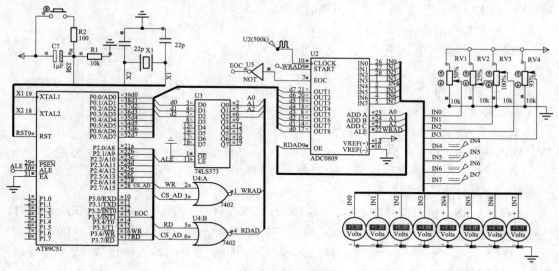

图 8-47　电路仿真

在 Proteus 中点击"Debug"→"Watch Window"，在弹出的"Watch Window"窗口中点击右键，选择"Add Items（By Address）..."，弹出"Add Memory Item"窗口，在"Address"选择框中填入 0×40，然后点击"Add"按钮，则 RAM 存储区的 40H 单元被加入到"Watch Window"窗口，可以在调试运行过程中观察单片机内部存储器的状态。如图 8-48 所示，观察 40H~47H 储存器的内容，分别对应 ADC0809 的 8 个输入通道所采样的模拟量输入信号。例如 40H 单元 AD 转换后的数值为 128，对应外部输入通道 IN0 的输入电压为 2.5V，41H 的数值 64 对应外部通道 IN1 的输入电压为 1.25V。

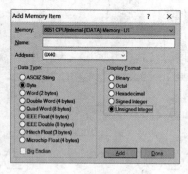
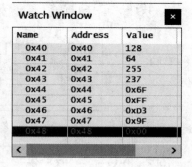

图 8-48　存储器观察窗口

8.6.3　串行 A/D 芯片 TLC549

TLC549 是 8 位串行 A/D 转换器芯片，可与通用微处理器、控制器通过 CLK、CS、

DATA OUT 三条口线进行串行接口。具有 4MHz 片内系统时钟和软、硬件控制电路，转换时间最长为 17μs，TLC549 为 40000 次/s。总失调误差最大为 ±0.5LSB，典型功耗值为 6mW。采用差分参考电压高阻输入，抗干扰，可按比例量程校准转换范围，VREF−接地，VREF+−VREF−≥1V，可用于较小信号的采样。

（1）引脚（如图 8-49 所示）。

REF+：正基准电压输入 2.5V ≤ REF + ≤ VCC +0.1。

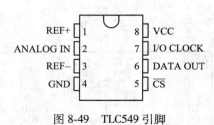

REF−：负基准电压输入端，−0.1V ≤ REF − ≤ 2.5V。且要求：（REF+)−(REF−)≥1V。

/CS：芯片选择输入端，要求输入高电平 VIN ≥ 2V，输入低电平 VIN≤0.8V。

图 8-49　TLC549 引脚

DATAOUT：转换结果数据串行输出端，与 TTL 电平兼容，输出时高位在前，低位在后。

ANALOG IN：模拟信号输入端，0≤ANALOGIN≤VCC，当 ANALOGIN≥REF+电压时，转换结果为全"1"（0FFH），ANALOGIN≤REF−电压时，转换结果为全"0"（00H）。

I/O CLOCK：外接输入/输出时钟输入端，同于同步芯片的输入输出操作，无需与芯片内部系统时钟同步，I/O 时钟频率可达 1.1MHz。

VCC：系统电源 3V≤VCC≤6V。

GND：接地端。

（2）时序。图 8-50 所示为 TLC549 的时序，从图中可以看出，当片选信号 $\overline{CS}$ 为低电平时，ADC 的前一次转换数据（A）的最高位 A7 立即出现在数据线 DATA_OUT 上，之后的数据在时钟 I/O_CLOCK 的下降沿改变，可在 I/O_CLOCK 上升沿读取数据。在第 4 个 I/O CLOCK 信号由高至低的跳变之后，片内采样/保持电路对输入模拟量采样开始，第 8 个 I/O CLOCK 信号的下降沿使片内采样/保持电路进入保持状态并启动 A/D 开始转换。转换时间为 36 个系统时钟周期，最大为 17μs。如果片选信号置为高电平，ADC 开始采样、保持、转换、锁存转换结果，以便下一次读取。

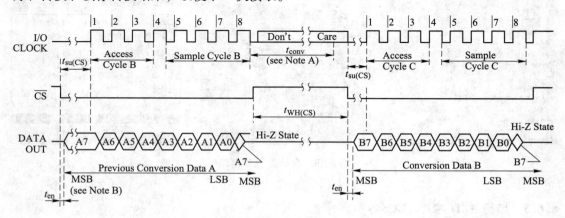

图 8-50　时序图

自 TLC549 的 I/O CLOCK 端输入 8 个外部时钟信号期间需要完成以下工作：读入前次

A/D 转换结果；对本次转换的输入模拟信号采样并保持；启动本次 A/D 转换开始。在进行采样控制时，要注意操作时序之间的时间间隔要足够长，以使 ADC 能完成其相应的工作。如：$t_{SU}(CS)$ 为 $\overline{CS}$ 拉低到低电平后 I/O_CLOCK 第一个时钟到来时的时间，至少要 1.4μs；t_{CONV} 为 ADC 的转换时间，至少要 17μs。

（3）与单片机接口。单片机与 TLC549 通过 CLK、CS、DATA OUT 三线串行接口方式连接，AIN 接入待转换电压，P0 口接 8 个 LED 显示转换后的数字量，为观察方便，接入虚拟电压表读取输入信号电压，如图 8-51 所示。

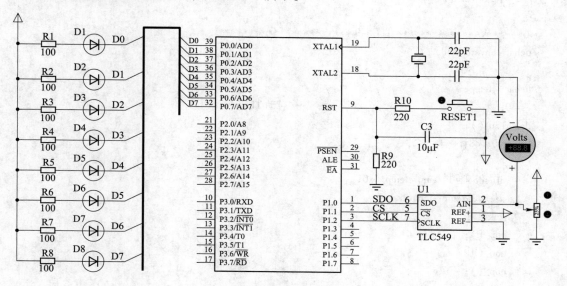

图 8-51 单片机与 TLC549 接口电路

（4）程序设计。

```
#include<reg51. h>
#include<intrins. h>
#define uchar unsigned char          //数据类型宏定义
#define uint unsigned int
/ ****************** 引脚定义 ****************** /
#define led P0
sbit sdo=P1^0;
sbit cs=P1^1;
sbit sclk=P1^2;
/ ****************** 延时函数 ****************** /
void delayms( uint ms)
{
    uint x,y;
    for(x=0;x<ms;x++)
    {
        for(y=0;y<=120;y++);
```

```
            }
    }
void delay17us(void)
{
    _nop_();_nop_();_nop_();_nop_();_nop_();
    _nop_();_nop_();_nop_();_nop_();_nop_();
    _nop_();_nop_();_nop_();_nop_();_nop_();
    _nop_();_nop_();
}
/ ******************** TLC549 ********************* /
uchar convert(void)
{
uchar i,temp;
cs=0;                                      //启动 TLC549
delay17us();
for(i=0;i<8;i++)
    {
      if(sdo==1)temp=temp|0x01;
      if(i<7)temp=temp<<1;
      sclk=1;
      nop_();
      nop_();
      nop_();
      sclk=0;
      _nop_();
      nop_();
    }
cs=1;
return(temp);                              //返回转换结果
}
/ ******************** 主函数 ********************* /
void main()
{
uchar result;
led=0;
cs=1;
sclk=0;
sdo=1;
while(1)
    {
      result=convert();                    //读取转换结果
      led=result;                          //显示转换结果
      delayms(1000);                       //延时
```

（5）仿真。仿真效果如图 8-52 所示，调节滑动变阻器阻值，当调节到 25% 输入阻值，输入电压为 1.25V，LED 显示转变的数字量为 0100000B，即 40H，转换结果正确。

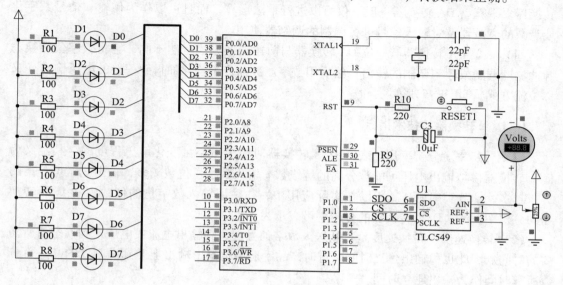

图 8-52　TLC549 仿真图

8.7　D/A 接 口

D/A 转换器是单片机应用系统与外部模拟对象的一种重要控制接口。单片机输出的数字信号必须经过 D/A 转换器，变换成模拟信号后，才能输出模拟量驱动被控对象，这种能够把数字信号转换成模拟信号的器件称为数/模转换器（DAC，digital to analog converter）。D/A 转换器是模拟量输出通道的核心，负责数字量与模拟量间的转换。

DA 转换器的内部电路构成无太大差异，一般按输出是电压还是电流、能否作乘法运算等进行分类。

（1）电压输出型。电压输出型 DA 转换器虽有直接从电阻阵列输出电压的，但一般采用内置输出放大器以低阻抗输出。直接输出电压的器件仅用于高阻抗负载，由于无输出放大器部分的延迟，故常作为高速 DA 转换器使用。

（2）电流输出型。电流输出型 DA 转换器很少直接利用电流输出，大多外接电流-电压转换电路得到电压输出：一是只在输出引脚上接负载电阻而进行电流-电压转换，二是外接运算放大器。用负载电阻进行电流-电压转换的方法，虽可在电流输出引脚上出现电压，但必须在规定的输出电压范围内使用，而且由于输出阻抗高，所以一般外接运算放大器使用。此外，大部分 CMOS DA 转换器在输出电压不为零时不能正确动作，所以必须外接运算放大器。

当外接运算放大器进行电流电压转换时，则电路构成基本上与内置放大器的电压输出型相同，这时由于在 DA 转换器的电流建立时间上加入了算放入器的延迟，响应变慢。此外，这种电路中运算放大器因输出引脚的内部电容而容易起振，有时必须作相位补偿。

（3）乘算型。DA 转换器中有使用恒定基准电压的，也有在基准电压输入上加交流信号的，后者由于能得到数字输入和基准电压输入相乘的结果而输出，因而称为乘算型 DA 转换器。乘算型 DA 转换器一般不仅可以进行乘法运算，而且可以作为使输入信号数字化地衰减的衰减器及对输入信号进行调制的调制器使用。

（4）一位 DA 转换器。一位 DA 转换器与前述转换方式全然不同，它将数字值转换为脉冲宽度调制或频率调制的输出，然后用数字滤波器作平均化而得到一般的电压输出（又称位流方式），用于音频等场合。

8.7.1　D/A 转换器的技术指标

（1）分辨率。分辨率用于表征 D/A 转换器对输出微小量变化敏感程度的。其定义为 D/A 转换器模拟输出电压可能被分离的等级数。输入数字量位数越多，输出电压可分离的等级越多，即分辨率愈高。所以在实际应用中，往往用输入数字量的位数表示 D/A 转换器的分辨率。n 位 D/A 转换器的分辨率可表示为 $1/(2^n-1)$。

（2）转换速度。转换速度是指从送入数字信号起，到输出电流或电压达到稳态值所需要的时间。因此也称输出建立时间。有时产品手册上也给出输出上升到满刻度的某一百分数所需时间作为输出建立时间。

（3）温度系数。在输入不变的情况下，输出模拟电压随温度变化产生的变化量。一般用满刻度输出条件下温度每升高，输出电压变化的百分数作为温度系数。

（4）非线性误差。D/A 转换器的非线性误差定义为实际转换特性曲线与理想特性曲线之间的最大偏差，并以该偏差相对于满量程的百分数度量。转换器电路设计一般要求非线性误差不大于±1/2LSB。

8.7.2　DAC0832

DAC0832 是采用 CMOS 工艺制成的单片直流输出型 8 位数/模转换器。双列直插封装 20 引脚，采用单电源供电，从+5～+15V 均可正常工作，基准电压范围为±10V。

DAC0832 主要性能参数：（1）分辨率为 8 位；（2）转换时间为 1μs；（3）参考电压为±10V；（4）单电源为+5～+15V；（5）功耗为 20mW。

8.7.2.1　DAC0832 的内部结构及引脚功能

DAC0832 的内部结构及引脚如图 8-53（a）（b）所示。由 8 位输入寄存器、8 位 DAC 寄存器、8 位 D/A 转换器以及控制逻辑电路组成，采用二次缓冲方式，这样可以在输出的同时，输入下一个数据，以提高转换速度。两个 8 位寄存器输出控制逻辑电路由三个与门组成，该逻辑电路的功能是进行数据锁存控制，当 $\overline{LE}=0$ 时，输入数据被锁存；当 $\overline{LE}=1$ 时，锁存器的输出跟随输入的数据。数据进入 8 位 DAC 寄存器，经 8 位 D/A 转换电路，就可以输出和数字量成正比的模拟电流。DAC0832 内部没有运算放大器，并且输出的是电流，使用时需外接运算放大器才能得到模拟输出电压。

DAC0832 芯片的引脚功能如下描述：

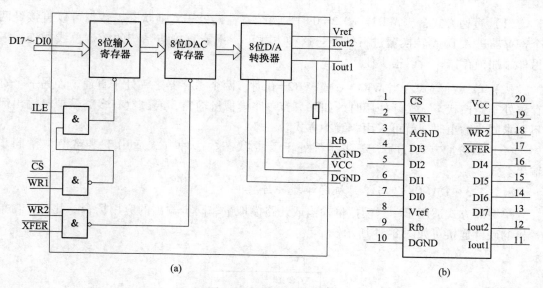

图 8-53 DAC0832 结构

(a) DAC0832 内部结构图;(b) DAC0832 的引脚图

DI7～DI0:8 位数字量输入线,TTL 电平,其作用为送需转换的数字量至 DAC0832。

ILE:输入锁存允许信号,高电平有效。

$\overline{CS}$:片选信号,低电平有效,与 ILE 信号结合,可对 $\overline{WR1}$ 是否起作用进行控制。

$\overline{WR1}$:输入寄存器的写选通输入信号,低电平有效。当 $\overline{CS}$、ILE 有效,且 $\overline{WR1} = 0$ 时,为输入寄存器直通方式;当 $\overline{CS}$、ILE 有效,且 $\overline{WR1} = 1$ 时,DI7～DI0 的数据被锁存至输入寄存器,为输入寄存器锁存方式。

$\overline{XFER}$:数据传送控制信号,低电平有效,可作为地址线使用。

$\overline{WR2}$:DAC 寄存器的写选通输入信号,低电平有效。当 $\overline{WR2} = 0$,$\overline{XFER} = 0$ 时,输入寄存器的内容传送至 DAC 寄存器中;当 $\overline{WR2} = 0$,$\overline{XFER} = 1$ 时,为 DAC 寄存器直通方式;当 $\overline{WR2} = 1$,$\overline{XFER} = 0$ 时,为 DAC 寄存器锁存方式。

Iout1、Iout2:输出电流 1、输出电流 2。当输入数据为全 1 时,Iout1 端电流最大,Iout2 端电流最小;当输入数据为全 0 时,Iout1 端电流最小;Iout1 端电流和 Iout2 端电流之和为一常数。

Rfb:反馈电阻输入引脚。由于反馈电阻在芯片内部,Rfb 可以直接接到外部运算放大器的输出端,相当于将反馈电阻接在运算放大器的输入端和输出端之间。

Vref:基准电压输入端,用作 D/A 转换的基准电压,可在-10～+10V 范围内选取。

VCC:电源电压,可在+5～+15V 范围内选取,通常取+5V。

AGND:模拟地。

DGND:数字地。

8.7.2.2 DAC0832 的工作方式

DAC0832 利用 $\overline{WR1}$、$\overline{WR2}$、$\overline{XFER}$、ILE 控制信号可以构成 3 种工作方式:

（1）直通方式：当 $\overline{WR1}=\overline{WR2}=0$ 时，两个寄存器处于常通状态，数据可以直接经两个寄存器进入 D/A 转换器进行转换。这种方式下，不能直接与系统的数据总线相连，需另外添加锁存器，所以很少使用。

（2）单缓冲方式：当 $\overline{WR1}=0$ 或 $\overline{WR2}=0$ 时，两个寄存器之一处于直通，而另一个寄存器处于受控状态。实际使用时，如果只有一路模拟量输出，或虽然有多路模拟量输出但不要求同步输出时，就可采用单缓冲方式。

（3）双缓冲方式：两个寄存器都处于受控状态。这种方式适用于多路模拟量同步输出。

8.7.2.3　DAC0832 与单片机的单缓冲连接

单缓冲方式适用于一路模拟量输出或几路模拟量非同步输出的应用场合。此时，与单片机的硬件连接可如图 8-54 所示。

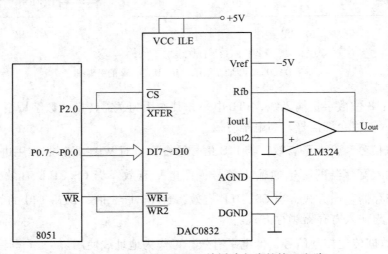

图 8-54　8051 与 DAC0832 单缓冲方式的接口电路

（1）数据总线的连接。8051 的 P0 口连至 DAC0832 的数据线 DI7～DI0。

（2）地址线的连接。8051 的 P2.0 连至 DAC0832 的 $\overline{CS}$、$\overline{XFER}$，DAC0832 的地址只要满足 P2.0＝0 即可，可见地址不唯一，如果将没有使用的地址线设为 1，则 DAC0832 的地址为 FEFFH。

（3）控制线的连接。输入锁存信号 ILE 一般直接接+5V 电源，处于恒有效状态；8051 的写信号 $\overline{WR}$ 连至 DAC0832 的 $\overline{WR1}$ 和 $\overline{WR2}$。

（4）输出端的连接。因为 DAC0832 是电流输出型的 D/A 芯片，所以其输出端接运算放大器，由运算放大器产生输出电压，图示中采用了内置反馈电阻，若输出幅度不足，可以外接反馈电阻，也可增加运放。

（5）电源、地的连接。DAC0832 的参考电压 Vref 接－5V，VCC 接＋5V；AGND、DGND 分别接模拟地和数字地。

图中这种硬件连接构成了两个寄存器同时受控的单缓冲方式，其实还有另外两种接法，可以使得两个寄存器中任意一个直通，另一个受控，这两种连接方法为：

（1）ILE 接+5V，$\overline{\text{CS}}$ 接地，$\overline{\text{XFER}}$ 接地址线（作为片选），8 位输入寄存器直通，8 位 DAC 寄存器受控；

（2）ILE 接+5V，$\overline{\text{XFER}}$ 接地，$\overline{\text{CS}}$ 接地址线（作为片选），8 位 DAC 寄存器直通，8 位输入寄存器受控。

8.7.2.4 DAC0832 与单片机的双缓冲连接

双缓冲方式适用于多路模拟量同时输出的应用场合，此时，输入寄存器的锁存信号和 DAC 寄存器的锁存信号分开控制，每一路模拟量输出需要一片 DAC0832，多路输出就需要多片 DAC0832 进行同步输出。

例 8.11 单片机 D/A 转换硬件连接如图 8-55 所示，试编程实现将单片机输出的数字量通过 DAC0832 转换成模拟量，并从运算放大器 LM324 输出锯齿波和三角波。

（1）输出模拟电压 U_{out} 与输入数字量 D 呈线性比例关系：$U_{out} = \dfrac{5V}{2^8} \times D = \dfrac{5V}{256} \times D$。CPU 对 DAC0832 的操作与操作外部 RAM 一样，使用 MOVX 指令。采用两级同时受控方式，P2.0 作为 DAC0832 的片选，端口地址为 FEFFH。CPU 输出的数字量从 0 开始，每次加 1，直到加到最大值 FFH，再加 1 重新变为 0，每次数字量输出转换成对应的模拟量输出，即可得到锯齿波。

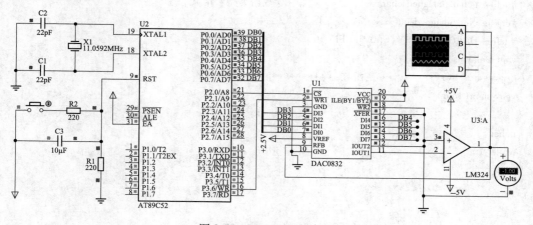

图 8-55 DAC0832 电路图

（2）程序设计。

锯齿波程序（汇编）：

```
ORG     0000H
        MOV     A,#00H          ;赋转换初值
        MOV     DPTR,#0FEFFH    ;DAC0832 的地址
LOOP:   MOVX    @DPTR,A         ;进行 D/A 转换
        INC     A
        NOP
        NOP
        SJMP    LOOP            ;循环输出
```

```
        END
```

三角波程序（汇编）：

```
        ORG     0000H
        MOV     A,#00H          ;赋转换初值
        MOV     DPTR,#0FEFFH    ;DAC0832 的地址
LOOP1:MOVX      @ DPTR,A        ;进行 D/A 转换
        INC     A               ;上升段
        JNZ     LOOP1           ;没上升到最大值则继续
LOOP2：DEC      A               ;下降段
        MOVX    @ DPTR,A        ;D/A 转换
        JNZ     LOOP2           ;没下降到最小值则继续
        SJMP    LOOP1
        END
```

锯齿波程序（C 语言）：

```c
#include "reg51. h"
#include <absacc. h>
#define uchar unsigned char          //数据类型宏定义
#define uint unsigned int
#define DAC0832   XBYTE[0x0FEFF]
void Delayms(uint ms);
/ ****************** 主函数 ********************/
void main(void)
{
uchar i;
while(1)
    {
        for(i=0;i<255;i++)
        {
            DAC0832=i;
            Delayms(1);
        }
    }
}
/ ****************** 延时函数 ******************/
void Delayms(uint ms)
{
    uint x,y;
    for(x=0;x<=ms;x++)
    {
        for(y=0;y<=120;y++);
    }
```

```
}
```

　　三角波程序（C 语言）：

```
#include " reg51. h"
#include <absacc. h>
#define uchar unsigned char              //数据类型宏定义
#define uint unsigned int
#define   DAC0832   XBYTE ［0x0FEFF］
void Delayms（uint ms）;
/ ******************** 主函数 ********************* /
void main（void）
{
uchar i;
while（1）
    {
        for（i=0; i<255; i++）
        {
            DAC0832=i;
            Delayms（1）;
        }
        for（i=255; i>0; i--）
        {
            DAC0832=i;
            Delayms（1）;
        }
    }
}
/ ******************** 延时函数 ******************** /
void Delayms（uint ms）
{
    uint x, y;
    for（x=0; x<=ms; x++）
    {
        for（y=0; y<=120; y++）;
    }
}
```

　　（3）仿真。系统硬件电路如图 8-55 所示，为了观察输出信号，在 LM324 的输出端添加了一个直流电压表和一个虚拟数字示波器。将程序编译生成 HEX 文件后，加载到单片机系统，电路运行时直流电压表显示 LM324 输出的实时电压；在 "Proteus" 软件中点击 "Debug" → "Digital Oscilloscope"，弹出数字示波器界面，调节纵坐标通道 A 的电压单位以及横坐标时间单位，使得波形能够清晰显示在观测界面中。图 8-56 分别显示了锯齿波和三角波的波形。

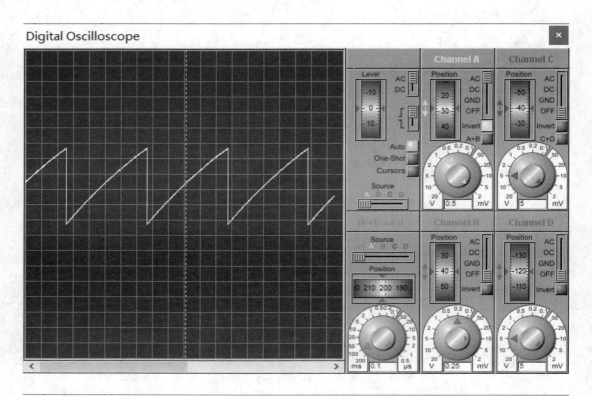

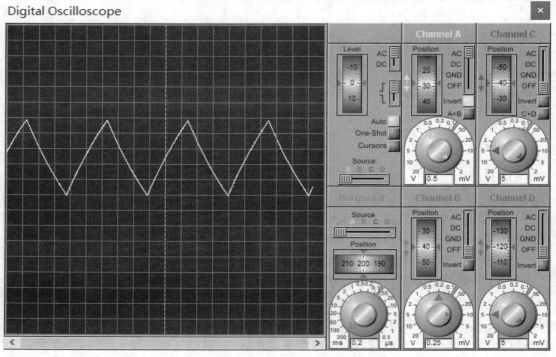

图 8-56 三角波与锯齿波仿真波形

例 8.12 用单片机与两片 DAC0832 输出图形显示器的 X、Y 偏转信号。

分析： 双缓冲方式的连接与单缓冲方式的连接，除了片选信号与传送控制信号外全部相同。两片 DAC0832 的输入寄存器分别由两个不同的片选信号进行连接，也就是首先将两路数据由不同的片选信号分别送入 DAC0832 的输入寄存器；而两片 DAC0832 的 DAC 寄存器的传送控制信号 $\overline{\text{XFER}}$ 同时由一个片选信号控制，这样当选通 DAC 寄存器时，各自输入寄存器的数据就可以同时进入各自的 DAC 寄存器，以达到同时进行转换、同步输出的目的。具体连接如图 8-57 所示。

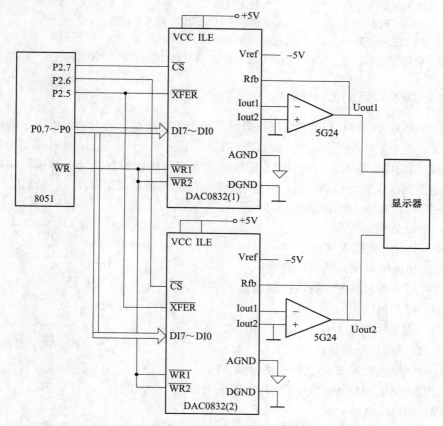

图 8-57 8051 与 DAC0832 双缓冲方式的接口电路

单片机地址总线的 P2.7 接 DAC0832(1) 的 $\overline{\text{CS}}$。

单片机地址总线的 P2.6 接 DAC0832(2) 的 $\overline{\text{CS}}$。

单片机地址总线的 P2.5 接 DAC0832(1)、DAC0832(2) 的 $\overline{\text{XFER}}$。

采用这种方式连接后：

DAC0832(1) 输入寄存器的地址只需保证 P2.7 = 0 即可，其他地址线取 1，则为 7FFFH。

DAC0832(2) 输入寄存器的地址只需保证 P2.6 = 0 即可，其他地址线取 1，则为 BFFFH。

　　DAC0832(1)、DAC0832(2)的 DAC 寄存器地址只需保证 P2.5＝0 即可，其他地址线取 1，则为 DFFFH。

　　参考程序如下：

```
MOV    DPTR,#7FFFH     ;指向 DAC0832(1)的输入寄存器
MOV    A,#DATAX        ;X 方向的数值
MOVX   @DPTR,A         ;X 数值送 DAC0832(1)输入寄存器
MOV    DPTR,#0BFFFH    ;指向 DAC0832(2)的输入寄存器
MOV    A,#DATAY        ;Y 方向的数值
MOVX   @DPTR,A         ;Y 数值送 DAC0832(2)输入寄存器
MOV    DPTR,#0DFFFH    ;指向两片 DAC0832 的 DAC 寄存器
MOVX   @DPTR,A         ;X、Y 送入 DAC 寄存器,同时进行 D/A 变换
```

8.7.3　串行 D/A 芯片 TLC5615

　　TLC5615 是具有串行接口的数模转换器，其输出为电压型，最大输出电压是基准电压值的两倍。带有上电复位功能，即把 DAC 寄存器复位至全零。只需要通过 3 根串行总线就可以完成 10 位数据的串行输入，易于和工业标准的微处理器或微控制器（单片机）接口，适用于电池供电的测试仪表、移动电话，也适用于数字失调与增益调整以及工业控制场合。

　　（1）引脚。TLC5615 引脚如图 8-58 所示，包括：

DIN：串行数据输入端。

SCLK：串行时钟输入端。

/CS：芯片选用通端，低电平有效。

DOUT：用于级联时的串行数据输出端。

AGND：模拟地。

REFIN：基准电压输入端，2V～(VDD−2)。

OUT：DAC 模拟电压输出端。

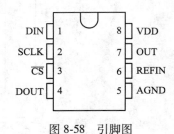

图 8-58　引脚图

VDD：正电源端，4.5～5.5V，通常取 5V。

　　（2）内部结构。TLC5615 内部结构如图 8-59 所示，包括：

　　1）10 位 DAC 电路；

　　2）一个 16 位移位寄存器，接受串行移入的二进制数，有一个级联的数据输出端 DOUT；

　　3）10 位并行输入输出 DAC 寄存器，为 10 位 DAC 电路提供待转换的二进制数据；

　　4）电压跟随器为参考电压端 REFIN 提供很高的输入阻抗，大约为 10MΩ；

　　5）OUT 输出端提供最大值为 2 倍于 REFIN 的输出；

　　6）上电复位电路和控制电路。

　　从上图可以看出 TLC5615 的两种工作方式：（1）16 位移位寄存器分为高 4 位虚拟位、低 2 位填充位以及 10 位有效位。在单片 TLC5615 工作时，只需要向 16 位移位寄存器按先后输入 10 位有效位和低 2 位填充位，2 位填充位数据任意，这是第一种方式，即 12 位数据序列。（2）第二种方式为级联方式，即 16 位数据列，可以将本片的 DOUT 接到下一片的 DIN，需要向 16 位移位寄存器按先后输入高 4 位虚拟位、10 位有效位和低 2 位填充位，由于增加了高 4 位虚拟位，所以需要 16 个时钟脉冲。

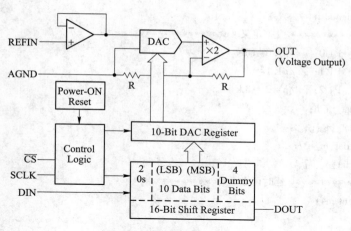

图 8-59 TLC5615 内部结构

（3）时序。TLC5615 工作时序如图 8-60 所示。只有当片选/CS 为低电平时，串行输入数据才能被移入 16 位移位寄存器。当/CS 为低电平时，在每一个 SCLK 时钟的上升沿将 DIN 的一位数据移入 16 位移寄存器。注意，二进制最高有效位被导前移入。接着，CS 的上升沿将 16 位移位寄存器的 10 位有效数据锁存于 10 位 DAC 寄存器，供 DAC 电路进行转换；当片选 CS 为高电平时，串行输入数据不能被移入 16 位移位寄存器。CS 的上升和下降都必须发生在 SCLK 为低电平期间。

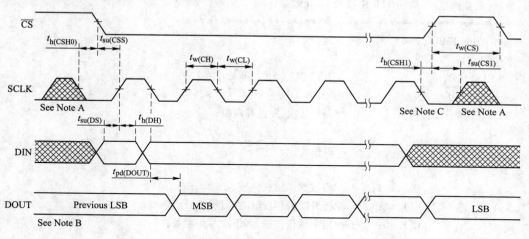

图 8-60 TLC5615 时序图

（4）与单片机接口。TLC5615 与单片机接口电路如图 8-61 所示。将 TLC5615 的 DIN、CS、SCLK 分别与单片机的 P1.0、P1.1、P1.2 相连，通过滑动变阻器提供一个可调节的基准电压。为了方便观察输出信号，在 OUT 端接了虚拟直流电压表和一个示波器。

（5）程序设计。

```
#include<reg52. h>
#include<intrins. h>
#define uchar unsigned char            //数据类型宏定义
```

```
#define uint unsigned int
/ ******************** 引脚定义 ******************** /
sbit    DIN =   P1^0;   //p1.0=DIN
sbit    CS  =   P1^1;   //p1.1=CS
sbit    CLK =   P1^2;   //p1.2=CLk
uchar  bdata dat_in_h;
uchar  bdata dat_in_l;
sbit    h_7 = dat_in_h^7;
sbit    l_7 = dat_in_l^7;
/ ******************** 延时函数 ******************** /
void delayms( uint ms)
{
    uint x,y;
    for( x=0;x<ms;x++)
    {
        for( y=0;y<=120;y++);
    }
}
/ *********************************************
*** 函数名:void Write_12Bits( )
*** 功能描述:一次向 TLC 中写入 12bit 数据;
/ ********************************************* /
void Write_12Bits( void)
{ uchar i;
  CLK = 0;                  //置零 CLK,为写 bit 做准备;
  CS=0;
  for( i=0;i<2;i++)         //循环 2 次,发送高两位;
  {
      if( h_7)              //高位先发;
            {
            DIN = 1;        //将数据送出;
            CLK=1;          //提升时钟,写操作在时钟上升沿触发;
            CLK=0;          //结束该位传送,为下次写作准备;
            }
      else
            {
            DIN = 0;
            CLK = 1;
            CLK = 0;
            }
      dat_in_h <<= 1;
  }
  for( i=0;i<8;i++)         //循环八次,发送低八位;
```

```
    {
        if(l_7)
            {
            DIN = 1;      //将数据送出;
            CLK = 1;      //提升时钟,写操作在时钟上升沿触发;
            CLK = 0      ;//结束该位传送,为下次写作准备;
            }
        else
            {
            DIN = 0;
            CLK = 1;
            CLK = 0;
            }
        dat_in_l <<= 1;
    }
    for(i=0;i<2;i++)        //循环 2 次,发送两个虚拟位;
    {
        DIN = 0;
        CLK = 1;
        CLK = 0;
    }
    CS = 1;
    CLK = 0;
}
/ ***************************************************
*** 函 数 名:void TLC5615_Start(uint dat_in)
*** 功能描述:启动 DAC 转换;
/ *************************************************** /
void TLC5615_Start(uint dat_in)
{
    dat_in % = 1024;
    dat_in_h = dat_in/256;
    dat_in_l = dat_in%256;
    dat_in_h <<= 6;
    Write_12Bits();
}
/ ******************** 主函数 ******************** /
void main()
{
    uint temp=0;
    while(1)
    {
    TLC5615_Start(temp);
```

```
      temp+=2;
      delayms(5);
    }
  }
```

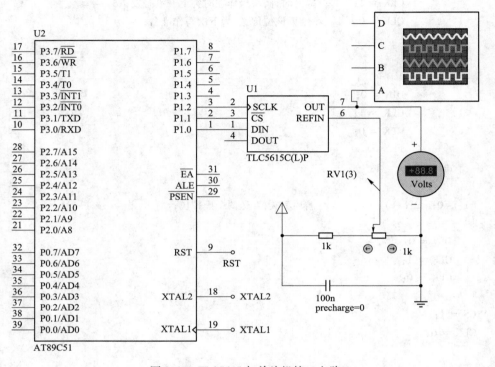

图 8-61   TLC5615 与单片机接口电路

（6）仿真。调节滑动变阻器使得参考电压为 2V，TLC5615D/A 转换器输出信号如图 8-62 所示，直流电压表显示当前输出电压为 3.66V，调节示波器时间基准和电压基准，可

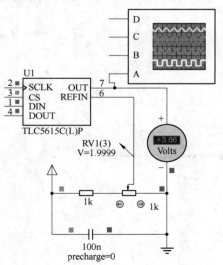

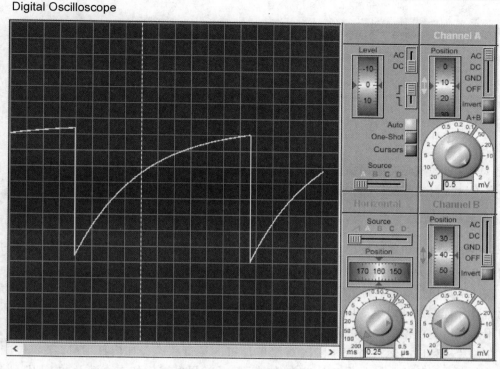

图 8-62　TLC5615 输出锯齿波仿真图

查看 OUT 端输出的锯齿波。在程序中调节步进值 temp 大小以及延时时间，可改变输出锯齿波的周期。

8.8 思 考 题

1. 单片机系统扩展有哪两种方法？

2. 画出 8051 单片机扩展 1 片 6264 和 1 片 2764 的接线图，并写成各扩展芯片的存储地址范围。

3. 8255 与 8051 单片机如何连接，接口地址有哪几个？

4. 七段 LED 如何显示数字？

5. LED 如何实现静态显示和动态显示？

6. LCD 可以显示哪些信息，与 8051 接口如何连接？

7. 按键采用软件方法如何去抖动？

8. 矩阵式按键如何行列扫描识别按键值？

9. AD 转换器的主要技术指标有哪些？

10. ADC0809 如何与单片机连接？

11. 参考书中实例，设计电路，编写程序从运算放大器 LM324 输出周期可调的锯齿波。

9 单片机嵌入式系统开发

9.1 单片机应用系统开发过程

以单片机为核心的应用系统是嵌入式系统的一种，具有代表性和广泛的应用性。单片机自己不具备自主开发能力，必须借助开发工具编制、调试、下载程序或对器件编程。

9.1.1 开发工具

一个单片机应用系统从提出任务到正式投入运行的过程称为单片机的开发过程，开发所用的设备就称为开发工具。单片机的开发工具分软件工具和硬件工具。

软件工具包括编译程序，软件仿真器等。编译程序将用户编写的汇编语言、C 语言或其他语言源程序翻译成单片机可执行的机器码。软件仿真器提供虚拟的单片机运行环境，在通用计算机上模拟单片机的程序运行过程；软件仿真器具有单步、连续、断点运行等功能，在单片机程序的运行过程中随时观测单片机的运行状态，如内部 RAM 某单位的值，特殊功能寄存器的值，外部设备的动作状态，显示效果等。例如本书涉及的 KEIL C 开发工具和 Proteus 仿真软件是优秀的编译、仿真平台，能仿真大部分单片机和周边设备，可快速进行硬件系统模拟、软件系统开发、程序编译和调试、动作过程仿真等功能。

硬件工具主要有在线仿真器，编程器等。

在线仿真器是单片机开发系统中的一个主要部分。单片机在线仿真器自己就是一个单片机系统，它具有与所要开发的单片机应用系统相同的单片机型号。所谓仿真，就是用在线仿真器中的具有"透明性"和"可控性"的单片机来取代应用系统中的单片机工作，通过开发系统控制这个"透明的""可控性"的单片机的运行，即用开发系统的资源来仿真应用系统。这是软件和硬件一起综合排除故障的一种先进开发手段。所谓在线，就是仿真器中单片机运行和控制的硬件环境与应用系统单片机实际环境完全一致。在线仿真的方法，就是使单片机应用系统在实际运行环境中，实际外围设备情况下，用开发系统仿真，调试。

编程器的作用是将程序代码写入芯片。在使用仿真器将用户程序调试完毕后，需要使用编程器将调试好的程序写入单片机芯片中，写好程序的 CPU 脱离仿真系统能独立运行。

9.1.2 单片机应用系统开发过程

（1）明确任务。分析了解项目整体需求，综合考虑系统使用环境、可靠性要求、可维护性和产品成本等因素，制定可行的性能指标。

（2）划分软件和硬件功能。单片机的系统是由软件和硬件两部分组成的。在应用系统中，有些功能可以通过硬件或软件来实现。硬件的使用可以提高系统的实时性和可靠性；

软件的使用可以降低系统成本，简化硬件结构。因此，在统筹考虑时，必须综合分析上述因素，合理制定软硬件任务的比例。

（3）确定微控制器和其他关键组件。根据硬件设计任务，选择能满足系统要求且性价比高的单片机等关键器件，如 A/D、D/A 转换器、传感器、放大器等。这些器件需要满足对系统精度、速度和可靠性的要求。

（4）硬件设计。根据整体设计要求，以及选用的单片机和关键器件，采用 Altium Designer、Proteus、ORCAD 等软件设计应用系统的电路原理图。

（5）软件设计。在总体系统设计和硬件设计的基础上，确定软件系统的程序结构，划分功能模块，然后进行各模块的程序设计。

微控制器编程语言可以分为三类：

机器语言：又称二进制目标代码，是唯一能被 CPU 硬件直接识别的语言（其代码的含义在 CPU 设计时已经确定）。人们希望计算机执行的所有操作，最终都必须转换成相应的机器语言，才能被 CPU 识别和控制。不同的 CPU 系列对它们的机器语言代码有不同的含义。

汇编语言：由于机器语言必须转换成二进制代码描述，不方便记忆、使用和直接编写程序。为此，产生了对应于机器语言的汇编语言。用汇编语言编写的程序执行速度快，占用存储单元少，效率高。

高级语言：高级语言具有良好的可读性，使程序的编写和操作非常方便。目前广泛使用的高级语言是 C51。

注意：汇编语言和高级语言都必须翻译成机器语言才能被 CPU 识别。

（6）仿真调试。软硬件设计完成后，就要进入两者的集成调试阶段。为避免资源浪费，在生成实际电路板之前，可以使用 Keil C51 和 Proteus 软件进行软硬件系统仿真，出现问题后也可以及时修改。

（7）系统调试。系统仿真完成后，使用绘图软件根据电路原理图绘制 PCB（printed circuit board），即印制电路板图，然后将 PCB 图交给相关厂家生产电路板。拿到电路板后，为了方便更换器件和修改电路，可以先在电路板上焊接所需的芯片座，用编程器将程序写入单片机，进行系统联调。在系统调试阶段，有可能发现软件功能、硬件电路设计方面的缺陷或错误，这时需要重新设计，直至调试成功。

（8）交付使用。测试检验符合要求后，将系统交由用户试用，并对实际出现的问题进行修改完善，完成系统开发。

9.2 单片机 Proteus 开发应用举例

9.2.1 步进电机转速控制仪设计

（1）任务需求。通过按键实现控制步进电机的启停、转向和速度调节，并通过数码管显示当前步进电机的运行状态。

（2）步进电机基础知识。步进电机（stepping motor）又称为脉冲电动机，是将电脉冲信号转换为相应的角位移或直线位移的电磁机械装置，也是一种输出机械位移增量与数字脉冲对应的增量驱动器件。在非超载情况下，步进电机的转速、停止的位置值取决于脉冲信号的频率和脉冲数，不受负载变化的影响，加之步进电机只有周期性的误差无累积误差等特点，使得步进电机在速度、位置控制等领域的控制非常简单。虽然步进电机应用广泛，但它并不像普通的直流和交流电机那样在常规状态下使用，它必须由双环形脉冲信号、功率驱动电路等组成控制系统后方可使用。当步进驱动器接收到一个脉冲信号，它就驱动步进电机按设定的方向转动一个固定的角度，称为"步距角"，它的旋转是以固定的角度一步一步运行的。

可以通过控制脉冲个数来控制角位移量，从而达到准确定位的目的；同时可以通过控制脉冲频率来控制电机转动的速度和加速度，从而达到调速的目的。

现在比较常用的步进电机包括反应式步进电机（VR）、永磁式步进电机（PM）、混合式步进电机（HB）等。

反应式步进电机一般为三相，可实现大转矩输出，步距角一般为 1.5°，但噪声和振动都很大。反应式步进电机的转子磁路由软磁材料制成，定子上有多相励磁绕组，利用磁导的变化产生转矩。

永磁式步进电机一般为两相，转矩和体积较小，步距角一般为 7.5° 或 15°，多用于空调风摆。

混合式步进电机是指混合了永磁式和反应式的优点，它又分为两相和五相混合式，三相混合式，四相混合式。两相、四相步距角一般为 1.8°，具有体积小、大力矩、低噪声的特点。

五相步距角一般为 0.72°，步距角小，分辨率高，这种步进电机的应用最为广泛。三相混合式步进电机步距角为 1.2°。

（3）步进电机工作原理。步进电动机有三线式、五线式、六线式三种，但其控制方式均相同，必须以脉冲电流来驱动。若每旋转一圈以 200 个励磁信号来计算，则每个励磁信号前进 1.8°，其旋转角度与脉冲的个数成正比。步进电机的正、反转由励磁脉冲信号产生的顺序来控制。六线四相制步进电机是比较常见的，它的电路接线如图 9-1 所示，它的 4 条励磁信号引线 A、B、C、D，通过控制着 4 条引线上励磁脉冲产生的时刻，即可控制步进电机的转动。每出现一个脉冲信号，步进电机就转动一步，因此，只要不断依次送出脉冲信号，步进电机就能够实现连续转动。

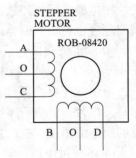

图 9-1 六线四相制步进电机接线图

步进电动机的励磁方式可分为全部励磁及半步励磁，其中全步励磁又有一相励磁及二相励磁之分，而半步励磁又称一-二相励磁。四相步进电机按照各相通电顺序的不同，可分为单四拍、双四拍、八拍三种工作方式。

1）一相励磁法（单四拍）：在每一瞬间步进电机只有一个线圈导通。每送出一个励磁信号，步进电机旋转 1.8°。特点为：消耗电力小，精确度良好，但转矩小，振动较大。若以一相励磁法控制步进电动机正转，其励磁时序如图 9-2 所示，励磁顺序：A→B→C→D→A。若励磁信号反向传送，则步进电动机反转。

2）二相励磁法（双四拍）：在每一瞬间会有两个线圈同时导通，每送出一个励磁信

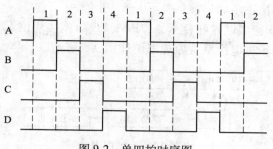

图 9-2 单四拍时序图

号，步进电机旋转 1.8°。特点：其转矩大，振动小，故为目前用最多的励磁方式。若以二相励磁法控制步进电动机正转，其励磁时序如图 9-3 所示，励磁顺序：AB→BC→CD→DA→AB。若励磁信号反向传送，则步进电动机反转。

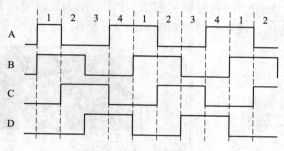

图 9-3 双四拍时序图

3）一-二相励磁法（八拍）：为一相与二相轮流交替导通，每送出一个励磁信号，步进电机旋转 0.9°。特点：分辨率提高，且运转平滑，故亦广泛被采用。若以一相与二相励磁法控制步进电动机正转，其励磁时序如图 9-4 所示，励磁顺序：A→AB→B→BC→C→CD→D→DA→A。若励磁信号反向传送，则步进电动机反转。

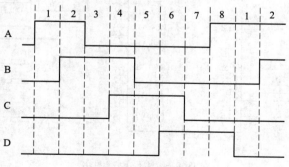

图 9-4 八拍时序图

（4）总体方案。步进电机控制模块采用的是六线四相步进电机，通过二相励磁法（双四拍）方式驱动。当单片机控制步进电机时，通过对每组线圈中的电流的顺序切换来使电机作步进式旋转。切换是通过单片机输出脉冲信号来实现的，所以调节脉冲信号的频率就可以改变步进电机的转速，改变各相脉冲的先后顺序，就可以改变电机的转向。步进电机的转速应由慢到快逐步加速。

　　硬件电路选用 8155 扩展键盘和显示器，PB、PC 口连接 4 位 LED 数码管，PA 口连接四个按键。典型的控制步进电机系统原理框图如图 9-5 所示。

图 9-5　系统框图

　　（5）电路原理图设计。通过单片机的 P1 的低四位口作为步进电机的驱动控制线，为了保证足够的电流，该端口扩展 1 个 ULN2003；采用四位一体的共阳数码管动态显示当前的转向和转速档。通过接口扩展芯片 8155 来进行按键的扫描和显示，8155 的 PA 口进行步进电机启停、转向、加速、减速按键的扫描；PB 口作为数码管的段选信号输出，PC 作为数码管的位选信号输出。硬件电路原理图如图 9-6 所示。

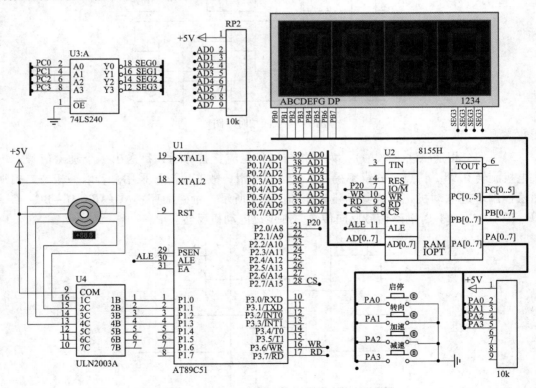

图 9-6　电路原理图

　　（6）软件设计。步进电机控制模块程序主要包括主程序（如图 9-7 所示），功能键（启停、转向）扫描处理子程序，定时器 0 的 1ms 精确定时中断服务子程序（如图 9-8 所示），速度键（加速、减速）扫描处理子程序，数码管显示子程序等，相关流程图如下。

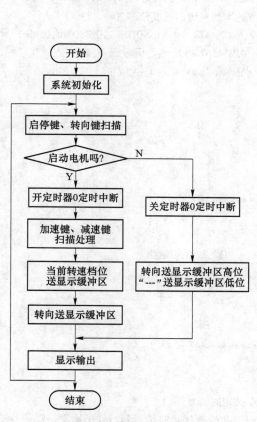

图 9-7 主程序流程图

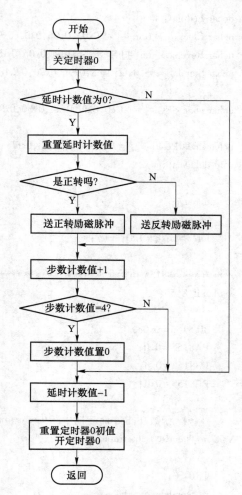

图 9-8 定时器 0 中断服务程序

```
#include<reg51. h>
#include<ABSACC. H>
#define    uchar     unsigned char
#define    uint      unsigned int
#define    ML8155    XBYTE[0x7ff0]              //8155 命令字寄存器
#define    PA8155    XBYTE[0x7ff1]              //8155 的端口 A
#define    PB8155    XBYTE[0x7ff2]              //8155 的端口 B
#define    PC8155    XBYTE[0x7ff3]              //8155 的端口 C
uchar Speed_NO;                                //速度档位
uchar Phase_num;                               //当前相序
uchar Stepdelay;                               //速度延时暂存
uchar bn;                                      //显示缓冲计数
bit Strart;                                    //启停标志位 1:启动;0:停止
bit Direction;                                 //旋转方向标志位 1:正转;0:反转
```

```
uchar Ledplay[4];                               //显示数据存放缓存区
uchar Clockwise_run[4] = {0x03,0x06,0x0c,0x09};  //正转:AB-BC-CD-DA
uchar Reversed_run[4] = {0x09,0x0c,0x06,0x03};   //反转:AD-DC-CB-BA
uchar Stepdel[] = {0xfa,0xc8,0x96,0x7d,0x64,0x4b,0x32,0x28,0x1e,0x19,0x14,0x0f,0x0a};
                                                //速度档对应的速度延时 Xms
uchar code SEG[] = {0xc0,0xf9,0xa4,0xb0,0x99,0x92,0x82,0xf8,0x80,0x90,0xc7,0x88,0xff,0xbf};
                                                //0123456789LR -:数码段码
uchar code Position[] = {0xfe,0xfd,0xfb,0xf7};   //显示位选码,显示 1~4 位
void delayms(int x)
{
    uchar i;
    while(x--)
    for(i=0;i<=120;i++);
}
/ ********* 8155 初始化 ***************************** /
void Init_8155()
{
    ML8155 = 0x0e;                               //A 口输入,B、C 输出
    PA8155 = 0xff;
    PB8155 = 0xff;
    PC8155 = 0xff;
}
/ ******** 函数功能:1ms 定时中断 ******************** /
void myTimer0() interrupt 1 using 1
{
    TR0 = 0;                                     //关定时器 0
    if(Stepdelay == 0)                           //当前的速度延时是否到? 到了则重新赋值并进
                                                //  行换相
    {
        Stepdelay = Stepdel[Speed_NO-1];
        if(Direction == 0)                       //左转
            {
            P1 = Clockwise_run[Phase_num];
            }
        if(Direction == 1)                       //右转
            {
            P1 = Reversed_run[Phase_num];
            }
        Phase_num++;
        if(Phase_num >= 4)                       //相位切换一轮结束,从头开始
        {Phase_num = 0;}
    }
    Stepdelay--;                                 //当前的速度延时未到,速度延时减一
```

```c
    TH0 = 0xFC;                              //定时器重新赋值
    TL0 = 0x18;
    TR0 = 1;                                 //开定时器 0
}
/ ******** 函数功能:功能键(启停、转向)扫描处理 *********** /
void Function_key( void)
{
    if( ( PA8155&0x03)! = 0x03)              //是否有键按下?
    {
        delayms( 5) ;                        //延时去抖
        if( ( PA8155&0x03)! = 0x03)          //确认有键按下?
        {
            if( ( PA8155&0x03) = = 0x02)     //是启停键按下
            {
            Strart = ~ Strart;               //启停键状态转换
            }
            if( ( PA8155&0x03) = = 0x01)     //是方向键按下
            {
            Direction = ~ Direction;         //转动方向转换
            Strart = 0;                      //步进电机停止
            Speed_NO = 7;                    //转速延时复原
            }
        }
    }
    while( ( PA8155&0x03)! = 0x03) ;         //等待按键释放
}
/ ******** 速度键(加速、减速)扫描处理 ***************** /
void Speed_key( void)
{
    if( ( PA8155&0x0c)! = 0x0c)              //是否有键按下?
    {
        delayms( 5) ;                        //延时去抖
      if( ( PA8155&0x0c)! = 0x0c)            //确认有键按下?
        {
            if( ( PA8155&0x0c) = = 0x08)     //加速键按下
            {
            Speed_NO++;                      //加速(延时减小)
            if( Speed_NO> = 13)              //最快?
            Speed_NO = 13;
            }
            if( ( PA8155&0x0c) = = 0x04)     //减速键按下
            {
            Speed_NO-;                       //减速(延时增大)
```

```
            if( Speed_NO<=1)                      //最慢?
                Speed_NO=1;
                }
            }
        }
    while((PA8155&0x0c)! =0x0c);                  //等待按键释放
}
/ ******** 清空 4 个显示缓冲寄存器 ********************* /
void ClearRAM( void)
{
    uchar a;                                      //定义变量用于指向要清空的寄存器
    for(a=0;a<4;a++)
    {
    Ledplay[ a] =0xff;                            //将指向的寄存器清空
    }
}

/ ********* 字符写入函数——将字符装入显示寄存器 ********** /
void putin( int u)
{
    Ledplay[ bn] =SEG[ u];                        //将对应段码写入显示缓冲区
    bn++;                                         //换下一个显示缓冲字节
}

/ ******** 数码管显示子程序 *********************** /
void Led_display (void)
{
    uchar i;
    for(i=0;i<4;i++)                              //扫描数码管 1~4 位
    {
    PC8155=Position[ i];                          //数码管位旋转
    PB8155=Ledplay[ i];                           //送数码管段
    delayms(5);                                   //延时 5ms
    PB8155=0xff;                                  //送数码管段
    }
    bn=0;                                         //一次显示结束,指向首个显示缓冲区
}

/ ******** 系统初始化程序 *************************** /
void initsystem( )
{
    P1=0x00;                                      //P1 口置零
    Init_8155( );                                 //8155 初始化
    Direction=0;                                  //方向初始化为左转
    Speed_NO=7;                                   //速度为 7 档,中速
    Phase_num=0;                                  //初始相位
```

```
            Strart = 0;                         //停止状态
            bn = 0;                             //指向显示缓冲区首位
            TMOD = 0x01;                        //定时器 0,方式 0,13 位,1ms 定时
            TH0 = 0xFC;                         //定时器 0 置初值
            TL0 = 0x18;
            IE = 0;                             //关总中断
            TR0 = 0;                            //关定时器 0
}
void main( )
{
        initsystem( );                          //系统初始化
        while( 1 )
        {
            ClearRAM( );                        //清空 4 个显示缓冲寄存器
            Function_key( );                    //功能键扫描处理
            if( Strart = = 1 )                  //启动
            {
            IE = 0x82;                          //开总中断和定时器 0 定时中断
            TR0 = 1;                            //开定时器 0
            putin( Speed_NO%10 );               //送显示速度档位个位
            putin( Speed_NO/10 );               //送显示速度档位十位
            putin( 13 );                        //送显示-
            if( Direction = = 0 )               //左转?
            putin( 10 );                        //送 L
            putin( 11 );                        //送 R
            Speed_key( );                       //速度键扫描处理
            }
            else                                //停止
            {
            ClearRAM( );
            TR0 = 0;
            EA = 0x00;
            putin( 13 );                        //送显示-
            putin( 13 );                        //送显示-
            putin( 13 );                        //送显示-
            if( Direction = = 0 )               //设置为左转?
            putin( 10 );                        //送 L
            putin( 11 );                        //送 R
            }
            Led_display( );                     //显示子程序
        }
}
```

（7）仿真。在 Proteus 中完成电路原理图设计，在 Keil 软件中输入系统程序，编译后生成 .hex 文件，然后在 Proteus 中加载程序进行联合调试。单片机加载程序后进入系统仿真界面，如图9-9所示。按下启动按钮，步进电机开始启动，默认速度为 7 挡，每按一次减速键则显示的挡位降低一档，系统当前的速度显示为 5 挡，步进电机步进角度为 270°；当按下转向键时，步进电机停止转动，再次按下启动按钮，步进电机转动方向相反。

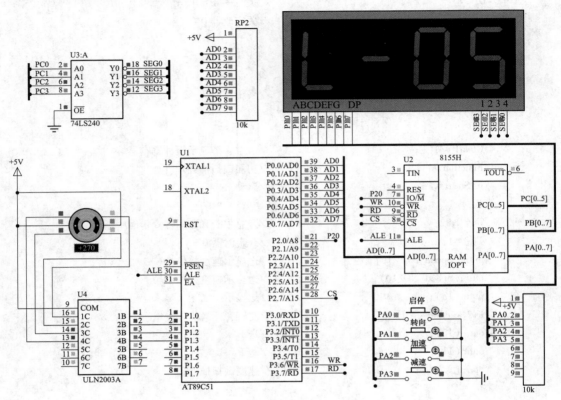

图9-9　步进电机仿真图

9.2.2　多路数据采集系统设计

（1）任务要求。要求实时检测 8 路传感器信号，经单片机系统处理后，在 4 位 LED 数码管上轮流显示。

（2）总体设计。为了方便试验模拟，假设 8 路传感器信号都能输出标准的 0~5V 电压信号，若是非标准信号，则需要采用信号调理电路将传感器输出信号变换为标准信号输入 AD 转换电路。四位 LED 数码管上轮流显示各路电压的测量值，其中第一位 LED 数码管显示路数，后三位显示测量电压，显示范围为 0~5.00V。8 路通道用数字表示分别为 0~7，测量误差为 0.02V。系统应包含有单片机、信号调理电路、A/D 转换电路、4 位 LED 显示器等，系统框图如图9-10所示。

（3）电路原理图设计。在第 8 章的例 8.10 基础上进行扩展，加入四位一体的共阴极 7 段数码管，输入信号采用模拟电位器和系统提供的直流电压输入代替模拟传感采样的输入

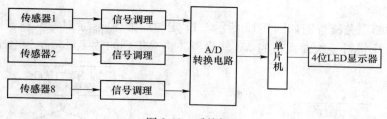

图 9-10 系统框图

信号，接口电路如图 9-11 所示。其中 P0 口作为地址、数据复用总线，低 8 位地址信号由 74LS373 进行锁存，其中低 3 位地址信号连接到 ADC0809 的 ADD-A、ADD-B、ADD-C 引脚，高 8 位地址信号由 P2 口提供，其中使用 P2.7 提供 ADC0809 的片选信号，配合/WR(P3.6) 和/RD(P3.7) 信号完成 ADC0809 的读写操作。由上述分析可得到 ADC0809 的模拟量输入通道 IN0～IN7 的地址为 0X7FF8～0X7FFF。利用 P2.0～P2.6 为 4 位 LED 显示器提供段码输入信号，利用 P1.0～P1.3 提供 LED 显示器的位选信号，P1.4 连接小数点位。

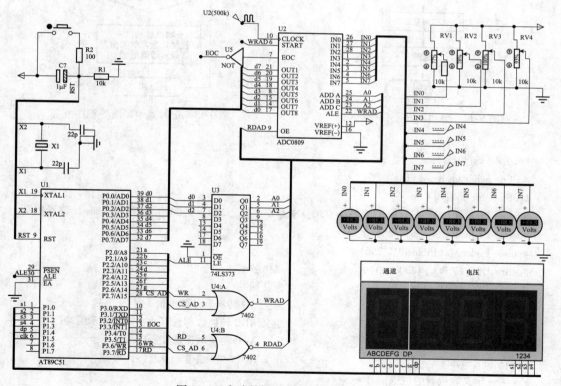

图 9-11 多路数据采集系统电路原理图

为了更直观地观察测量值与真实值的误差，在 LED 显示器旁边采用 Proteus 提供的虚拟直流电压表检测 8 路输入电压的真实值。

（4）软件设计。系统程序包括主程序、显示刷新子程序、物理量转换子程序、定时器中断服务程序等。显示刷新子程序流程如图 9-12 所示，依次完成 4 个 LED 数码管的动态刷新显示。

　　定时器中断服务流程图如图 9-13 所示。T1 定时器为 50ms 定时，利用软件计数器实现 1s 定时，每秒中进行一次 8 通道的 AD 转换，并将采集到的数字量转换为电压值。

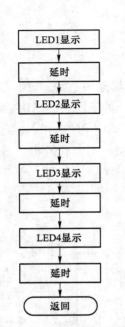

图 9-12　显示刷新子程序流程

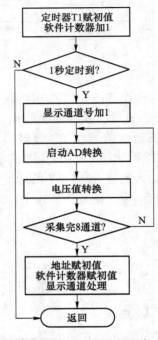

图 9-13　定时器中断服务程序流程

```c
#include <at89x51. h>
#define uchar unsigned char
#define uint unsigned int
#define Preload (65536- (uint)((50 * OSC_FREQ)/(OSC_INST * 1000))))//延时50ms 计数器初值
#define PreloadH (Preload/256)
#define PreloadL (Preload % 256)
#define OSC_FREQ (12000000)              //晶振频率
#define OSC_INST (12)                    //振荡周期
uchar  xdata * ADaddr;                   //定义 AD 转换器外部地址
uchar  ADnum[8],dispdata[4];            //定义 ADC 转换数字量存放空间及显示缓冲区
float ADval[8];                          //定义 ADC 测量电压值变量空间
uchar  ch,count;                         //定义 ADC0809 通道号及软件计数器
/ ***** 定义数码管的位选信号 ****** /
sbit  LED1 = P1^0;
sbit  LED2 = P1^1;
sbit  LED3 = P1^2;
sbit  LED4 = P1^3;
sbit  dp = P1^4;                         //小数点控制位
sbit  clock = P1^5;                      //adc0808 clock define
```

```
/ ***** 定义共阴极 LED 字段码 0~9 ****** /
uchar  codetable[ ] = {0x3F,0X06,0X5B,0X4F,0X66,0X6D,0X7D,0X07,0X7F,0X6F};
//延时子程序(晶振 12MHz)
void Delayms( uchar ms)
{
    uchar  i;
    while( ms--)
    {
    for( i=0;i<120;i++);
    }
}
void Init_T1( )
{
    TMOD& = 0X0F;                          //清除所有有关 T1 的位,T0 不变
    TMOD| = 0X10;                          //设置 T1 模式 1,16 位计数器
    TH1 = PreloadH;
    TL1 = PreloadL;
    TF1 = 0;
    TR1 = 1;
    EA = 1;
    ET1 = 1;
}
void decodenum( uchar ch)                 //将数字量转化为物理量,并存放在显示缓冲器中
{
    uint temp;
    temp = (uint)(ADval[ ch] * 100);
    dispdata[0] = table[ ch];             //第一位为通道号
    dispdata[1] = table[ temp/100];       //取个位数字
    dispdata[2] = table[ temp/10%10];     //取小数点后第一位数字
    dispdata[3] = table[ temp%10];        //取小数点后第二位数字
}
void disp( void)                          //依次显示 4 个 LED 数码管
{
    P2 = dispdata[0];
    LED1 = 0;dp = 0;
    Delayms(1);
    LED1 = 1;
    P2 = dispdata[1];
    LED2 = 0;dp = 1;
    Delayms(1);
    LED2 = 1;
    P2 = dispdata[2];
    LED3 = 0;dp = 0;
```

```
        Delayms(1);
        LED3 = 1;
        P2 = dispdata[3];
        LED4 = 0;dp = 0;
        Delayms(1);
        LED4 = 1;
}
/ ********************************************************* /
/ *** 定时器 T1 定时 50ms 中断服务程序,每秒钟进行一次 8 通道 AD 转换采样 *** /
/ ********************************************************* /
voidisr_t1( ) interrupt 3
{
        uchar i;
        TH1 = PreloadH;
        TL1 = PreloadL;
        count++;
        if( count = = 20)
        {
        ch++;
        for( i = 0; i<8; i++)
        {
            * ADaddr = 0;
            Delayus(150);                  //延时 150μs 可保证 ADC0809 转换完成
            ADnum[i] = * ADaddr;           //采集数据
            ADval[i] = ADnum[i] * 0.0196;  //转换为电压值,5/255 约等于 0.196
            ADaddr++;                      //8 个通道的电压采集
            //若通道 IN7 接 MCP9700 温度触感器,可以用以下简单算法显示温度值
            //不足:仅仅模拟显示,精度不高,百位为 0 时没有进行消隐
            //if( i = = 7)
            //      ADval[i] = ADval[i] - 0.5;
        }
        count = 0;
        ADaddr = 0x7FF8;
        if( ch>7)
        {ch = 0;}
        }
}
void main( void)
{
        Init_T1( );                        //初始化定时器 1,方式 1,定时 50ms
        ADaddr = 0x7FF8;                   //设定 ADC 地址
        ch = 0;                            //ADC 通道号置初值
        count = 0;
```

```
while(1)
{
switch(ch)                        //依次采样8个通道电压值并显示
{
case 0:
    {
    decodenum(0);
    disp();
    } break;
case 1:
{
    decodenum(1);
    disp();
} break;
case 2:
{
    decodenum(2);
    disp();
} break;
case 3:
{
    decodenum(3);
    disp();
} break;
case 4:
{
    decodenum(4);
    disp();
} break;
case 5:
{
    decodenum(5);
    disp();
} break;
case 6:
{
    decodenum(6);
    disp();
} break;
case 7:
{
    decodenum(7);
    disp();
```

```
    }break;
    default:break;
        }
            }
    }
```

　　在 Proteus 中完成电路原理图设计,在 Keil 软件中输入系统程序,编译后生成 . hex 文件,然后在 Proteus 中加载程序进行联合调试。系统仿真界面如图 9-14 所示,该仿真界面的上部分为 ADC0809 采集 8 路电压值的采样电路,任意调整 RV1~RV4 所占满量程的比例,例如图中所示 77%、78%、100% 以及 93%,则对应 IN0~IN3 输入的真实值分别为 3.85V、3.90V、5V 和 4.65V。另外 4 路输入信号采用仿真系统提供的仿真直流电压信号输入。输入信号的真实值可以由电压表直接读出,测量值由 LED 数码管显示,仿真界面中截取了两路电压信号的采集显示效果,其中左侧界面为 IN2 路电压值的测量显示界面,第一位数码管显示路数 "2",后三位显示该路模拟量的测量电压为 "4.99";右侧部分截取的仿真界面为 IN3 路电压值的测量显示界面,第一位显示路数 "3",后三位显示该路模拟量的测量电压为 "4.64",可见,测量结果与真实值存在 0.01V 的测量误差,其原因是在软件程序进行电压转换时,利用公式 $V = D \times 0.0196$ 计算得出模拟电压值,式中 D 为 A/D 转换器转换后的数字量, V 为计算出的模拟电压值,而 0.0196 是 5/255 的近似值,因此最大测量误差不会超过 0.02。经过调试,系统软件工作正常,能完成 8 路传感器信号的巡回采集与显示。

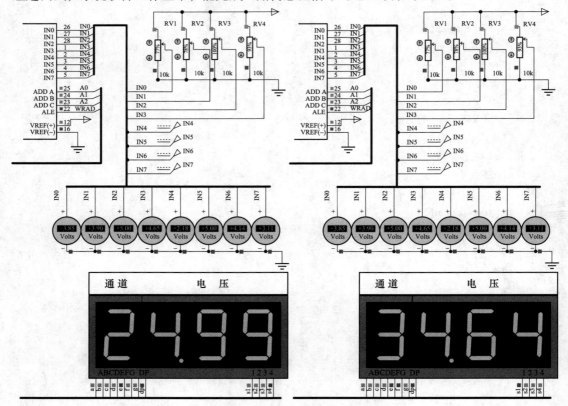

图 9-14　数据采集系统仿真界面

在实际的数据采集系统中，常常需要采集温度、压力、流量等信号，这时需要根据系统功能需求选择传感器及信号调理电路。假如系统需要采集压力信号和温度信号，可以在 IN6 路接入 MPX4511 压力传感器，在 IN7 路接入 MCP9700 温度传感器，硬件接线如图 9-15 所示，然后在程序中分别对 IN6 和 IN7 路的采样信号做数据拟合及非线性处理，使得 LED 能够正确显示压力或温度值。

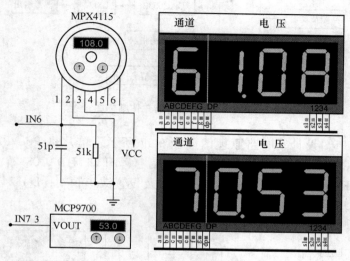

图 9-15　压力和温度通道仿真图

MPX4511 在 15～115kPa 之间呈近似的线性输出，MCP9700 在 10～120℃ 之间也呈近似的线性输出关系，在不考虑精度要求情况时，可以采用上文注释掉的程序算法对采集到的传感器数据进行近似处理。调节 MPX4511 的压力值为 108，经过数据处理后 LED 通道 6 显示数值 108，表示当前压力传感器采集的压力是 108kPa，与 MPX4511 本身的数值相符。调节 MCP9700 的温度值，对应 LED 通道 7 显示数值 053，表示当前温度传感器采集到的温度为 53℃。

9.2.3　数字信号发生器设计

信号发生器是一种常用的信号源，能提供各种频率、波形和输出电平信号，广泛地应用于电子电路、自动控制系统和教学实验等领域。

信号发生器按应用场合可以分为通用和专用两大类。专用信号发生器主要是为了某种特殊的测量目的而研制的。如电视信号发生器、编码脉冲信号发生器等。这种发生器的特性受测量对象的要求所制约。其次，信号发生器按输出波形又可分为正弦波形发生器、脉冲信号发生器、函数发生器和任意波形发生器等。再次，按其产生频率的方法又可分为谐振法和合成法两种。一般传统的信号发生器都采用谐振法，即用具有频率选择性的回路来产生正弦振荡，获得所需频率。合成法包括直接式频率合成技术、锁相环频率合成技术（phase-locked loops）以及直接数字频率合成技术（direct digital synthesis）。

（1）任务要求。以 MCS-51 单片机为核心，设计简易函数发生器，可生成正弦波、三角波、矩形波、锯齿波以及梯形波，可通过按键选择输出波形信号，并可以通过按键对输出信号的频率进行调节，用 LCD 显示波形名称及波形频率。

（2）总体设计。信号发生器总体结构如图 9-16 所示，按键输入波形选择及频率调整信号，LED 灯指示当前输出波形，LCD 波形显示信息包括当前波形及当前波形的频率值。DAC0832 进行 DA 转换，其输出的电压信号通过 LM324 运放后输出设定的波形信号。

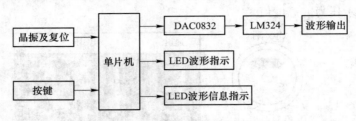

图 9-16　信号发生器总体结构图

（3）电路原理图设计。电路原理图如图 9-17 所示，单片机 P0、P2.6、P2.7 口接 LCD1602 数据 I/O 口，用来控制 LCD 输出波形信息；P1 口接 DAC0832，输出波形数据；P3 口接按键及 LED 指示灯，用来指示当前波形及设置波形频率；LM324 输出波形信号，并在虚拟示波器上显示波形。

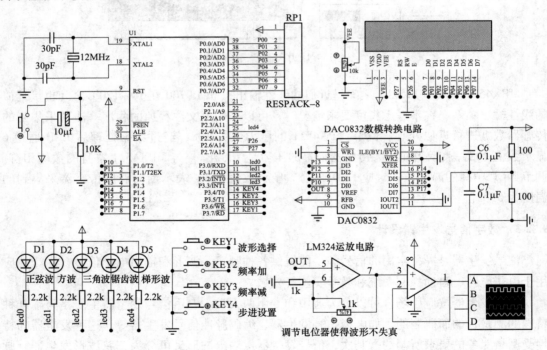

图 9-17　信号发生器电路原理图

（4）软件设计。系统程序包括主程序、显示刷新子程序、波形输出子程序、定时器中断服务程序等。主程序流程如图 9-18 所示，首先初始化 LCD，然后初始化定时器，接着判断是否按下"步进设置"按键，按下"步进设置"则进行步进值调节显示，否则正常按键检测与显示，根据选择的波形输出波形数据。

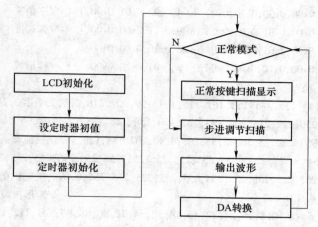

图 9-18 主程序流程图

```
#include<reg52. h>                        //包含头文件
#include<intrins. h>
#define uchar unsigned char               //宏定义
#define uint unsigned int
sbit s1 = P3^5;                           //定义按键的接口
sbit s2 = P3^6;
sbit s3 = P3^7;
sbit s4 = P3^4;
sbit led0 = P3^0;                         //定义四个 LED,分别表示不同的波形
sbit led1 = P3^1;
sbit led2 = P3^2;
sbit led3 = P3^3;
sbit led4 = P2^4;
sbit lcdrs = P2^7;                        //液晶控制引脚
sbit lcden = P2^6;
char num,boxing,u;                        //定义全局变量
int freq = 100,bujin = 1,bujin1 = 1;      //频率初始值是 10Hz,步进值默认是 0. 1
uchar code table[ ] = "0123456789";       //定义显示的数组
uchar code table1[ ] = "Fout =      Wave form:";  //初始化显示字符
unsigned long int m;                      //定义长整形变量 m
int a,b,h;                                //定义全局变量
//自定义字符
uchar code zifu[ ] = {//此数组内数据为液晶上显示波形符号的自定义字符
        0x0e,0x11,0x11,0x00,0x00,0x00,0x00,0x00,
        0x00,0x00,0x00,0x00,0x11,0x11,0x0e,0x00,    //正弦波
        0x00,0x07,0x04,0x04,0x04,0x04,0x1c,0x00,
        0x00,0x1c,0x04,0x04,0x04,0x04,0x07,0x00,    //矩形波
        0x00,0x00,0x01,0x02,0x04,0x08,0x10,0x00,
```

```
              0x00,0x00,0x10,0x08,0x04,0x02,0x01,0x00,        //三角波
              0x00,0x01,0x03,0x05,0x09,0x11,0x00,0x00,        //锯齿波
              0x00,0x01,0x02,0x04,0x08,0x10,0x00,0x00,
              0x00,0x10,0x08,0x04,0x02,0x01,0x00,0x00,        //梯形波
              };
    uchar code sin[64]={135,145,158,167,176,188,199,209,218,226,234,240,245,249,252,254,254,
253,251,247,243,237,230,222,213,204,193,182,170,158,146,133,121,108,96,84,72,61,50,41,32,24,
17,11,7,3,1,0,0,2,5,9,14,20,28,36,45,55,66,78,90,102,114,128};//正弦波取码
    uchar code juxing[64]={255,255,255,255,255,255,255,255,255,255,255,255,255,255,255,255,
255,255,255,255,255,255,255,255,255,255,255,255,255,255,255,255,0,0,0,0,0,0,0,0,0,0,0,0,0,0,0,0,
0,0,0,0,0,0,0,0,0,0,0,0,0,0,0,0};                              //矩形波取码
    uchar code sanjiao[64]={0,8,16,24,32,40,48,56,64,72,80,88,96,104,112,120,128,136,144,152,
160,168,176,184,192,200,208,216,224,232,240,248,248,240,232,224,216,208,200,192,184,176,168,
160,152,144,136,128,120,112,104,96,88,80,72,64,56,48,40,32,24,16,8,0};//三角波取码
    uchar code juchi[64]={0,4,8,12,16,20,24,28,32,36,40,45,49,53,57,61,65,69,73,77,81,85,89,
93,97,101,105,109,113,117,121,125,130,134,138,142,146,150,154,158,162,166,170,174,178,182,
186,190,194,198,202,206,210,215,219,223,227,231,235,239,243,247,251,255};//锯齿波取码
    uchar code tixing[64]={0,0,0,16,32,40,48,56,64,72,80,88,96,104,112,120,128,136,144,152,160,
168,176,184,192,200,208,216,224,224,224,224,224,224,224,224,216,208,200,192,184,176,168,160,
152,144,136,128,120,112,104,96,88,80,72,64,56,48,40,32,16,0,0,0};//梯形波取码
    void Delayms(uchar ms)                    //延时函数
    {
        uchar  i;
        while(ms--)
        {
        for(i=0;i<120;i++);
        }
    }
    void write_com(uchar com)                 //写命令函数
    {
        lcdrs=0;
        P0=com;
        Delayms(1);
        lcden=1;
        Delayms(1);
        lcden=0;
    }
    void write_date(uchar date)               //写数据函数
    {
        lcdrs=1;
        P0=date;
        Delayms(1);
        lcden=1;
```

```
        Delayms(1);
        lcden=0;
    }
    void Lcd_ram()                              //自定义字符集
    {
        uint i,j,k=0,temp=0x40;
        for(i=0;i<7;i++)
        {
            for(j=0;j<8;j++)
            {
            write_com(temp+j);
            write_date(zifu[k]);
            k++;
            }
            temp=temp+8;
        }
    }
    void init_lcd()                             //初始化函数
    {
        uchar i;
        lcden=0;                                //默认开始状态为关使能端,见时序图
        Lcd_ram();
        write_com(0x0f);
        write_com(0x38);                        //显示模式设置,默认为 0x38,不用变
        write_com(0x01);                        //显示清屏,将上次的内容清除,默认为 0x01
        write_com(0x0c);                        //显示功能设置 0x0f 为开显示,显示光标,光标闪烁
                                                //0x0c 为开显示,不显光标,光标不闪
        write_com(0x06);                        //设置光标状态默认 0x06,为读一个字符光标加 1
        write_com(0x80);                        //设置初始化数据指针,是在读指令的操作里进行的
        for(i=10;i<20;i++)                      //显示初始化
        {
            write_date(table1[i]);              //显示第一行字符
        }
        write_com(0x80+0x40);                   //选择第二行
        for(i=0;i<9;i++)
        {
            write_date(table1[i]);              //显示第二行字符
        }
        write_com(0x80+10);                     //选择第一行第十个位置
        write_date(0);
        write_date(1);
        write_date(0);
        write_date(1);
```

```
        write_date(0);
        write_date(1);                          //显示自定义的波形图案
        write_com(0x80+0x40+0x09);              //选择第二行第九个位置
        write_date(' ');
        write_date('1');
        write_date('0');
        write_date('.');
        write_date('0');
        write_date('H');
        write_date('z');                        //显示初始的频率值
}
void initclock()                                //定时器初始化函数
{
        TMOD=0x01;                              //定时器的工作方式
        TH0=a;
        TL0=b;                                  //定时器赋初值
        EA=1;                                   //打开中断总开关
        ET0=1;                                  //打开定时器允许中断开关
        TR0=1;                                  //打开定时器定时开关
}
void display()                                  //显示函数
{
        uchar qian,bai,shi,ge;
        qian=freq/1000;                         //将频率值拆解
        bai=freq%1000/100;                      //得到频率的百位
        shi=freq%1000%100/10;                   //得到频率的十位
        ge=freq%1000%100%10;
        write_com(0x80+0x40+0x09);              //选中第二行第九个位置

        if(qian==0)                             //千位如果为0,不显示
            write_date(' ');
        else
            write_date(table[qian]);            //正常显示千位
        if(qian==0&&bai==0)                     //千位和百位都为0
            write_date(' ');                    //百位不显示
        else                                    //不都为0
        write_date(table[bai]);                 //百位正常显示
        write_date(table[shi]);                 //显示十位数
        write_date('.');                        //显示小数点
        write_date(table[ge]);                  //显示个位
        write_date('H');                        //显示频率的单位 Hz
        write_date('z');
        if(boxing==0)                           //判断波形为正弦波
```

```
{
        write_com(0x80+10);              //选中一行频率图案位置
        write_date(0);                   //显示正弦波图案
        write_date(1);
        write_date(0);
        write_date(1);
        write_date(0);
        write_date(1);
        led4=1;
        led0=0;                          //点亮正弦波指示灯
    }
    if(boxing==1)
    {
        write_com(0x80+10);
        write_date(2);
        write_date(3);
        write_date(2);
        write_date(3);
        write_date(2);
        write_date(3);
        led0=1;
        led1=0;
    }
    if(boxing==2)
    {
        write_com(0x80+10);
        write_date(4);
        write_date(5);
        write_date(4);
        write_date(5);
        write_date(4);
        write_date(5);
        led1=1;
        led2=0;
    }
    if(boxing==3)
    {
        write_com(0x80+10);
        write_date(6);
        write_date(7);
        write_date(6);
        write_date(7);
        write_date(6);
```

```
            write_date(7);
            led2 = 1;
            led3 = 0;
        }
        if(boxing = = 4)
        {
            write_com(0x80+10);
            write_date(7);
            write_date(8);
            write_date(7);
            write_date(8);
            write_date(7);
            write_date(8);
            led3 = 1;
            led4 = 0;
        }
    }
    void keyscan()                          //频率调节键盘检测函数
    {
        if(s1 = = 0)                        //加按键是否按下
        {
            EA = 0;                         //关闭中断
            Delayms(2);                     //延时去抖
            if(s1 = = 0)                    //再次判断
            {
                while(! s1);                //按键松开
                freq+ = bujin;              //频率以步进值加
                if(freq>1000)               //最大加到100Hz
                {
                    freq = 100;             //100Hz
                }
                display();                  //显示函数
                m = 65536-(150000/freq);    //计算频率
                a = m/256;                  //将定时器的初值赋值给变量
                b = m%256;
                EA = 1;                     //打开中断总开关
            }
        }
        if(s2 = = 0)                        //减按键按下
        {
            Delayms(5);
            if(s2 = = 0)
            {
```

```
                EA=0;
                while( ! s2);
                freq-=bujin;                    //频率以步进值减
                if( freq<100)
                {
                    freq=1000;
                }
                display( );
                m=65536-(150000/freq);
                a=m/256;
                b=m%256;
                EA=1;
            }
        }
    if( s3= =0)                                  //波形切换按键
    {
        Delayms(5);
        if( s3= =0)
        {
            EA=0;
            while( ! s3);
            boxing++;                            //波形切换
            if( boxing>=5)                       //5 种波形
            {
                boxing=0;
            }
            display( );
            EA=1;
        }
    }
}
void bujindisplay( )                             //步进值设置界面显示程序
{
    uint bai,shi,ge;                             //定义步进值 百十个位
    bai=bujin1/100;                              //将步进值除以 100 得到百位
    shi=bujin1%100/10;                           //将步进值除以 100 的余数除以十得到十位
    ge=bujin1%100%10;                            //取余 10 后得到个位
    write_com(0x80+11);                          //选中液晶第一行第十一列
    if( bai= =0)                                 //百位是否为 0
    write_date(' ');                             //百位不显示
    else                                         //百位不为 0
    write_date(table[bai]);                      //显示百位数据
    write_date(table[shi]);                      //显示十位数据
```

```
        write_date('.');                        //显示小数点
        write_date(table[ge]);                  //显示个位,也就是小数点后一位
}
void bujinjiance()                              //步进值设置键盘程序
{
    if(s4==0)                                   //步进设置按键按下
    {
        Delayms(5);                             //延时去抖
        if(s4==0)                               //再次判断按键
        {
            while(!s4);                         //按键释放,按键松开才继续向下执行
            h++;                                //变量加
            if(h==1)                            //进入设置状态时
            {
                write_com(0x01);                //清屏
                write_com(0x80);                //初始化显示步进设置界面
                write_date('S');Delayms(1);     //step value
                write_date('t');Delayms(1);
                write_date('e');Delayms(1);
                write_date('p');Delayms(1);
                write_date(' ');Delayms(1);
                write_date('v');Delayms(1);
                write_date('a');Delayms(1);
                write_date('l');Delayms(1);
                write_date('u');Delayms(1);
                write_date('e');Delayms(1);
                write_date(':');Delayms(1);
                bujin1=bujin;                   //步进值赋值给临时变量
                bujindisplay();                 //显示步进值
            }
            if(h==2)                            //退出设置
            {
                h=0;                            //清零
                bujin=bujin1;                   //存临时步进值
                init_lcd();                     //初始化液晶显示
                initclock();                    //定时器初始化
                display();                      //调用显示程序
            }
        }
    }
    if(h==1)                                    //设置步进值时
    {
        if(s1==0)                               //加按键按下
```

```
    {
        Delayms(5);                             //延时去抖
        if(s1==0)                               //再次判断
        {
            while(! s1);                        //按键释放
            bujin1++;                           //步进值加 1
            if(bujin1>=101)                     //步进值最大 100,也就是 10.0Hz
            {
                bujin1=1;                       //超过最大值就恢复到 0.1Hz
            }
            bujindisplay();                     //步进显示
        }
    }
    if(s2==0)                                   //减按键
    {
        Delayms(5);
        if(s2==0)
        {
            while(! s2);
            bujin1--;                           //步进减
            if(bujin1<=0)
            {
                bujin1=100;
            }
            bujindisplay();
        }
    }
}

void main()                                     //主函数
{
    init_lcd();                                 //调用初始化程序
    m=65536-(150000/freq);                      //定时器初值
    a=m/256;
    b=m%256;
    initclock();                                //定时器初始化
    led0=0;                                     //点亮第一个波形指示灯
    while(1)                                    //进入 while 循环
    {
        if(h==0)                                //正常模式
        {
            keyscan();                          //扫描按键
        }
        bujinjiance();                          //扫描步进调节程序
```

```
        switch(boxing)                                //选择波形
        {
            case 0 :P1=sin[u]; break;                 //正弦波
            case 1 :P1=juxing[u]; break;              //矩形波
            case 2 :P1=sanjiao[u]; break;             //三角波
            case 3 :P1=juchi[u]; break;               //锯齿波
            case 4 :P1=tixing[u]; break;              //锯齿波
        }
    }
}
void T0_time( )interrupt 1                             //定时器
{
    TH0=a;
    TL0=b;
    u++;                                              //变量加
    if(u>=64)                                         //一个周期采样64个点,加到64就清零
    u=0;                                              //u清零
}
```

（5）仿真。单片机加载程序后进入系统仿真界面，在 Proteus 软件中点击"Debug"→"Digital Oscilloscope"，弹出数字示波器界面，如图 9-19 所示。LED 指示灯说明当前输出正弦信号，LCD 屏幕显示波形为正弦波、输出频率为 10Hz，数字示波器显示了 LM324 输出的正弦波信号。当按下步进值按键时，进入频率微调界面，按加减键可以对步进频率进行微调，再按一次步进值按键进行确认。按波形选择键选择三角波，如图 9-20 所示，LCD 上显示当前波形的输出频率为 20Hz，同时示波器同步输出了三角波信号。

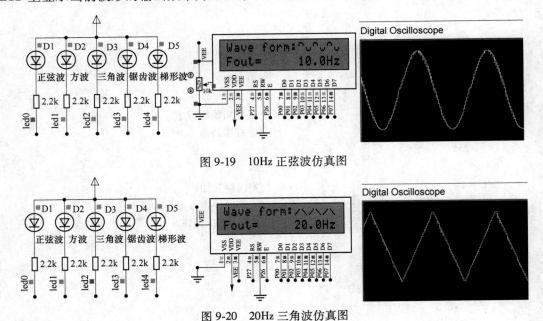

图 9-19　10Hz 正弦波仿真图

图 9-20　20Hz 三角波仿真图

9.3 思 考 题

1. 单片机应用系统开发过程是怎样的？
2. 试采用八拍控制方式实现步进电机转速仪设计。
3. 试将数据采集系统中的 IN4、IN5 信号外接两路热电阻信号，设计信号调理电路及标度变换程序，实现对应温度的采集和显示。

附　　录

附录 A　MCS-51 指令集

符号定义表

序号	符号	含　义	序号	符号	含　义
1	Rn	寄存器 R0~R7	6	addr 16	16 位目标地址
2	direct	直接地址，内部数据区 RAM（00H~7FH）、SFR（80H~FFH）	7	addr 11	11 位目标地址
3	@Ri	通过 Ri = R0 或 R1 间接访问数据 RAM 地址 00H~FFH	8	rel	带符号 8 位偏移地址
4	#data	8 位常数	9	bit	内部数据 RAM（20H~2FH）或特殊功能寄存器的直接地址位
5	#data 16	16 位常数			

指　令　集

Mnemonic		Description	Byte	Oscillator Period
ARITHMETIC OPERATIONS				
ADD	A，Rn	Add register to Accumulator	1	12
ADD	A，direct	Add direct byte to Accumulator	2	12
ADD	A，@Ri	Add indirect RAM to Accumulator	1	12
ADD	A，#data	Add immediate data to Accumulator	2	12
ADDC	A，Rn	Add register to Accumulator with Carry	1	12
ADDC	A，direct	Add direct byte to Accumulator with Carry	2	12
ADDC	A，@Ri	Add indirect RAM to Accumulator with Carry	1	12
ADDC	A，#data	Add immediate data to Acc with Carry	2	12
SUBB	A，Rn	Subtract Register from Acc with borrow	1	12
SUBB	A，direct	Subtract direct byte from Acc with borrow	2	12
SUBB	A，@Ri	Subtract indirect RAM from ACC with borrow	1	12
SUBB	A，#data	Subtract immediate data from Acc with borrow	2	12
INC	A	Increment Accumulator	1	12
INC	Rn	Increment register	1	12
INC	direct	Increment direct byte	2	12
INC	@Ri	Increment direct RAM	1	12

续表

Mnemonic		Description	Byte	Oscillator Period
ARITHMETIC OPERATIONS				
DEC	A	Decrement Accumulator	1	12
DEC	Rn	Decrement Register	1	12
DEC	direct	Decrement direct byte	2	12
DEC	@ Ri	Decrement indirect RAM	1	12
INC	DPTR	Increment Data Pointer	1	24
MUL	AB	Multiply A & B	1	48
DIV	AB	Divide A by B	1	48
DA	A	Decimal Adjust Accumulator	1	12
XRL	direct, #data	Exclusive-OR immediate data to direct byte	3	24
CLR	A	Clear Accumulator	1	12
CPL	A	Complement Accumulator	1	12
RL	A	Rotate Accumulator Left	1	12
RLC	A	Rotate Accumulator Left through the Carry	1	12
RR	A	Rotate Accumulator Right	1	12
RRC	A	Rotate Accumulator Right through the Carry	1	12
SWAP	A	Swap nibbles within the Accumulator	1	12
DATA TRANSFER				
MOV	A, Rn	Move register to Accumulator	1	12
MOV	A, direct	Move direct byte to Accumulator	2	12
MOV	A, @ Ri	Move indirect RAM to Accumulator	1	12
MOV	A, #data	Move immediate data to Accumulator	2	12
MOV	Rn, A	Move Accumulator to register	1	12
MOV	Rn, direct	Move direct byte to register	2	24
MOV	Rn, #data	Move immediate data to register	2	12
MOV	direct, A	Move Accumulator to direct byte	2	12
MOV	direct, Rn	Move register to direct byte	2	24
MOV	direct, direct	Move direct byte to direct	3	24
MOV	direct, @ Ri	Move indirect RAM to direct byte	2	24
MOV	direct, #data	Move immediate data to direct byte	3	24
MOV	@ Ri, A	Move Accumulator to indirect RAM	1	12
MOV	@ Ri, direct	Move direct byte to indirect RAM	2	24
MOV	@ Ri, #data	Move immediate data to indirect RAM	2	12
MOV	DPTR, #data16	Load Data Pointer with a 16-bit constant	3	24
MOVC	A, @ A+DPTR	Move Code byte relative to DPTR to Acc	1	24

Mnemonic		Description	Byte	Oscillator Period
DATA TRANSFER				
MOVC	A, @A+PC	Move Code byte relative to PC to Acc	1	24
MOVX	A, @Ri	Move External RAM (8-bit addr) to Acc	1	24
MOVX	A, @DPTR	Move Exernal RAM (16-bit addr) to Acc	1	24
MOVX	@Ri, A	Move Acc to External RAM (8-bit addr)	1	24
MOVX	@DPTR, A	Move Acc to External RAM (16-bit addr)	1	24
PUSH	direct	Push direct byte onto stack	2	24
POP	direct	Pop direct byte from stack	2	24
XCH	A, Rn	Exchange register with Accumulator	1	12
XCH	A, direct	Exchange direct byte with Accumulator	2	12
XCH	A, @Ri	Exchange indirect RAM with Accumulator	1	12
XCHD	A, @Ri	Exchange low-order Digit indirect RAM with Acc	1	12
BOOLEAN VARIABLE MANIPULATION				
CLR	C	Clear Carry	1	12
CLR	bit	Clear direct bit	2	12
SETB	C	Set Carry	1	12
SETB	bit	Set direct bit	2	12
CPL	C	Complement Carry	1	12
CPL	bit	Complement direct bit	2	12
ANL	C, bit	AND direct bit to CARRY	2	24
ANL	C, /bit	AND complement of direct bit to Carry	2	24
ORL	C, bit	OR direct bit to Carry	2	24
ORL	C, /bit	OR complement of direct bit to Carry	2	24
MOV	C, bit	Move direct bit to Carry	2	12
MOV	bit, C	Move Carry to direct bit	2	24
JC	rel	Jump if Carry is set	2	24
JNC	rel	Jump if Carry not set	2	24
JB	bit, rel	Jump if direct Bit is set	3	24
JNB	bit, rel	Jump if direct Bit is Not set	3	24
JBC	bit, rel	Jump if direct Bit is set & clear bit	3	24
PROGRAM BRANCHING				
ACALL	addr11	Absolute Subroutine Call	2	24
LCALL	addr16	Long Subroutine Call	3	24
RET		Return from Subroutine	1	24
RETI		Return from interrupt	1	24

续表

Mnemonic		Description	Byte	Oscillator Period
PROGRAM BRANCHING				
AJMP	addr11	Absolute Jump	2	24
LJMP	addr16	Long Jump	3	24
SJMP	rel	Short Jump（relative addr）	2	24
JMP	@A+DPTR	Jump indirect relative to the DPTR	1	24
JZ	rel	Jump if Accumulator is Zero	2	24
JNZ	rel	Jump if Accumulator is Not Zero	2	24
CJNE	A, direct, rel	Compare direct byte to Acc and Jump if Not Equal	3	24
CJNE	A, #data, rel	Compare immediate to Acc and Jump if Not Equal	3	24
CJNE	Rn, #data, rel	Compare immediate to register and Jump if Not Equal	3	24
CJNE	@Ri, #data, rel	Compare immediate to indirect and Jump if Not Equal	3	24
DJNZ	Rn, rel	Decrement register and Jump if Not Zero	2	24
DJNZ	direct, rel	Decrement direct byte and Jump if Not Zero	3	24
NOP		No Operation	1	12

附录 B 十六进制指令编码表

Hex Code	Number of Bytes	Mnemonic	Operands	Hex Code	Number of Bytes	Mnemonic	Operands
00	1	NOP		21	2	AJMP	code addr
01	2	AJMP	code addr	22	1	RET	
02	3	LJMP	code addr	23	1	RL	A
03	1	RR	A	24	2	ADD	A, #data
04	1	INC	A	25	2	ADD	A, data addr
05	2	INC	data addr	26	1	ADD	A, @R0
06	1	INC	@R0	27	1	ADD	A, @R1
07	1	INC	@R1	28	1	ADD	A, R0
08	1	INC	R0	29	1	ADD	A, R1
09	1	INC	R1	2A	1	ADD	A, R2
0A	1	INC	R2	2B	1	ADD	A, R3
0B	1	INC	R3	2C	1	ADD	A, R4
0C	1	INC	R4	2D	1	ADD	A, R5
0D	1	INC	R5	2E	1	ADD	A, R6
0E	1	INC	R6	2F	1	ADD	A, R7
0F	1	INC	R7	30	3	JNB	bit addr, code addr
10	3	JBC	bit addr, code addr	31	2	ACALL	code addr
11	2	ACALL	code addr	32	1	RETI	
12	3	LCALL	code addr	33	1	RLC	A
13	1	RRC	A	34	2	ADDC	A, #data
14	1	DEC	A	35	2	ADDC	A, data addr
15	2	DEC	data addr	36	1	ADDC	A, @R0
16	1	DEC	@R0	37	1	ADDC	A, @R1
17	1	DEC	@R1	38	1	ADDC	A, R0
18	1	DEC	R0	39	1	ADDC	A, R1
19	1	DEC	R1	3A	1	ADDC	A, R2
1A	1	DEC	R2	3B	1	ADDC	A, R3
1B	1	DEC	R3	3C	1	ADDC	A, R4
1C	1	DEC	R4	3D	1	ADDC	A, R5
1D	1	DEC	R5	3E	1	ADDC	A, R6
1E	1	DEC	R6	3F	1	ADDC	A, R7
1F	1	DEC	R7	40	2	JC	code addr
20	3	JB	bit addr, code addr	41	2	AJMP	code addr

Hex Code	Number of Bytes	Mnemonic	Operands	Hex Code	Number of Bytes	Mnemonic	Operands
42	2	ORL	data addr, A	65	2	XRL	A, data addr
43	3	ORL	data addr, #data	66	1	XRL	A, @R0
44	2	ORL	A, #data	67	1	XRL	A, @R1
45	2	ORL	A, data addr	68	1	XRL	A, R0
46	1	ORL	A, @R0	69	1	XRL	A, R1
47	1	ORL	A, @R1	6A	1	XRL	A, R2
48	1	ORL	A, R0	6B	1	XRL	A, R3
49	1	ORL	A, R1	6C	1	XRL	A, R4
4A	1	ORL	A, R2	6D	1	XRL	A, R5
4B	1	ORL	A, R3	6E	1	XRL	A, R6
4C	1	ORL	A, R4	6F	1	XRL	A, R7
4D	1	ORL	A, R5	70	2	JNZ	code addr
4E	1	ORL	A, R6	71	2	ACALL	code addr
4F	1	ORL	A, R7	72	2	ORL	C, bit addr
50	2	JNC	code addr	73	1	JMP	@A+DPTR
51	2	ACALL	code addr	74	2	MOV	A, #data
52	2	ANL	data addr, A	75	3	MOV	data addr, #data
53	3	ANL	data addr, #data	76	2	MOV	@R0, #data
54	2	ANL	A, #data	77	2	MOV	@R1, #data
55	2	ANL	A, data addr	78	2	MOV	R0, #data
56	1	ANL	A, @R0	79	2	MOV	R1, #data
57	1	ANL	A, @R1	7A	2	MOV	R2, #data
58	1	ANL	A, R0	7B	2	MOV	R3, #data
59	1	ANL	A, R1	7C	2	MOV	R4, #data
5A	1	ANL	A, R2	7D	2	MOV	R5, #data
5B	1	ANL	A, R3	7E	2	MOV	R6, #data
5C	1	ANL	A, R4	7F	2	MOV	R7, #data
5D	1	ANL	A, R5	80	2	SJMP	code addr
5E	1	ANL	A, R6	81	2	AJMP	code addr
5F	1	ANL	A, R7	82	2	ANL	C, bit addr
60	2	JZ	code addr	83	1	MOVC	A, @A+PC
61	2	AJMP	code addr	84	1	DIV	AB
62	2	XRL	data addr, A	85	3	MOV	data addr, data addr
63	3	XRL	data addr, #data	86	2	MOV	data addr, @R0
64	2	XRL	A, #data	87	2	MOV	data addr, @R1

Hex Code	Number of Bytes	Mnemonic	Operands	Hex Code	Number of Bytes	Mnemonic	Operands
88	2	MOV	data addr, R0	AB	2	MOV	R3, data addr
89	2	MOV	data addr, R1	AC	2	MOV	R4, data addr
8A	2	MOV	data addr, R2	AD	2	MOV	R5, data addr
8B	2	MOV	data addr, R3	AE	2	MOV	R6, data addr
8C	2	MOV	data addr, R4	AF	2	MOV	R7, data addr
8D	2	MOV	data addr, R5	B0	2	ANL	C, /bit addr
8E	2	MOV	data addr, R6	B1	2	ACALL	code addr
8F	2	MOV	data addr, R7	B2	2	CPL	bit addr
90	3	MOV	DPTR, #data	B3	1	CPL	C
91	2	ACALL	code addr	B4	3	CJNE	A, #data, code addr
92	2	MOV	bit addr, C	B5	3	CJNE	A, data addr, code addr
93	1	MOVC	A, @A+DPTR	B6	3	CJNE	@R0, #data, code addr
94	2	SUBB	A, #data	B7	3	CJNE	@R1, #data, code addr
95	2	SUBB	A, data addr	B8	3	CJNE	B8
96	1	SUBB	A, @R0	B9	3	CJNE	B9
97	1	SUBB	A, @R1	BA	3	CJNE	BA
98	1	SUBB	A, R0	BB	3	CJNE	BB
99	1	SUBB	A, R1	BC	3	CJNE	BC
9A	1	SUBB	A, R2	BD	3	CJNE	BD
9B	1	SUBB	A, R3	BE	3	CJNE	BE
9C	1	SUBB	A, R4	BF	3	CJNE	BF
9D	1	SUBB	A, R5	C0	2	PUSH	C0
9E	1	SUBB	A, R6	C1	2	AJMP	C1
9F	1	SUBB	A, R7	C2	2	CLR	C2
A0	2	ORL	C, /bit addr	C3	1	CLR	C3
A1	2	AJMP	code addr	C4	1	SWAP	C4
A2	2	MOV	C, bit addr	C5	2	XCH	C5
A3	1	INC	DPTR	C6	1	XCH	C6
A4	1	MUL	AB	C7	1	XCH	C7
A5			reserved	C8	1	XCH	C8
A6	2	MOV	@R0, data addr	C9	1	XCH	C9
A7	2	MOV	@R1, data addr	CA	1	XCH	CA
A8	2	MOV	R0, data addr	CB	1	XCH	CB
A9	2	MOV	R1, data addr	CC	1	XCH	CC
AA	2	MOV	R2, data addr	CD	1	XCH	CD

续表

Hex Code	Number of Bytes	Mnemonic	Operands	Hex Code	Number of Bytes	Mnemonic	Operands
CE	1	XCH	CE	E7	1	MOV	A, @R1
CF	1	XCH	CF	E8	1	MOV	A, R0
D0	2	POP	D0	E9	1	MOV	A, R1
D1	2	ACALL	D1	EA	1	MOV	A, R2
D2	2	SETB	D2	EB	1	MOV	A, R3
D3	1	SETB	D3	EC	1	MOV	A, R4
D4	1	DA	D4	ED	1	MOV	A, R5
D5	3	DJNZ	D5	EE	1	MOV	A, R6
D6	1	XCHD	D6	EF	1	MOV	A, R7
D7	1	XCHD	D7	F0	1	MOVX	@DPTR, A
D8	2	DJNZ	D8	F1	2	ACALL	code addr
D9	2	DJNZ	D9	F2	1	MOVX	@R0, A
DA	2	DJNZ	R2, code addr	F3	1	MOVX	@R1, A
DB	2	DJNZ	R3, code addr	F4	1	CPL	A
DC	2	DJNZ	R4, code addr	F5	2	MOV	data addr, A
DD	2	DJNZ	R5, code addr	F6	1	MOV	@R0, A
DE	2	DJNZ	R6, code addr	F7	1	MOV	@R1, A
DF	2	DJNZ	R7, code addr	F8	1	MOV	R0, A
E0	1	MOVX	A, @DPTR	F9	1	MOV	R1, A
E1	2	AJMP	code addr	FA	1	MOV	R2, A
E2	1	MOVX	A, @R0	FB	1	MOV	R3, A
E3	1	MOVX	A, @R1	FC	1	MOV	R4, A
E4	1	CLR	A	FD	1	MOV	R5, A
E5	2	MOV	A, data addr	FE	1	MOV	R6, A
E6	1	MOV	A, @R0	FF	1	MOV	R7, A

参 考 文 献

［1］张迎新．单片微型计算机原理、应用及接口技术［M］．北京：国防工业出版社，2001.

［2］陆旭明，缪建华．C51 单片机技术应用与实践：基于 Proteus 仿真+实例、任务驱动式［M］．北京：机械工业出版社，2018.

［3］杨术明．单片机原理及接口技术［M］.2 版．武汉：华中科技大学出版社，2018.

［4］赵全利，忽晓伟．单片机原理及应用技术（基于 Keil C 与 Proteus）［M］．北京：机械工业出版社，2017.

［5］Michael J. Pont，周敏．时间触发嵌入式系统设计模式——使用 8051 系列微控制器开发可靠应用［M］．北京：中国电力出版社，2004.

［6］徐爱钧，徐阳．单片机原理与应用——基于 Proteus 虚拟仿真技术．北京：机械工业出版社，2015.

［7］李朝青．单片机原理及接口技术［M].4 版．北京：北京航空航天大学出版社，2013.

冶金工业出版社部分图书推荐

书　名	作　者	定价(元)
微型计算机原理及接口技术	董　洁	45.00
计算机在现代化工中的应用	李立清	29.00
计算机应用技术项目教程	时　巍	43.00
计算机网络实验教程	白　淳	26.00
计算机网络任务驱动式教程	邓小鸿	45.00
计算机网络基础	李尚勇	48.00
计算机算法	刘汉英	39.90
计算机控制系统	张国范	29.00
计算机基础教学的现状和发展趋势研究	赵晓霞	49.00
单片机原理及应用	雷　娟	33.00
单片机应用技术实验实训指导	佘　东	29.00
单片机应用技术	程龙泉	45.00
单片机实验与应用设计教程（第2版）	邓　红	35.00
单片机应用技术实例	邓　红	29.00
单片机入门与应用	伍水梅	27.00
单片机接口与应用	王普斌	40.00
单片机及其控制技术	任晓光	35.00
51单片机常用内部功能与外部模块程序分析应用	林明祖	45.00
STC单片机创新实践应用	王普斌	45.00
C语言程序设计与实训	闻红军	30.00
C语言程序设计	刘　丹	48.00
C语言程序设计	陈礼管	39.80
C#实用计算机绘图与AutoCAD二次开发基础	柳小波	46.00
80C51单片机原理与应用技术	吴炳胜	32.00